江西科技师范大学教材出版基金资助

电路与电子技术实验

殷志坚　熊朝松
占华林　罗　强　◎主　编

西南交通大学出版社
·成　都·

图书在版编目（CIP）数据

电路与电子技术实验 / 殷志坚等主编. —成都：
西南交通大学出版社，2017.8（2021.7 重印）
ISBN 978-7-5643-5629-3

Ⅰ. ①电… Ⅱ. ①殷… Ⅲ. ①电路 – 实验 – 高等学校 – 教材②电子技术 – 实验 – 高等学校 – 教材 Ⅳ. ①TM13-33②TN-33

中国版本图书馆 CIP 数据核字（2017）第 179977 号

电路与电子技术实验

殷志坚 熊朝松
占华林 罗 强 主 编

责任编辑 / 黄淑文
封面设计 / 何东琳设计工作室

西南交通大学出版社出版发行
（四川省成都市二环路北一段 111 号西南交通大学创新大厦 21 楼 610031）
发行部电话：028-87600564 028-87600533
网址：http://www.xnjdcbs.com
印刷：成都中永印务有限责任公司

成品尺寸 185 mm × 260 mm
印张 21 字数 524 千
版次 2017 年 8 月第 1 版 印次 2021 年 7 月第 2 次

书号 ISBN 978-7-5643-5629-3
定价 49.00 元

课件咨询电话：028-87600533
图书如有印装质量问题 本社负责退换

前　言

电工电路课程和电子技术课程是实践性很强的基础课程。随着电子技术日新月异的发展，按照高等学校电工、电子技术基础课程教学的基本要求，以及社会对新世纪高等学校培养人才的需求，同时为了增强学生基本实验技能、培养学生的动手能力，我们在总结多年高校实验教学经验的基础上，编写了这本实验教材。该教材适用于高等学校电气类、电子信息类及相关专业的电子技术课程实验教学，也可供相关的专科和从事电工电子技术工作的工程技术人员参考。

本书着重介绍电工电路、模拟电路和数字电路课程的基本实验内容和实验方法。每一个实验都以相关的基本理论为基础，提出实验目的、实验原理、实验内容。学生通过预习，对与实验相关的理论进行分析；通过实验，验证理论结果；通过对测试数据进行分析，找出实验中出现的问题；利用仿真软件进行电路仿真，找出产生误差的原因。在内容编排上：① 安排了预习内容和思考题，增强学生独立思考和解决问题的能力；② 以实验内容为核心，用实验原理进行阐述，介绍实验方法，使教材自成体系；③ 以常用实验仪器和设备为基础，通过固定电路板和学生自己搭接电路相结合的方式，使学生既掌握基本理论，又提高实践动手能力；④ 对实验内容进行电路仿真，并与实测数据比较，从而提高实验效果。

本书共介绍了 71 个实验，分成 5 篇，第 1 篇为电路基础实验，第 2 篇为数字电路实验，第 3 篇为模拟电路实验，第 4 篇为综合创新性设计实验，第 5 篇为 Multisim 在电路分析中的应用。分别介绍了电路基础、数字电路、模拟电路课程中的基本实验和基本测试方法，对常用的电子仪器和电路进行了介绍和分析。

本书由殷志坚（编写概述和第 1 篇）、熊朝松（编写第 2 篇、第 5 篇）、占华林（编写第 3 篇）、罗强（编写第 4 篇）主编。本书获得江西科技师范大学教材出版基金资助，在编写过程中，得到了江西科技师范大学通信电子学院电工电子实验中心全体老师的大力支持，在此表示感谢。

限于编者水平有限和编写时间仓促，书中不妥和疏漏之处在所难免，敬请读者指正。

编　者

2017 年 5 月

目 录

0　概　述

学生进行电子实验的目的是掌握一般实验程序、测量误差概念及测量数据的一般处理方法，掌握常用电子仪器的基本原理、使用方法及电信号主要参数的测试方法，同时在实验过程中掌握初步的电子工艺知识与制作等有关实验的必备知识与技能，提高实验效果和动手能力。

0.1　实验目的与要求

1. 实验目的

充分的实验准备工作、正确的实验操作方法和撰写合格的实验报告，是工科学生应掌握的一种基本技能。实验数据必然存在误差，应了解产生系统误差、偶然误差（随机误差）和过失误差的主要原因，并掌握尽量减小上述误差的一般方法。实验数据是分析实验结果、反映实验效果的主要依据，应掌握读取、记录和处理实验数据的一般方法。

就教学而言，电子技术实验是培养电子、电气类专业应用型人才的基本内容之一和重要手段。所以，"应用"是它直接的、唯一的目的。具体地讲，通过它可以巩固和深化应用技术的基础理论和基本概念，并付诸实践。在实验过程中，要培养理论联系实际的学风、严谨求实的科学态度和基本工程素质（其中应特别注重动手能力的培养），以适应实际工作的需要。

2. 实验要求

电工实验要求：

（1）能读懂基本电子电路图，有分析电路作用或功能的能力。

（2）有设计、组装和调试基本电子电路的能力。

（3）会查阅和利用技术资料，有合理选用元器件（含中规模集成电路 MSI）并构成小系统电路的能力。

（4）有分析和排除基本电子电路一般故障的能力。

（5）掌握常用电子测量仪器的选择、使用方法和各类电路性能（或功能）的基本测试方法。

（6）能够独立拟定基本电路的实验步骤，写出严谨、有理论分析、实事求是、文字通顺且字迹端正的实验报告。

0.2　实验安全

实验安全包括人身安全和设备安全。

0.2.1　人身安全

（1）实验时不得赤脚，实验室的地面应有绝缘良好的地板（或地垫）；各种仪器设备应有良好的地线。

（2）仪器设备、实验装置中通过强电的连接导线应有良好的绝缘外套，芯线不得外露。

（3）实验电路接好并检查无误后方可接入电源。应养成先接实验电路后接通电源、实验完毕先断开电源后拆实验电路的操作习惯。另外，在接通交流 220 V 电源前，应通知实验合作者。

（4）在进行强电或具有一定危险性的实验时，应由两个以上人员合作。测量高压时，通常采用单手操作并站在绝缘垫上。

（5）万一发生触电事故应迅速切断电源。如距离电源开关较远，可用绝缘器具将电源线切断，使触电者立即脱离电源并采取必要的急救措施。

0.2.2　仪器安全

（1）使用仪器前，应认真阅读使用说明书，掌握仪器的使用方法和注意事项。

（2）使用仪器，应按要求正确地接线。

（3）实验中要有目的地旋动仪器面板上的开关（或旋钮），旋动时切忌用力过猛。

（4）实验过程中，精神必须集中。当嗅到焦臭味、见到冒烟或火花、听到劈啪声、感觉到设备过烫或出现熔断器熔断等异常现象时，应立即切断电源，在故障未排除前不准再次开机接通电源。

（5）搬动仪器设备时，必须轻拿轻放。未经允许不准随意调换仪器，更不准擅自拆卸仪器设备。

（6）仪器使用完毕，应将面板上各旋钮、开关置于合适的位置，如电压表量程开关应旋至最高档位等。

0.3　实验程序

实验一般可分为三个阶段，即实验准备、实验操作和撰写实验报告。

0.3.1　实验准备

实验能否顺利地进行并取得预期的效果，在很大程度上取决于实验前的准备是否充分。

1. 实验准备一

实验前，应按实验任务书的要求写出实验预习报告，具体要求如下：

（1）认真阅读教材中与本实验有关的内容和其他参考资料，独立完成实验预习报告。

（2）根据实验目的与要求，设计或选用实验电路和测试电路。所设计的电路，估算要正确，设计步骤要清楚，画出的电路要规范，电路中图形符号和元器件数值标注要符合现行国家标准。

（3）列出本次实验所需元器件、仪器设备和器材详细清单。

（4）拟出详细的实验步骤，包括实验电路的调试步骤与测试方法，设计好实验数据记录表格。

2. 实验准备二

在实验前，应主动到开放实验室或相应课程实验室，熟悉测试仪器的使用方法。

3. 实验准备三

实验开始，应认真检查所领到的元器件型号、规格和数量，并进行预测量。检查并校准电子仪器状态，若发现故障应及时报告指导教师。

0.3.2 实验操作

正确的操作方法和操作程序是提高实验效果的可靠保障。因此，要求在每一个操作步骤之前都要做到目的明确。操作时，既要迅速，又要认真。注意事项如下：

（1）应调整好直流电源电压，使其极性和大小满足实验要求；调整好信号源电压，使其大小满足实验要求。

（2）实验中要眼观全局。先看现象，例如，仪表有无超量程和其他不正常现象，然后再读取数据。对于指针式仪表，读数前要认清仪表量程及刻度，读数时，身体姿势要正确——眼、指针和针影应成一线。

（3）利用单元模板插接电路时，要求接插迅速、接触良好和电路布局合理，要为调试操作创造方便条件，避免因接入测量探头而造成短路或其他故障。

（4）在通电的情况下，不得拔、插（或焊接）半导体器件，应在关闭电源后进行。

（5）任何电路均应首先调试静态，然后进行动态测试。测试时，手不得接触测试表笔（或探头）的金属部分，最好用高频同轴电缆（或屏蔽导线）作测试线，地线要接触良好且应尽量短些。

0.3.3 撰写实验报告

1. 撰写实验报告的目的

按照一定的格式和要求，表达实验过程和结果的文字材料称为实验报告。它是实验工作的全面总结和系统概括。

写实验报告的过程，就是对电路的设计方法和实验方法加以总结，对实验数据加以处理，对所观察的现象加以分析并从中找出客观规律和内在联系的过程。如果做了实验而未写出实验报告，就等于有始无终、半途而废。

对工科学生而言，撰写实验报告也是一种基本技能训练。通过写实验报告，能够深化对技术基础理论的认识，提高技术基础理论的应用能力，掌握电子测量的基本方法和电子仪器的使用方法，提高记录、处理实验数据和分析、判断实验结果的能力，培养严谨的学风和实事求是的科学态度，锻炼科技文章写作能力等。此外，实验报告也是实验成绩考核的重要依据之一。

总之，撰写报告是实验工作不可缺少的一个重要环节，切不可忽视。

2. 实验报告的内容

因实验的性质和内容有别，报告的结构并非千篇一律。就电子技术实验而言，实验报告一般应由以下几部分组成。

1）实验名称

每篇报告均应有其名称，并应列在报告的最前面，使人一看便知该报告的性质和内容。实验名称应写得简练、鲜明、准确。简练，就是字数要尽量少；鲜明，就是令人一目了然；准确，就是能恰当地反映实验的性质和内容。

2）实验目的

实验目的指明为什么要进行本次实验。要求写得简明扼要，常常是列出几条。在一般情况下，要写出三个层次的内容，即通过本次实验要掌握什么、熟悉什么、了解什么。

应当指出，有时为了突出主要目的，次要内容可以不写入报告。

3）实验内容

实验内容应包括实验电路、设计性实验还应按要求明确设计任务与方案，对设计的电路还要有调试方法、步骤和内容。

4）数据记录

实验数据是在实验过程中从仪器、仪表上所读取的数值，可称为原始数据。要根据仪表的量程和精密度等级确定实验数据的有效数字位数。实验数据一般是先记录在准备报告或实验笔记本上，然后加以整理，写入精心设计的表格中。所设计的表格要能反映数据的变化规律及各参量间的相关性。表格的项目栏要注明被测物理量的名称（或文字符号）和量纲，表格说明栏中的数字小数点要上下对齐，给人以清晰的感觉。在整理实验数据时，如发现异常数据，不得随意舍掉，应进行复测加以验证。

5）实验结果

将实验数据代入公式，求出计算结果。有时为了更直观地表达各变量间的相互关系，还可采用作图法反映实验结果。实验数据必然存在误差，因此，应进行误差估算。估算的目的：一是对提出误差要求的实验，要验证实验结果是否超差；二是找出影响实验结果准确性的主要因素，对超差或异常现象做出合理的解释，提出改进措施。

6）讨 论

讨论包括回答思考题及对实验方法、实验装置等提出改进建议。

3. 写实验报告应注意的几个问题

（1）要写好实验报告，首先要做好实验。实验做得不成功，在文字上花多大功夫也是补救不了的。

（2）写实验报告必须有严肃认真、实事求是的科学态度。不经过重复实验不得任意修改数据，更不得伪造数据。分析问题和得出结论既要从实际出发，又要有理论依据，没有理论分析的实验报告算不上好报告，但照抄书本也不可取。

（3）在处理实验数据时，必然遇到实验测量误差和有效数字位数问题，应按照有关要求去做。

（4）图与表是表达实验结果的有效手段，比文字叙述直观、简捷，应充分利用；实验电路的画法应符合规定。

（5）实验报告是一种说明文体，它不要求艺术性和形象性，而要求用简练和确切的文字、技术术语恰当地表达实验过程和实验结果。

0.4　测量误差的分析

被测量有一个真实值，简称为真值，它由理论给定或由计量标准规定。在实际测量时，由于受到测量仪器的精度、测量方法、环境条件和测量者能力等因素的限制，测量值与真值之间不可避免地存在差异，这种差异称为测量误差。

学习有关测量误差知识的目的，就在于在实验中合理地选用测量仪器和测量方法，以便获得符合误差要求的测量结果。

0.4.1　测量误差的分类

根据误差的性质及其产生的原因，测量误差一般分为三类。

1. 系统误差

在规定的测量条件下，对同一量进行多次测量时，如果误差的数值保持恒定或按某种确定的规律变化，则称这种误差为系统误差。例如，电表零点不准，温度、湿度、电源电压等因素变化所造成的误差均属于系统误差。

系统误差有一定的规律性，可以通过试验和分析，找出产生的原因，设法予以削弱或消除。

2. 随机误差

在规定的测量条件下，对同一量进行多次测量时，如果误差的数值发生不规则的变化，则称这种误差为随机误差。例如，热骚动、外界电源干扰和测量人员感觉器官无规律的微小变化等因素所引起的误差，便属于随机误差。

尽管每次测量某量时，其随机误差的变化是不规则的，但是，实践证明，如果测量的次数足够多，则随机误差平均值的极限就会趋于零。所以，多次测量某量的结果，它的算术平均值就接近其真值。

3. 过失误差（又称粗大误差）

过失误差是指在一定的测量条件下，测量值显著地偏离真值时的误差。它的误差值一般都明显地超过在相同测量条件下的系统误差和偶然误差。例如，读错刻度、记错数字、计算错误及测量方法不对等引起的误差。通过反复实验或分析，确认存在过失误差的测量数据，应予以剔除。

0.4.2 误差的表示方法

1. 绝对误差

如果用 x_0 表示被测量的真值，x 表示测量仪器的示值（即标称值），则绝对误差 Δx 为 $\Delta x = x - x_0$。若用高一级标准的测量仪器测得的值作为被测量的真值，则在测量前，测量仪器应由高一级标准的测量仪器进行校正，校正量常用修正值表示，即对于某被测量，用高一级标准的仪器的示值减去测量仪器的示值，所得的差值就是修正值。实际上，修正值就是绝对误差，仅符号相反而已。例如，用某电流表测量电流时，电流表的示值为 10 mA，修正值为 +0.05 mA，则被测电流的真值应为 10.05 mA。

2. 相对误差

为了衡量测量结果的准确度，引入了相对误差（γ）概念。相对误差是绝对误差与被测量真值的比值，常用百分数表示，即 $\gamma = (\Delta x / x_0) \times 100\%$，当 $\Delta x \ll x_0$ 时，$\gamma = (\Delta x / x) \times 100\%$。例如，用频率计测量频率，频率计的示值为 500 MHz，频率计的修正值为 – 500 Hz，则相对误差为

$$\gamma = \frac{500}{500 \times 10^6} \times 100\% = 0.000\ 1\%$$

又如，用修正值为 –0.5 Hz 的频率计，测得频率为 500 Hz，则相对误差为

$$\gamma = \frac{0.5}{500} \times 100\% = 0.01\%$$

从上述两个例子可以看到，尽管后者的绝对误差远小于前者，但是后者的相对误差却远大于前者。因此，前者的测量准确度实际上高于后者。

3. 容许误差（又称允许误差、满度相对误差）

测量仪器的准确度通常用容许误差表示。它是根据技术条件的要求，规定某一类仪器的误差不应超过的最大范围。仪器（含量具）技术说明书中所标明的误差，都是指容许误差。

在指针式仪表中，容许误差就是满度相对误差（γ_m），定义为

$$\gamma_m = (\Delta x / x_m) \times 100\%$$

式中，x_m 为表头满刻度读数。

指针式表头的误差，主要取决于它的结构和制造精度，而与被测量的大小无关。因此，用上式表示的满度相对误差，实际上是绝对误差与一个常数的比值。我国电工仪表，按 γ_m 值分为 0.1、0.2、0.5、1.0、1.5、2.5 和 5 七级。

例如，用一只满度为 150 V、1.5 级的电压表测量电压，其最大绝对误差为 $150\ V \times (\pm 1.5\%) = \pm 2.25\ V$。若表头的示值为 100 V，则被测电压的真值在 100 V ± 2.25 V = 97.75 ~ 102.25 V 范围内；若表头的示值为 10 V，则被测电压的真值在 10 V ± 2.25 V = 7.75 ~ 12.25 V 范围内。可见，用大量程的仪表测量小示值时，误差较大。

在无线电测量仪器中，容许误差由基本误差和附加误差组成。所谓基本误差，是指仪器在规定工作条件下，在测量范围内出现的最大误差。规定工作条件又称为定标条件，一般包括环境条件（温度、湿度、大气压力、机械振动及冲击等）、电源条件（电源电压、频率、稳压系数及纹波等）和预热时间、工作位量等。所谓附加误差，是指定标条件的一项或几项发生变化时，仪器附加产生的误差。附加误差又可分为两种：一种为使用条件（如温度、电源

电压等）发生变化时仪器产生的误差；另一种为被测对象参数（如频率、负载等）发生变化时仪器产生的误差。例如，DA22 型高频毫伏表，其基本误差为：1 mV 档小于 ±1%；3 mV 档小于 ±5%，等等。频率附加误差为：在 5 kHz ~ 500 MHz 范围内小于 ±5%；在 500 MHz ~ 1 000 MHz 范围内小于 ±30%。温度附加误差为：每 10 °C 增加 ±3%（1 mV 档增加 ±5%）。

0.4.3　削弱或消除系统误差的主要措施

对于随机误差和过失误差的消除方法，前面已做过简要介绍。下面进一步说明产生系统误差的原因，并从中找到削弱或消除它的措施。

1. 仪器误差

仪器误差是指仪器本身电气或机械等性能不完善所造成的误差。例如，仪器校准不佳、定度不准等。消除的方法是在使用前要预先校准或确定出它的修正值。这样，在测量结果中可引入适当的补偿值，即可消除仪器误差。

2. 装置误差

装置误差是指测量仪器和其他设备，由于放置不当、使用方法不正确及因外界环境条件改变所造成的误差。为了消除它，测量仪器的安放必须遵守使用规则。如普通万用表应水平放置，而不能垂直放置使用；电表与电表之间必须有适当距离，不宜重叠或靠得太近；应注意避开过强的外部电磁场的影响等。

3. 人身误差

人身误差是测量者个人的感觉器官和运动器官不完善所引起的误差。例如，有人读指示刻度习惯于超过或欠少，无论怎样调试总是调不到真正的谐振点上等。为了消除这类误差，应提高测量技能、改变不正确的测量习惯、改进测量方法和采用先进的数字化仪器等。

4. 方法误差或理论误差

这是一种由于测量方法所依据的理论不够严格，或采用了不适当的简化和近似公式等所引起的误差。例如，用伏安法测量电阻时，若直接以电压表的示值和电流表的示值之比作为测量结果，而未计及电表本身内阻的影响，所测阻值往往存在不能容许的误差。

5. 削弱或消除系统误差的方法

系统误差按其表现特性还可分为固定误差和变化误差的两类：在一定条件下，多次重复测量所得到的误差值是固定的，称为固定误差；得到的误差值是变化的，则称为变化误差。下面仅介绍消除固定误差的两种方法。

1）替代法

在测量时，先对被测量进行测量，记录测量数据。然后，用一已知标准量代替被测量，通过改变标准量的数值，使测量仪器恢复到原来记取的测量数据上，这时已知标准量的数值就等于被测量的值。这种方法由于测量条件相同，因此可以消除包括测量仪器内部结构、各种外界因素和装置不完善等所引起的系统误差。例如，测量一只电阻器的准确值（除用专用仪器外），可用替代法。

测量步骤如下：先接上被测电阻 R_x，调整电路中电位器 R_p 使指示电流表达到某个确定值（如 0.5 mA）；然后，换接上标准电阻箱，调整电阻箱阻值，使指示电流表仍达到原来的确定值（0.5 mA），则标准电阻箱的示值等于被测电阻 R_x 的准确值。用此法可测直流电流表的内阻，被测量的误差与标准电阻箱的误差相同。

2）正负误差抵消法

利用在相反的两种情况下分别进行测量，使两次测量所产生的误差等值而异号，然后取两次测量的平均值便可消除误差。例如，在有外磁场的场合测量电流值，可把电流表转动 180°再测一次，取两次测量数据的平均值，就可抵消由于外磁场影响而引起的误差。

0.4.4　一次测量时的误差估计

在许多工程测量中，通常对被测量只进行一次测量。这时，测量结果中可能出现的最大误差与测量方法有关。测量方法有直接法和间接法两类。直接法是指直接对被测量进行测量并取得数据的方法；间接法是指通过测量与被测量有一定函数关系的其他量，然后换算得到被测量的方法。当采用直读式仪器并用直接法进行测量时，其最大可能的测量误差是仪器的容许误差，例如，前面提到的用满度值为 150 V、1.5 级指针式电压表测量电压时的情况。当采用间接法进行测量时，应先由上述直接法估计出直接测量的各量的最大可能误差，然后再根据函数关系找出被测量的最大可能误差。如函数关系式为 $x = a \pm b$，则 $x + \Delta x = (a + \Delta a) \pm (b + \Delta b)$，所以 $\Delta x = \Delta a + \Delta b$。该等式说明：不论 x 等于 a 与 b 的和或差，x 的最大可能绝对误差都等于 a、b 最大可能误差的算术和，故相对误差为 $\gamma_x = \Delta x / x = (\Delta a + \Delta b)/(a \pm b)$。必须指出的是，当 $x = a - b$ 时，如果 a、b 两个量很接近，那么被测量的相对误差可能大到不能允许的程度。所以，在选择测量方法时，应尽量避免用两个量之差来求第三个量。

0.5　数据的一般处理方法

0.5.1　有效数字的处理

1. 有效数字的概念

在记录和计算数据时，必须掌握有效数字的正确取舍。不能认为一个数据中，小数点后面位数越多，这个数据就越准确；也不能认为计算测量结果中，保留的位数越多，准确度就越高。因为测量数据都是近似值，并用有效数字表示。所谓有效数字，即对一个数而言，指从左边第 1 个非零数字开始至右边最后一个数字为止所包含的数字。例如，测得的频率为 0.023 8 MHz，它是由 2、3、8 三个有效数字表示的，其左边的两个零不是有效数字，因为可通过单位变换，将这个数写成 23.8 kHz。其末位数字"8"，通常是在测量中估计出来的，因此称它为欠准确数字，其左边的各个有效数字是准确数字。准确数字和欠准确数字对测量结果都是不可少的，它们都是有效数字。

2. 有效数字的正确表示

（1）在有效数字中，只应保留一个欠准确数字。因此，在记录测量数据时，只有最后一位有效数字是欠准确数字，这样记取的数据表明被测量可能在最后一位数字上变化 ±1 单位。例如，用一只刻度为 50 分度（量程为 50 V）的电压表，测得的电压为 41.8 V，则该电压是用三位有效数字来表示的，其中 4 和 1 两个数字是准确数字，而 8 则是欠准确数字，因为 8 是根据最最小刻度估计出来的，它可能被估读为 7，也可能估读为 9。所以上述测量结果可以表示(41.8 ± 0.1) V。

（2）欠准确数字中，要特别注意"0"的情况。例如，测量某电阻值为 13.600 kΩ，表明前面 1、3、6、0 是准确数字，最后一位 0 是欠准确数字。如果改写成 13.6 kΩ，则表明 1、3 是准确数字，而 6 是欠准确数字。上述两种写法，尽管表示同一数值，但实际上反映了不同的测量准确度。

如果用 10 的方幂表示一个数据，10 的方幂前面的数字都是有效数字。例如，$13.6 \times 10^3 \, \Omega$，该数据有 4 位有效数字。

（3）π、$\sqrt{2}$ 等常数具有无限位有效数字，在运算中根据需要取适当的位数。

（4）对于计量测定或通过计算所得数据，在所规定的精度范围以外的那些数字，一般都应按"四舍五入"的规则处理。

如果只取 n 位有效数字，那么第 $n+1$ 位及其以后的各位数字都应该舍去。古典"四舍五入"法则，对于第 $n+1$ 位为 5 则只入不舍，这样会产生较大的累计误差。目前广泛采用的"四舍五入"法则对 5 的处理是：当被舍的数字等于 5，而 5 之后有数字时，则可舍 5 进 1；若 5 之后为 0 时，只有在 5 之前为奇数时，才能舍 5 进 1；若 5 之前为偶数（含零），则舍 5 不进位。

下面是把有效数字保留到小数点后第二位的几个数据（括号外为原始数据，括号内为经处理的数据）：

36.850 4（36.85）、5.226 8（5.23）、118.245（118.24）、71.995（72.00）、5.925 1（5.93）。

3. 有效数字的运算

1）加、减运算

由于加、减运算的数据必为相同单位的同一物理量，所以其精确度最差的就是小数点后面有效数字位数最少的。因此，在进行运算前，应将各数据所保留的小数点后的位数处理成与精度最差的数据相同的位数，然后再进行运算。

2）乘、除运算

运算前对各数据的处理应以有效数字位数最少的数据为标准。所得的积或商，其有效数字位数应与有效数字位数最少的那个数据相同。

0.5.2 有效数字的图解处理

在许多场合中，如模拟电子技术实验，对最终测量结果的要求并不十分严格。在这种情况下，用图解法处理测量数据比较简单易行。此外，在电子测量中，测量的目的往往不只是单纯地要求某个或几个量的值，而是在于求出某两个量 x 和 y（或更多个量）之间的函数关系，如晶体管特性曲线的测量。对于这种确定函数关系的测量，一般不对测量精度进行估计，适宜采用图解法处理。

图解法处理时应按照一定的规则进行，具体处理视应用情况而定。

第1篇　电工实验

1.1　电工测量仪表的使用

1.1.1　实验目的

电工测量仪表的正确使用是完成全部电工实验的基础，本实验的目的如下：

（1）熟悉常用机电式电工仪表的工作原理及分类。

（2）掌握使用常用电工仪表测量电流、电压、功率及电阻的基本方法。

1.1.2　实验原理

随着现代电子技术的不断发展，为了保证生产过程的顺利进行和用电设备的正常工作，常常需要对各种电磁量进行测量，确定它们的数值，以便更好地对它们进行控制和研究它们之间的内在联系。电工测量就是应用电磁现象的基本规律，对电压、电流、电阻和电功率等电磁量进行的测量，测量所使用的工具就是电工仪表。由于电工测量有很多突出的优点，例如，测量仪表精度高，测量范围广，体积小，容易实现遥测、遥控，容易进行连续测量和自动测量等，因此，电工测量在生产和科学研究等各方面都得到广泛应用。电工测量不仅用于测量电磁量，而且也常被用于测量非电磁量。

电工仪表按测量方式不同可分为两大类：一类是直读式仪表，能直接指示被测量的大小；另一类是比较式仪表，需将被测量与标准量进行比较才能得知其大小。常用电工测量仪表以直读式机电仪表最为普遍。

机电式直读式仪表通常是依据电磁相互作用原理，使仪表指针机械偏转而制成的，主要由电磁相互作用机构、与电磁力矩相平衡的反力矩机构、可形成阻尼力矩的阻尼装置和调零装置等部分组成。

1. 直读式机电仪表的分类和符号

仪表的分类方法有多种，主要从以下几个方面进行分类。

（1）按被测量的种类可分为电流表、电压表、功率表、频率表、相位表等（见表1.1.1）。

表 1.1.1　不同种类的测量仪表

被测量种类	仪表名称	符号
电流	安培表、毫安表、微安表	Ⓐ　ⓜA　Ⓜ̶
电压	伏特表、毫安表	Ⓥ　ⓜV
电阻	欧姆表	Ⓞ̶
电功率	功率表	Ⓦ
电能量	电度表	Ⓦh
功率因数	功率因数表	cosφ
频率	赫兹表	Hz

（2）按作用原理可分为磁电式、电磁式、电动、磁电整流式等（见表 1.1.2）。

（3）按仪表准确度可分为 0.1、0.2、0.5、1.0、1.5、2.5、4.0 等级。

表 1.1.2　不同结构的测量仪表

仪表型式	符号	用途
磁电式		直流电压、电流、电阻
电磁式	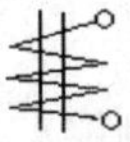	直流及工频交流电压、电流
电动式	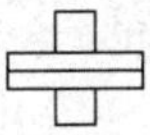	直流及交流电压、电流、功率、功率因数
整流式		工频或较高频正弦电压、电流
铁磁电动式		工频电压、电流、功率
感应式	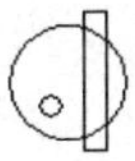	交流电能

在仪表的刻度盘上，除标有被测量种类符号和仪表原理型式符号外，还标有适用电流是直流还是交流、仪表耐压能力、准确度等级等符号，为正确使用本仪表提供条件。

现将仪表上常用的符号及其含义列于表 1.1.3 中。

表 1.1.3　仪表上的常用符号

表盘上符号	所代表的意义
－	适用直流
∼	适用交流
3∼	三相交流
↑（或 ⊥）	代表垂直放置
→	代表水平放置
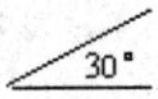 30°	代表与水平成 30° 放置
0.5	准确度 0.5 级
 2kV	代表绝缘经 2 000 V 耐压试验
Ⅱ　Ⅲ	代表防外磁场等级

2. 几种常见的电工仪表的结构及其工作原理

1）磁电式仪表

磁电式仪表结构如图 1.1.1 所示。它由一个固定的永久磁铁和一个带有指针及带弹簧的活动线圈组成，当被测电流通过可动线圈时，载流线圈与永久磁铁的磁场相互作用产生转动力矩，带动指针偏转，在与其弹簧的反作用力矩达到平衡时，指针停留的位置即为被测量的指示值，指针离开平衡位置的偏转角与通过的电流值成正比。

磁电式仪表准确度、灵敏度高，自身功耗小，表盘刻度均匀，但仪表过载能力差，直接使用只能用来测量直流量。

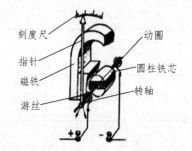

图 1.1.1　磁电式仪表的结构原理

2）电磁式仪表

电磁式仪表的结构如图 1.1.2 所示。它由一个内部装有定铁片的固定线圈和安在同一轴上可以转动的指针、弹簧反动铁片组成。当被测电流通过线圈时产生磁场，使动铁片和定铁片同时磁化，并且相靠近部分是同一极性。由于同极相斥使动片带动指针偏转，在与弹簧反力矩平衡时，指针指示出被测量的值。

电磁式仪表结构简单、过载能力强，交直流量均可测量，但灵敏度和准确度较低，刻度不均匀，本身功耗大。

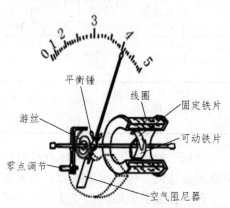

图 1.1.2　电磁式仪表的结构原理

3）电动式仪表

电动式仪表的结构如图 1.1.3 所示。它由固定线圈和装在同一轴上可转动的指针、弹簧及活动线圈组成。测量时固定线圈和可动线圈均有电流通过，根据两载流线圈相互作用原理，使可动线圈偏转并带动指针偏转，在与弹簧反作用力矩相平衡时，指针指示出被测量的数值。

电动式仪表准确度高，交、直流量均可测量，可制成电流表、电压表，也常制成功率表；其缺点是结构较复杂，造价高，功耗大，过载能力差。

3. 电工仪表的准确度等级

准确度等级反映了电工仪表的准确程度。目前我国电工仪表准确度分为七级。等级的划分是由仪表的相对额定误差的大小决定。即

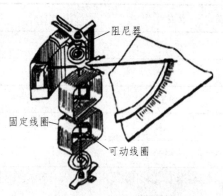

图 1.1.3　电动式仪表的结构原理

$$\beta_{\mathrm{H}} = \frac{\Delta A_{\mathrm{m}}}{\beta A_{\mathrm{m}}} \times 100\%$$

式中：β_{H} 为仪表的相对额定误差，βA_{m} 为仪表的最大绝对误差，A_{m} 为仪表的最大量程。

一般 0.1 和 0.2 级仪表常作为标准仪表使用。0.5 ~ 1.5 级仪表为实验室仪表。1.5 ~ 5 级仪表为生产过程的指示仪表。

一般说等级高的仪表（0.1、0.2 级）比等级低的仪表（2.5、5 级）测量结果更准确，但量程的选择对测量结果的准确程度也有很大影响。使用仪表时，选择其量程要使测量愈接近满刻度愈好。一般应使指针偏转超过满刻度值的一半。

【例】 有两只均为 0.1 级的电流表，量程分别为 100 A 和 50 A，现用来测量 40 A 的电流，分别求测量结果的最大相对误差。

解：（1）用 100 A 电流表测量时：

$$\Delta A_{m1} = \beta_H \times A_{m1} = \pm 1\% \times 100A = \pm 1A$$

故用此仪表测量 40 A 电流时，最大相对误差为

$$\beta_1 = \frac{\Delta A_{m1}}{A} \times 100\% = \pm \frac{1}{40} \times 100\% = \pm 2.5\%$$

（2）用 50 A 电流表测量时，有

$$\Delta A_{m2} = \beta_H \times A_{m2} = \pm 1\% \times 50A = \pm 0.5A$$

故用此仪表测量 40 A 电流时，最大相对误差为

$$\beta_2 = \frac{\Delta A_{m2}}{A} \times 100\% = \pm \frac{0.5}{40} \times 100\% = \pm 1.25\%$$

$\beta_1 > \beta_2$，显然，此种情况用 50 A 电流表测量 40 A 电流是合适的。

4. 电学量的测量

1）电流的测量

测量电路中的电流值时，要按被测电流的种类及量值的大小选择合适量程的交流电流表或直流电流表。要将电流表串联在被测电流的电路中，使被测电流通过电流表，如图 1.1.4 所示。

由于电流表本身内阻很小，切不可将电流表误接在某一有电压的元件两端，以免烧坏电流表。测量直流电流时还应注意电流表的正、负极，应使被测电流由电流表的正极流向电流表的负极。

为测量电流方便，实验台一般配有电流测量插口和插头。使用时将各插口分别串入各被测电路，将插头两端引线接到电流表

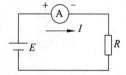

图 1.1.4   电流的测量

两端，需要测量某电路电流时，只要将插头分别插入各电路插口，即可测出各电路中的电流。

2）电压的测量

测量电路中的电压值时，可按被测电压的种类和大小来选择合适量限的直流电压表或交流电压表。测量电压时，要按图 1.1.5 所示将电压表接至 a、b 两点。

电压表本身内阻很大，不可将电压表串接入某一支路，以免

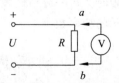

图 1.1.5   电压的测量

影响整个电路的正常工作。测量直流电压时还应注意电压表的正、负极，应将电压表的正极接到被测电压的高电位端。

3）功率的测量

测量电路功率的功率表一般是电动式仪表。

电动式功率表既可测量直流功率，也可用来测量交流功率（有功功率）。直流电路中的功率可以用测量的直流电流和直流电压的乘积求得，而交流电路中的功率一般要用功率表进行测量。

使用功率表应根据功率表上所注明的电压、电流量限，将电流线圈（固定线圈）串联在被测电路中、电压线圈（可动线圈）并联在被测电路的两端。为了减少测量误差，对于高阻抗负载，应按图 1.1.6 所示接线，功率表的电压线圈所反映的电压值包括了负载的电压和功率表电流线圈的电压。功率表的读数中除了负载功率之外，还包含有仪表本身电流线圈上的功率损耗。对于低阻抗负载，应按图 1.1.7 所示接线，功率表电流线圈中的电流，包括了负载电流和功率表电压线圈中的电流。功率表的读数中除了负载功率之外，还包括仪表本身电压线圈的功率损耗。

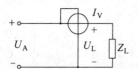

图 1.1.6　高阻抗负载功率测量

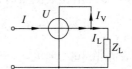

图 1.1.7　低阻抗负载功率测量

一般由功率表本身损耗引起的测量误差是很小的，但在测量小功率和要求精确的测量数值时，选择合适的接线方式是很重要的。

功率表一般有两个电流量限、两个或多个电压量限，以适应测量不同负载功率的需要。表内有两个完全相同的电流线圈（定圈），其接线端分别引出到表面上，可通过金属片将两个电流线圈串联或并联（见图 1.1.8），并联时允许通过的电流值是串联时的 2 倍。电压线圈通过串联不同的附加电阻以扩大电压量限（见图 1.1.9），其中有 "*" 号的为公共端。

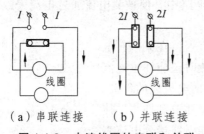

（a）串联连接　　（b）并联连接

图 1.1.8　电流线圈的串联和并联

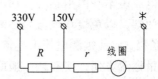

图 1.1.9　电压量限扩展连接

由于功能表是多量限的，所以它的标度尺上只标有分格数，在选用不同电流量限和电压量限时，每一分格代表不同的瓦数。在读数时要注意实际值与指针示数的关系，功率表每格表示的功率数为

$$瓦/格 = \frac{U_\mathrm{m} I_\mathrm{m}}{N_\mathrm{m}}$$

式中：U_m 为电压线圈的量限值，I_m 为电流线圈的量限值，N_m 为功率表满刻度格数。

被测功率的数值为

$$P = \frac{U_{\mathrm{m}} I_{\mathrm{m}}}{N_{\mathrm{m}}} \times N$$

式中，N 为功率表指示格数。

当被测电路功率因数 $\cos\varphi$ 很低时，应选用低功率因数功率表。低功率因数功率表的使用方法与功率表相同，其每格瓦特数为

$$瓦/格 = \frac{U_{\mathrm{m}} I_{\mathrm{m}} \cos\varphi_{\mathrm{m}}}{N_{\mathrm{m}}}$$

式中 $\cos\varphi_{\mathrm{m}}$ 表示仪表在满刻度时的额定功率因数，此值标注在表盘面上。

4）万用表的使用（电阻的测量）

万用表是一种可以测量直流电压、交流电压、直流电流和电阻等电量的多功能电表。一般万用表有一个转换开关，以选择测量项目和量程；有两个测量端钮，接上表笔以输入被测电量；有一个欧姆零位调节旋钮，用以测量电阻时校准欧姆零位；表头上有表盘，用以指示被测电量的数值。

用万用电表测量交流电压、直流电压、直流电流的方法，与电压表、电流表的使用方法相同，只需要使用时注意测量项目和量程的选择即可。此处仅重点介绍用万用表测量电阻的方法。

用万用表测量电阻时，应将转换开关旋至欧姆档的某一档位（如 ×10 档 ×1 k 档）。在测量电阻之前，应进行调零，即将两支表笔短接（外测电阻为零），调节"Ω 零位调节"旋钮，使表头指针对准电阻为零的刻度处。然后把表笔分别接到被测电阻的两端，从"Ω"刻度尺上读取数值，将读数乘以电阻倍率，即可得到被测电阻的值。

测量线路电阻时还应注意如下几点：

（1）测量电阻的每一档位测量电阻的范围都是 0～∞，但各档位有不同的欧姆中心值，即指针指在表盘中央位置时所测量的电阻值（亦即此档万用电表的内阻值）。测量电阻时要选择合适的倍率，应尽量使所选档位的欧姆中心值接近被测电阻的值。也就是说，要尽量使指针指在表头中央位置附近，以提高测量精度。

（2）被测电阻不能带电，否则容易损坏电表。

（3）测量电路中的电阻时，一定要将其一端从电路断开，以防电路中还并有电阻。

（4）测量电阻时，不要用手同时触及电阻两端，以防将人体电阻并在被测电阻上。

1.1.3　实验内容及步骤

（1）用交流电压表测量三相交流电源输出端的各线电压和相电压，填入表 1.1.4 中。

表 1.1.4　三相交流电源输出端的线电压和相电压

项目	UV	VW	WU	UN	VN	WN
电压/V						

（2）按图 1.1.10 所示接线，用交流电压表监视从实验台调压器输出 20 V 和 25 V 交流电压，并接到整流器上，选用直流电压表，测量输出的直流电压，填入表 1.1.5 中。

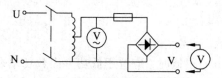

图 1.1.10　直流电压的测试

表 1.1.5　测量输出的直流电压

交流输入电压/V	直流输出电压/V
20	
25	

（3）按图 1.1.11 所示接线，选三相灯泡负载，利用调压器输出 220 V 交流电压，改变每组灯泡数，测量灯泡两端电压，并用交流电流表测量电流 I_1 和 I_2，填入表 1.1.6 中。

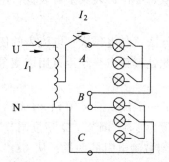

图 1.1.11　交流电压电流测量

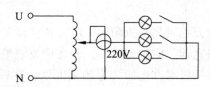

图 1.1.12　功率的测量

表 1.1.6　灯泡两端的电压和

第一组 3 盏 第二组 1 盏				第一组 2 盏 第二组 2 盏			
U_{AB}	U_{BC}	I_1	I_2	U_{AB}	U_{BC}	I_1	I_2

（4）按图 1.1.12 接线，测量每个灯泡实际消耗的电功率，填入表 1.1.7 中。

表 1.1.7　灯泡实际消耗的电功率

标示功率/W	60	120	180
实际功率/W			

（5）选择欧姆档中的合适倍率，测量动态电路单元板上各电阻的阻值，填入表 1.1.8 中。

表 1.1.8　动态电路单元板各电阻的阻值

电阻	R_1	R_2	R_3	R_4	R_5
阻值/Ω					

1.1.4 实验设备

（1）本实验台电源箱（调压器、整流器）。

（2）直流电压表（TS-B-06）一只，（TS-B-07）一只；交流电压表（TS-B-08）一只；交流电流表（TS-B-05）一只，（TS-U-31）一只；功率表；万用表。

（3）三相负载单元板（TS-B-23）一块。

（4）电流测量插口单元板（TS-B-22）一块。

（5）动态电路单元板（TS-B-27）一块。

1.1.5 注意事项

注意仪表使用的正确接线和量程的合理选择。

1.1.6 总结报告

（1）写明实验目的、步骤和测量数据。

（2）功率表指针出现反向偏转，原因是什么？

（3）万用表：×1 档，欧姆中心为 12 Ω；×100 档，欧姆中心为 1 200 Ω；×1 k 档，欧姆中心为 12 000 Ω；×10 k 档，欧姆中心为 120 000 Ω。

测量 1.5 kΩ电阻时应选用哪一档？测量 15 kΩ电阻时，应选用哪一档？为什么？

1.2 线性与非线性元件伏安特性的测定

1.2.1 实验目的

（1）学习直读式仪表和晶体管直流稳压电源等设备的使用方法。

（2）掌握线性电阻元件、非线性电阻元件伏安特性的测试技能。

（3）加深对线性电阻元件、非线性电阻元件伏安特性的理解，验证欧姆定律。

1.2.2 实验原理

电阻元件是一种对电流呈现阻力的元件，有阻碍电流流动的性能。当电流通过电阻元件时，必然要消耗能量，沿着电流流动的方向产生电压降，电压降的大小等于电流的大小与电阻的乘积，电压降和电流及电阻的这一关系称为欧姆定律，即

$$U = IR$$

上式的前提条件是电压 U 和电流 I 的参考方向相关联，亦即参考方向一致。如果参考方向相反，则欧姆定律的形式应为

$$U = -IR$$

电阻上的电压和流过它的电流是同时并存的，也就是说，任何时刻电阻两端的电压降只由该时刻流过电阻的电流所确定，与该时刻前的电流的大小无关，因此电阻元件又称为无记忆元件。

当电阻元件 R 的值不随电压或电流大小的变化而改变时，则电阻 R 两端的电压与流过它

的电流成正比例，符合这种条件的元件称为线性电阻元件；反之，不符合上述条件的电阻元件被称为非线性电阻元件。

电阻元件的特性除了用电压和电流的方程式表示外，还可以用其电流和电压的关系图形来表示，该图形称为此元件的伏安特性曲线。线性电阻的伏安特性曲线为一条通过坐标原点的直线，该直线的斜率即为电阻值，它是一个常数，如图 1.2.1 所示。

半导体二极管是一种非线性电阻元件，它的电阻值随着流过它的电流的大小而变化。半导体二极管的电路符号用 ▷|▷ 表示，其伏安特性如图 1.2.2 所示。由图可见，半导体二极管的伏安特性为非对称曲线。

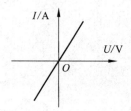 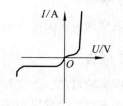

图 1.2.1　线性电阻的伏安特性曲线　　　　图 1.2.2　半导体二极管伏安特性

对比图 1.2.1 和图 1.2.2 可以发现，线性电阻的伏安特性对称于坐标原点，这种性质称为双向性，为所有线性电阻元件所具备。半导体二极管的伏安特性不但是非线性的，而且对于坐标原点来说是非对称性的，又称为非双向性，这种性质为多数非线性电阻元件所具备。半导体二极管的电阻随着其端电压的大小和极性的不同而不同，当外加电压的极性与二极管的极性相同时，其电阻值很小，反之二极管的电阻很大。半导体二极管的这一性能称为单向导电性，利用单向导电性可以把交流电变换成直流电。

1.2.3　实验内容及步骤

1. 测定线性电阻的伏安特性

在伏安特性实验板上取 $R_1 = 200\ \Omega$ 和 $R_2 = 2\ 000\ \Omega$ 电阻作为被测元件，并按图 1.2.3 接好线路。经检查无误后，打开直流稳压电源开关。依次调节直流稳压电源的输出电压为表 1.2.1 中所列数值，并将相对应的电流值记录在表 1.2.1 中。

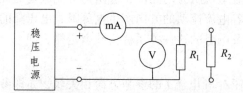

图 1.2.3　线性电阻的伏安特性测试电路

表 1.2.1　线性电阻的伏安特性

	U / V	0	2	4	6	8	10
$R_1 = 200\ \Omega$	I / mA						
$R_2 = 2\ 000\ \Omega$	I / mA						

2. 测量半导体二极管的伏安特性

1）正向特性

按图 1.2.4（a）所示接好线路。经检查无误后，开启稳压电源，输出电压调至 2 V。调节可变电阻器 R，使电压表读数分别为表 1.2.2 中数值，并将相对应的电流表读数记于 1.2.2 中。为了便于作图，在曲线弯曲部分可适当多取几个测量点。

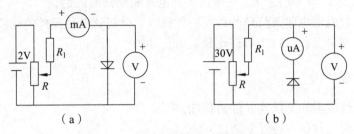

图 1.2.4　二极管的伏安特性测试电路

表 1.2.2　二极管的正向伏安特性测试数据

U/V	0	0.2	0.4	0.5	0.55	0.6	0.65	0.68	0.7	0.75
I/mA										

2）反向特性

按图 1.2.4（b）接好线路。经检查无误后，开启稳压电源，将其输出电压调到 30 V。调节可变电阻器使电压的读数分别为表 1.2.3 中所列数据，并将相应的电流值记入表 1.2.3 中。

表 1.2.3　二极管的反向伏安特性测试数据

U/V	0	5	10	15	20	25	30
I/mA							

3. 测定小灯泡灯丝的伏安特性

本实验采用低压小灯泡作为测试对象。

按图 1.2.5 接好线路，经检查无误后，打开直流稳压电源开关。依次调节电源输出电压为表 1.2.4 所列数值。并将相对应的电流值记录在表 1.2.4 中。

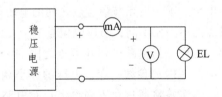

图 1.2.5　小灯泡灯丝的伏安特性测试电路

表 1.2.4　小灯泡灯丝的伏安特性测试数据

U/V	0	0.4	0.8	1.2	1.6	2	3	4	5	6	7	8	9
I/mA													

1.2.4　仪器设备

晶体管稳压电源，1 台；直流电压表、直流电流表；滑线变阻器（1 000 Ω），一只；数字万用表；导线若干。

1.2.5　实验报告

（1）实验报告要按报告单上所列项目认真填写。

（2）根据实验中所得数据，在坐标纸上绘制两个线性电阻、半导体二极管和小灯泡灯丝的伏安特性曲线。

（3）分析实验结果，并得出相应的结论。

（4）试说明图1.2.4（a）、（b）中电压表和电流表接法的区别。

（5）通过比较线性电阻与灯丝的伏安特性曲线，分析这两种元件的性质有什么不同。

（6）什么是双向元件？白炽灯灯丝是双向元件吗？

1.2.6　预习要求

（1）熟悉线性电阻和非线性元件的特性；

（2）预习不同元件伏安特性的测试方法。

1.3　直流电路中电位及其与电压关系的研究

1.3.1　实验目的

（1）通过实验加深对电位、电压及其相互关系的理解。

（2）通过对不同参考点电位及电压的测量和计算，加深对电位的相对性及电压与参考选择无关性质的认识。

1.3.2　实验原理

电路中的电位与电压是相互联系而又相互区别的两个概念。

在测量电路中各点电位时，需选定一个参考点，并规定此参考点电位为零。电路中某一点的电位就等于该点与参考点之间的电压值。由于所选参考点不同，电路中各点的电位值将随参考点的不同而不同，所以电位是一个相对的物理量。即电位的大小和极性与所选参考点有关。

电压是指电路中任意两点之间的电位差值。它的大小和极性与参考点选择是无关的。一旦电路结构及参数一定，电压的大小和极性即为定值。

本实验将通过对不同参考点时电路各点电位及电压的测量和计算，验证上述关系。

1.3.3　实验内容及步骤

（1）按图1.3.1所示接好实验电路，在接入电源U_1、U_2之前，应将直流稳压电源的输出"细调"旋钮调至最小位置。然后打开电源开关，调节电压输出，使其值分别为U_1和U_2（参考数值$U_1 = 10$ V，$U_2 = 10$ V）。

（2）将开关S_1，S_2合向电源一侧，将U_1和U_2接到电路上。

（3）以电路中的D点为参考点，分别测量电路中的A、B、C、D、E、F各点电位及每两点间的电压U_{AB}、U_{BC}、U_{BE}、U_{ED}、U_{FE}、U_{AF}及U_{AD}，将测量结果分别填入表1.3.1和表1.3.2中，并根据测量的电位数值计算上述电压值，也填入表1.3.2中。

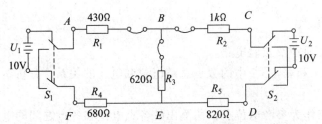

图 1.3.1　直流电路中的电位及电压研究实验电路

注意：测量电位时，应将电压表负表笔接在电位参考点上，将正表笔分别与被测电位点相接触。若电压表指针正向偏转则电位为正值；若电压表指针反向偏转，则应调换表笔两端，此时电压表读数为负值，即该点电位为负。测量电路电压时，电压表的负表笔应接在电压符号角标的后一个字母所表示的点上。例如，测量电压 U_{AB} 应将负表笔接在 B 点，正表笔接在 A 点上。若指针正向偏转，读数为正值；若指针反向偏转，倒换正、负表笔位置，读数为负值。

（4）以电路中的 E 点为电位参考点，按步骤（3）测量各点电位，并根据测量电位值计算电压值，将结果分别填入表 1.3.1 和表 1.3.2。

（5）以 F 为电位参考点，按步骤（3）再次测量各点电位，并计算各电压值，将测量及计算结果填入表 1.3.1 和表 1.3.2。

表 1.3.1　不同参考点电位的测量

参考点＼电位	U_A/V	U_B/V	U_C/V	U_D/V	U_E/V	U_F/V
D						
E						
F						

表 1.3.2　两点之间电位的测量数据

参考点＼电压	U_{AB}/V	U_{BC}/V	U_{CD}/V	U_{BE}/V	U_{ED}/V	U_{FE}/V	U_{AF}/V	U_{AD}/V
测量								
D（计算）								
E（计算）								
F（计算）								

在计算不同两点的电压时，要用其相对同一参考点测量的两个电位值相减得到。例如，计算以 D 点为参考点的电压 U_{AB} 时，要用以 D 点为参考点测量的电位 U_A 减 U_B 得到；计算以 E 点为参考点的电压 U_{AB} 时，要用以 E 点为参考点测量的 U_A 减 U_B 得到。

1.3.4　实验设备

双路直流稳压电源，1 台；直流电压表，1 块；直流电路单元板，1 块；导线若干。

1.3.5　实验报告要求

（1）实验目的、原理及实验电路。

（2）根据表 1.3.1 和表 1.3.2 中的数据总结电位和电压的关系，分析参考点的选择对电位和电压的影响。

（3）以不同的点作为参考电位点，所测出的各点电位和各点之间的电位有无变化，如何变化？

1.3.6　预习报告

根据图 1.3.1 的参数，计算待测量的电压、电流、电位值，记录并与实验数据进行比较，同时正确确定测量仪表的量程。

1.4　基尔霍夫定律的验证

1.4.1　实验目的

（1）通过实验验证基尔霍夫电流定律和电压定律，巩固所学理论知识。

（2）加深对参考方向概念的理解。

1.4.2　实验原理

基尔霍夫定律是电路理论中最基本也是最重要的定律之一。它概括了电路中电流和电压分别遵循的基本规律，包括基尔霍夫电流定律（KCL）和基尔霍夫电压定律（KVL）。

基尔霍夫节点电流定律：电路中任意时刻流进（或流出）任一节点的电流的代数和等于零。其数学表达式为

$$\sum I = 0$$

此定律阐述了电路任一节点上各支路电流间的约束关系，这种关系与各支路上元件的性质无关，不论元件是线性的或是非线性的、含源的或是无源的、时变的或时不变的。

基尔霍夫回路电压定律：电路中任意时刻，沿任一闭合回路，电压的代数和为零。其数学表达式为

$$\sum U = 0$$

此定律阐明了任一闭合回路中各电压间的约束关系。这种关系仅与电路的结构有关，而与构成回路的各元件的性质无关，不论这些元件是线性的或非线性的、含源的或无源的、时变的或时不变的。

参考方向：KCL 和 KVL 表达式中的电流和电压都是代数量。它们除具有大小之外，还有方向，其方向是以其量值的正、负表示的。为研究问题方便，人们通常在电路中假定一个方向为参考，称为参考方向。当电路中的电流（或电压）的实际方向与参考方向相同时取正值，实际方向与参考方向相反时取负值。

例如,测量某节点各支路电流时,可以设流入该节点的电流方向为参考方向(反之亦可)。将电流表负极接到该节点上,而将电流表的正极分别串入各条支路,当电流表指针正向偏转时,说明该支路电流是流入节点的,与参考方向相同,取其值为正。若指针反向偏转,说明该支路电流是流出节点的,与参考方向相反,倒换电流表极性,再测量,取其值为负。

测量某闭合电路各电压时,也应假定某一绕行方向为参考方向,按绕行方向测量各电压时,若电压表指针正向偏转,则该电压取正值,反之取负值。

1.4.3 实验内容及步骤

1. 验证基尔霍夫电流定律

本实验在直流电路单元板上进行,按图 1.4.1 接好线路,图中 X_1、X_2、X_3、X_4、X_5、X_6 为节点 B 的三条支路电流测量接口。

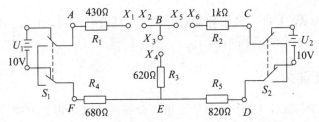

图 1.4.1 基尔霍夫电流定律验证电路

测量某支路电流时,将电流表的两支表笔接在该支路接口上并将另外两个接口用连接导线短接。验证基尔霍夫电流定律时,可假定流入该节点的电流为正(反之也可),并将表笔负极接在节点接口上,表笔正极接到支路接口上。若指针正向偏转,则取为正值;若反向偏转,则倒换电流表笔正负极,重新读数,其值取负。将测量的结果填入表 1.4.1 中

表 1.4.1 基尔霍夫电流定律测试数据

待测量	计算值	测量值	误差
I_1 /mA			
I_2 /mA			
I_3 /mA			
$\sum I =$			

2. 验证基尔霍夫回路电压定律

实验电路与图 1.4.1 相同,用导线将三个电流接口短接。取两个验证回路:回路 1 为 $ABEFA$,回路 2 为 $BCDEB$。用电压表依次测取 $ABEFA$ 回路中各支路电压 U_{AB}、U_{BE}、U_{EF} 和 U_{FA} 以及 $BCDEB$ 回路中各支路电压 U_{BC}、U_{CD}、U_{DE}、U_{EB}。将测量结果填入表 1.4.2 中。测量时可选顺时针方向为绕行方向,并注意电压表的指针偏转方向及取值的正与负。

表 1.4.2　基尔霍夫电压定律测试数据

回路 *ABEFA*				回路 *BCDEB*			
待测量	计算值	测量值	误差	待测量	计算值	测量值	误差
U_{AB}/V				U_{BC}/V			
U_{BE}/V				U_{CD}/V			
U_{EF}/V				U_{DE}/V			
U_{FA}/V				U_{EB}/V			
回路 $\sum U$/V				回路 $\sum U$/V			

1.4.4　实验设备

双路直流稳压电源，1 台；直流毫安表，1 只；直流电压表，1 只；直流电路单元板，1 只；数字万用表，1 只；带插头导线若干。

1.4.5　实验报告及要求

（1）利用表 1.4.1 和表 1.4.2 中的测量结果，验证两个基尔霍夫定律。

（2）利用电路中所给数据，通过电路定律计算各支路电压和电流，并计算测量值与计算值之间的误差，分析误差产生的原因。

（3）回答下列问题：

① 已知某支路电流约为 3 mA，现有量程分别为 5 mA 和 10 mA 两只电流表，你将使用哪只电流表进行测量？为什么？

② 改变电流或电压的参考方向，对验证基尔霍夫定律有影响吗？为什么？

1.4.6　预习报告

复习基尔霍夫电压、电流定律及工作原理。

1.5　叠加原理与互易定理的验证

1.5.1　实验目的

（1）通过实验验证叠加原理。

（2）通过实验验证互易定理。

1.5.2　实验原理

（1）叠加原理：在线性电路中，任一支路的电流或电压都是电路中每一个独立源单独作用时，在该支路所产生的电流或电压的代数和。

（2）互易定理：在电路中只有一个电势作用的条件下，当此电势在支路 A 中作用时，在另一支路 B 中所产生的电流，等于将此电势移到支路 B 时在支路 A 中产生的电流。当支路 B 的电势方向与原来的电流方向相同时，则在支路 A 中的电流必与原来的电势方向相同。

1.5.3 实验内容及步骤

1. 验证叠加原理

本实验电路接线如图 1.5.1 所示。U_1，U_2 由直流稳压电源供给，其中 $U_1 = 12\text{ V}$，$U_2 = 14\text{ V}$，U_1 和 U_2 两电源是否作用于电路，分别由换路开关 S_1 和 S_2 来控制。当开关投向短路一侧时，说明该电源不作用于电路。

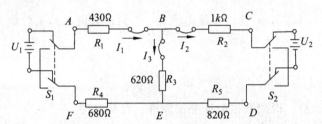

图 1.5.1 叠加原理与互易定理实验电路

（1）接通 $U_1 = 12\text{ V}$ 电源（即 S_1 合向电源 U_1 一侧，S_2 合向短路一侧），测量 U_1 单独作用时各支路的电流 I_1、I_2 和 I_3，将测量结果记入表 1.5.1。测量某一支路电流时，另外两个测量接口应用导线短接。同时在测量中应注意电流的方向。

（2）除去 U_1 电源（S_1 合向"短路"一侧）。接通 $U_2 = 14\text{ V}$ 电源，测量 U_2 单独作用时各支路的电流 I_1、I_2、I_3，将测量结果填入表 1.5.1 中。

（3）接通 U_1 和 U_2 电源，测量 U_1 和 U_2 共同作用下各支路的电流，将结果记入表 1.5.1 中。

（4）利用表 1.5.1 中的数据验证叠加原理。

表 1.5.1 叠加原理实验数据

作用电源	I_1 /mA			I_2 /mA			I_3 /mA		
	测量	计算	误差	测量	计算	误差	测量	计算	误差
U_1 单独作用									
U_2 单独作用									
代数和									
U_1，U_2 作用									

2. 验证互易定理

（1）将 U_2 去掉（把开关 S_2 合向短路一侧）。使 $U_1 = 25\text{ V}$ 作用于电路，用电流表测 I_2，并记入表 1.5.2 中。

（2）将 U_1 移到 U_2 的位置上，保持其值不变，并把开关 S_1 合向短路一侧，S_2 合向电源一侧，用电流表测量 I_1，记入表 1.5.2 中。

（3）将 U_1 的值改为 30 V，重复（1）和（2）步骤，再次测量 I_2 和 I_1，记入表 1.5.2 中。

（4）比较表 1.5.2 中的数据，验证互易定理。

表 1.5.2　互易定理实验数据

U_1/V	25	30
I_2/mA		
I_1/mA		

1.5.4　实验设备

直流稳压电源（双路），1 台；直流电流表，1 只；直流电路实验单元板，1 块；数字万用表；导线若干。

1.5.5　实验报告

（1）整理数据表格，根据数据验证叠加原理、互易定理。

（2）回答问题：

① 在验证叠加原理时，如果电源内阻不能忽略，实验该如何进行？

② 叠加原理的使用条件是什么？

1.5.6　预习报告

（1）预习叠加原理与互易定理的原理。

（2）计算表 1.5.1 中的理论数据，以便与实验数据进行比较。

1.6　戴维南定理和诺顿定理实验

1.6.1　实验目的

（1）通过实验验证戴维南定理和诺顿定理，加深对等效电路概念的理解。

（2）学习用补偿法测量开路电压。

1.6.2　实验原理

（1）对任何一个线性含源一端口网络[见图 1.6.1（a）]，根据戴维南定理，可以用图 1.6.1（b）所示电路代替；同样，根据诺顿定理，可以用图 1.6.1（c）所示电路代替。其等效条件是：U_{OC} 是含源一端口网络 C、D 两端的开路电压；I_{SC} 是含源一端口网络 C、D 两端短路后的短路电流；电阻 R_1 是把含源一端口网络化成无源网络后的输入端电阻。

用等效电路替代一端口含源网络的等效性，在于保持外电路中的电流和电压不变，即替代前后两者引出端钮间的电压相等时，流出（或流入）引出端钮的电流也必须相等（伏安特性相同）。

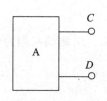
（a）含源一端口网络

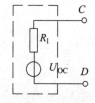
（b）用戴维南定理等效替代

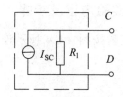
（c）用诺顿定理等效替代

图 1.6.1　等效电源定理

（2）含源一端口网络开路电压的测量方法。

① 直接测量法：当含源一端口网络的输入端等效电阻 R_i 与电压表内阻 R_V 相比可以忽略不计时，可以直接用电压表测量其开路电压 U_{OC}。

② 补偿法：当一端口网络的输入端电阻 R_i 与电压表内阻 R_V 相比不可忽略时，用电压表直接测量开路电压，就会影响被测电路的原工作状态，使所测电压与实际值间有较大的误差。补偿法可以排除电压表内阻对测量所造成的影响。

图 1.6.2 是用补偿法测量电压的电路，测量方法如下。

① 用电压表初测一端口网络的开路电压，并调整补偿电路中分压器的电压，使它近似等于初测的开路电压。

② 将 C、D 与 C'、D' 对应相接，再细调补偿电路中分压器的输出电压，使检流计 G 的指示为零。因为 G 中无电流通过，这时电压表指示的电压等于被测电压，并且补偿电路的接入没有影响被测电路的工作状态。

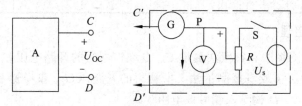

图 1.6.2　补偿法测一端口网络的开路电压

（3）一端口网络输入端等效电阻 R_i 的实验求法。

输入端等效电阻 R_i，可通过一端口网络除源（电压源短路、电流源开路、保留内阻）后的无源网络计算求得，也可通过实验的办法求出。

① 测量含源一端口网络的开路电压 U_{OC} 和短路电流 I_{SC}，则

$$R_i = \frac{U_{OC}}{I_{SC}}$$

② 将含源一端口网络除源，化为无源网络 P，然后按图 1.6.3 接线，测量 U_s 和 I，则

$$R_i = \frac{U_s}{I}$$

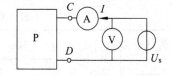

图 1.6.3　测量一端口无源网络电阻

1.6.3　实验内容及步骤

本实验按图 1.6.4 所示连接电路，使 $U_1 = 25$ V，本实验选择 C、D 两端左侧为一端口含源网络。

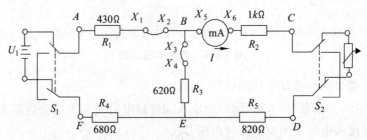

图 1.6.4　戴维南和诺顿定理实验电路

1. 一端口网络的外部伏安特性测量

调节一端口网络外接电阻 R_L 的数值，使其分别为表 1.6.1 中的数值，测量通过 R_2 的电流（X_5 和 X_6 电流接口处电流表读数）和两端电压，将测量结果填入表 1.6.1 中，其中 $R_L = 0$ 时的电流称为短路电流。

表 1.6.1　一端口网络的外部伏安特性数据

R_L / Ω	0	500	1 000	1 500	2 000	2 500	开路
I / mA							
U / V							

2. 验证戴维南定理

（1）分别用直接测量法和补偿法测量 C、D 端口网络的开路电压 U_{OC}。

（2）根据用补偿法（或直接测量法）所测得的开路压 U_{OC} 和步骤 1 中测得的短路电流（$R_L = 0$）I_{SC}，计算 C、D 端输入端等效电阻，即

$$R_{CD} = R_1 - \frac{U_{OC}}{I_{SC}}$$

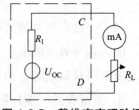

（3）按图 1.6.1（b）所示构成戴维南等效电路，其中电压源用直流稳压电源代替，调节电源输出电压，使之等于 U_{OC}，R_1 用电阻箱代替，在 C、D 端接入负载电阻 R_L，如图 1.6.5 所示。按和表 1.6.1 中相同的电阻值，测取电流和电压，填入表 1.6.2。

图 1.6.5　戴维南定理验证

（4）将表 1.6.1 和 1.6.2 中的数据进行比较，验证戴维南定理。

表 1.6.2　戴维南等效电路的伏安特性数据

R_L / Ω	0	500	1 000	1 500	2 000	2 500	开路
I / mA							
U / V							

3. 验证诺顿定理

按图 1.6.6 所示接线，构成诺顿等效电路，其中 I_{SC} 需用可调电流源，再与 R_1 并联。接上负载电阻 R_L，使其值分别为表 1.6.1 中的值，测量电流和电压，填入表 1.6.3，比较表 1.6.1 和表 1.6.3 中的数据，验证诺顿定理。

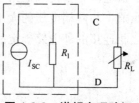

图 1.6.6　诺顿定理验证

表 1.6.3　诺顿等效电路的伏安特性数据

R_L/Ω	0	500	1 000	1 500	2 000	2 500	开路
I/mA							
U/V							

1.6.4　实验设备

直流稳压稳流源，1 台（若无稳流源，则选用电压源与电流源互换单元板代替）；直流毫安表、直流电压表，各 1 只；直流电路单元板，1 块；检流计（或直流微安表 TS-B-01），1 只；十进制电阻箱，2 只；滑线变阻器，1 只；导线若干。

1.6.5　实验报告要求

（1）在同一张坐标纸上画出原一端口网络和各等效网络的伏安特性曲线，并做分析比较，说明如何验证戴维南定理和诺顿定理。

（2）回答问题：对于图 1.6.2，如果在补偿法测量开路电压时，将 C' 与 D 相接，D' 与 C 相接，能否达到测量电压 U_{CD} 的目的？为什么？

1.6.6　预习报告

（1）熟悉戴维南定理和诺顿定理的基本原理。
（2）掌握二端网络的伏安特性测量。

1.7　电压源与电流源的等效变换

1.7.1　实验目的

（1）通过实验加深对电流源及其外特性的认识。
（2）掌握电流源和电压源进行等效变换的条件。

1.7.2　实验原理

电流源是除电压源以外的另一种形式的电源，它可以产生电流提供给外电路。电流源可分为理想电流源和实际电流源（实际电流源通常简称为电流源），理想电流源可以向外电路提供一个恒值电流，不论外电路电阻的大小如何。理想电流源具有两个基本性质：第一，它的电流是恒值，与其端电压的大小无关；第二，理想电流源的端电压并不能由它本身决定，而是由与之相连接的外电路确定的。理想电流源的伏安特性曲线如图 1.7.1 所示。

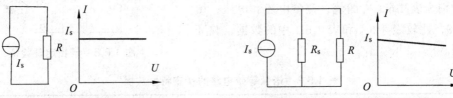

图 1.7.1　理想电流源伏安关系　　　　　图 1.7.2　实际电流源伏安关系

　　实际电流源的端电压增加时，通过外电路的电流并非恒定值而是会减小。端电压越高，电流下降得越多；反之，端电压越低，通过外电路的电流越大，当端电压为零时，流过外电路的电流最大，为 I_s。实际电流源可用一个理想电流源 I_s 和一个内阻 R_s 相并联的电路模型表示。实际电流源的电路模型及伏安特性如图 1.7.2 所示。

　　某些器件的伏安特性具有近似理想电流源的性质，如硅光电池、晶体三极管输出特性等。本实验中的电流源是用晶体管来实现的。晶体三极管在共基极连接时，集电极电流 I_C 和集电极与基极间的电压 U_{CB} 的关系如图 1.7.3 所示。由图可见，$I_C = f(U_{CB})$ 关系曲线的平坦部分具有恒流特性，当 U_{CB} 在一定范围变化时，集电极电流 I_C 近乎恒定值，可以近似地将其视为理想电流源。

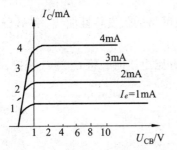 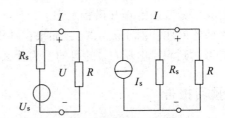

图 1.7.3　三极管输出特性曲线　　　　图 1.7.4　电源的等效模型

　　电源的等效变换：一个实际的电源，就其外部特性而言，既可以看成是一个电压源，也可以看成是一个电流源。原理证明如下：设有一个电压源和一个电流源分别与相同阻值的外电阻 R 相接，如图 1.7.4 所示。对于电压源来说，电阻 R 两端的电压 U 和流过 R 的电流 I 间的关系可表示为

$$U = U_s - IR_s \quad 或 \quad I = \frac{U_s - U}{R_s}$$

对于电流源电路来说，电阻 R 两端的电压 U 和流过它的电流 I 间的关系可表示为

$$I = I_s - \frac{U}{R_s'} \quad 或 \quad U = I_s R_s' - IR_s'$$

如果两种电源的参数满足以下关系

$$I_s = \frac{U_s}{R_s} \tag{1-7-1}$$

$$R_s = R'_s \tag{1-7-2}$$

则电压源电路的两个表达式可以写成：

$$U = U_s - IR_s = I_s R'_s - IR'_s \quad 或 \quad I = \frac{U_s - U}{R_s} = I_s - \frac{U}{R'_s}$$

可见表达式与电流源电路的表达式是完全相同的,也就是说在满足式(1-7-1)和式(1-7-2)的条件下,两种电源对外电路电阻 R 是完全等效的。两种电源互相替换对外电路将不产生任何影响。

式(1-7-1)和式(1-7-2)为电源等效互换的条件。利用它可以很方便地把一个参数为 U_s 和 R_s 的电压源变换为一个参数为 $I_s = \frac{U_s}{R_s}$ 和 R_s 的等效电流源;反之,也可以容易地把一个电流源转化成一个等效的电压源。

1.7.3　实验内容及步骤

1. 测试理想电流源的伏安特性

此实验可用如下电压—电流源等效变换电路来实现。按图 1.7.5（a）接好电路,其等效电路如图 1.7.5（b）所示。

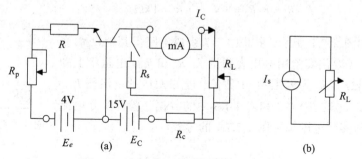

图 1.7.5　电压-电流源等效变换电路

图中 E_E 和 E_C 由双路直流稳压电源提供,调节电位器使 $I_C = 8 \text{ mA}$ 。按表 1.7.1 中的数值从小到大依次调节电阻 R_L 的值,记录电流相对应的读数,填入表 1.7.1 中。

表 1.7.1　不同负载的电流测试数据

R_L/Ω	0	200	400	600	800	1 000
I_C/mA						
计算 U/V						

2. 测试实际电流源的伏安特性

将图 1.7.5（a）中与 R_s 串联的开关闭合,其实际电路如图 1.7.6（a）所示,其等效电路如图 1.7.6（b）所示,其中 $R_s = 1 \text{ k}\Omega$ 。

调节 R_P 使 $I_C = 8 \text{ mA}$，改变 R_L 使其分别为表 1.7.2 中数值，记录相对应的 I_L 值填入表中。

表 1.7.2 实际等效电路的测试数据

R'_L / Ω	0	200	400	600	800	1 000
I_C / mA						
计算 U / V						

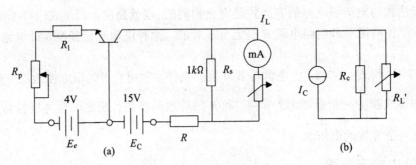

图 1.7.6 实际电流源测试电路

3. 电流源与电压源的等效变换

根据电源等效变换的条件，图 1.7.6（a）所示电流源可以变换成一个电压源，其参数为

$$U_s = I_C \cdot R_s = 8 \cdot R_s = 8 \text{ V} \qquad R_s = 1 \text{ k}\Omega$$

等效电路如图 1.7.7 所示，按图 1.7.7 组成电路。其中 U_s 由直流稳压电源提供（要用实验用电压表测量），R_L 和 R_s 用电阻箱上的电阻，使 $R_s = 1 \text{ k}\Omega$。R_L 为表 1.7.3 中数值，记录对应的电流值 I_L，填入表 1.7.3 中。比较表 1.7.2 和表 1.7.3 中的数据，验证实际电流源（图 1.7.6）与实际电压源（图 1.7.7）的等效性。

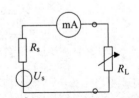

图 1.7.7 等效电路电路

1.7.4 实验设备

双路直流稳压电源，1 台；电源互换电路板；电压表、电流表，各 1 只；电阻箱，2 只；导线若干。

1.7.5 实验报告

（1）根据表 1.7.1、表 1.7.2、表 1.7.3 中的实验数据，绘制理想电流源、实际电流源以及电压源的伏安特性曲线。

（2）比较两种电源等效变换后的结果，并分析产生误差的原因。

（3）回答下列问题：

① 电压源和电流源等效变换的条件是什么？

② 理想电流源和理想电压源是否能够进行等效变换？为什么？

1.7.6 预习报告

（1）熟悉实际电压源、电流源等效互换原理。

（2）分析图 1.7.5 实现电流源的工作原理。

1.8 受控源特性的研究

1.8.1 实验目的

（1）通过实验加深对受控源概念的理解。

（2）通过对电压控制电压源（VCVS）和电压控制电流源（VCCS）的测试，加深对两种受控源的受控特性及负载特性的认识。

（3）通过实验熟悉运算放大器的使用。

1.8.2 实验原理

受控源是对某些电路元件物理性能的模拟，反映电路中某支路的电压或电流受另一支路的电压或电流控制的关系。测量受控量与控制量之间的关系，就可以掌握受控源输入量与输出量间的变化规律。受控源具有独立源的特性，受控源的受控量仅随控制量的变化而变化，与外接负载无关。

根据控制量与受控量的不同，受控源可分为四种类型，即电压控制电压源（VCVS）、电流控制电压源（CCVS）、电压控制电流源（VCCS）、电流控制电流源（CCCS），电路模型如图 1.8.1 所示。

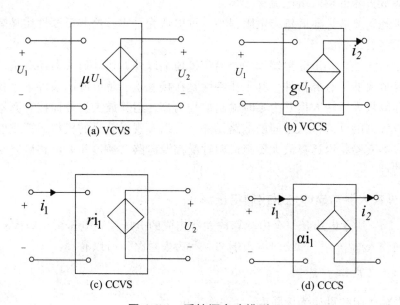

(a) VCVS　　　　　(b) VCCS

(c) CCVS　　　　　(d) CCCS

图 1.8.1 受控源电路模型

1. 用运算放大器实现受控源的原理

受控源可以用运算放大器来实现。运算放大器是一种高增益、高输入阻抗和低输出阻抗的放大器，常用图 1.8.2（a）所示电路符号表示，其等效电路模型如图 1.8.2（b）所示。它有两个输入端，一个输出端和一个对输入和输出信号的参考接地端。两个输入端中一个称为同相输入端，另一个称为反相输入端。

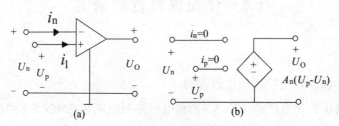

图 1.8.2 运算放大器

所谓同相输入端是指当反相输入端电压为零时，输出电压的极性和该输入端的电压极性相同，同相输入端在电路符号上用"+"号表示。所谓反相输入端是指当同相输入端电压为零时，输出电压的极性和该输入端电压的极性相反；反相输入端在电路符号上用"–"号表示。当两输入端同时有电压作用时，输出电压为

$$U_O = A_O(U_p - U_n)$$

式中，A_O 为运算放大器的开环放大倍数。理想情况下，A_O 和输入电阻 R_{in} 为无穷大，因此有

$$U_p = U_n \qquad i_p = U_p/U_{in} = 0 \qquad i_n = U_n/R_{in} = 0$$

上述式子表明：

（1）运算放大器"+"端与"–"端可以认为是等电位，通常称为"虚短路"。

（2）运算放大器的输入端电流等于零。

此外，理想运算放大器的输出电阻很小，可以认为是零。这些重要性质是简化分析含有运算放大器网络的依据。

除了两个输入端、一个输出端和一个参考接地端以外，运算放大器还有正、负两个电源输入端。运算放大器是有源器件，其工作特性是在接有正、负电源的条件下才具有的。

为保证运算放大器输入信号为零时输出信号为零，运算放大器外面接有调零电位器。

在运算放大器的外部接入不同的电路元件，可以实现对信号的模拟运算或模拟变换，应用十分广泛。本实验将由运算放大器组成两种受控源电路，通过实验电路研究受控源的受控特性和负载特性。

2. 由运算放大器构成的电压控制电压源

图 1.8.3（a）所示电路是一个由运算放大器构成的电压控制电压源（VCVS）。由于运算放大器的同向输入端"+"和反向输入端"–"为虚短路，所以有

$$U_1 = I_1 R_1$$

因放大器输入阻抗可认为无限大，$i_n = i_p = 0$，故有

$$I_2 = I_1 - i_n = I_1$$

$$U_2 = -I_2 \cdot R_2 = -I_1 \cdot R_2 = -(R_2 / R_1) U_1$$

这说明运算放大器的输出电压 U_2 受输入电压 U_1 的控制，它的电路模型如图 1.8.3（b）所示，其电压比为

$$\mu = U_2 / U_1 = -R_2 / R_1$$

式中：μ 无量纲，称为电压放大倍数。

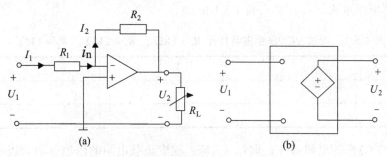

图 1.8.3　由运算放大器构成的 VCVS

3. 由运算放大器构成的电压控制电流源

图 1.8.4（a）所示为一个由运算放大器组成的电压控制电流源（VCCS），由图可见

$$I_2 = I_1 = U_1 / R_1 = g_m U_1$$

上式说明负载电流 I_2 受输入电压 U_1 的控制，其大小与负载电阻 R_L 无关，这种关系说明此电路的特性是一个电压控制电流源。图 1.8.4（b）是它的电路模型，其比例系数为

$$g_m = I_2 / U_1 = 1 / R_1$$

式中：g_m 具有电导的量纲，称为转移电导。

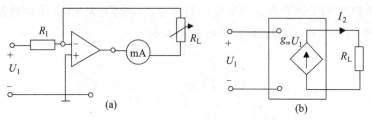

图 1.8.4　由运算放大器构成的 VCCS

1.8.3　实验内容及步骤

1. 测试电压控制电压源（VCVS）的受控特性和负载特性

（1）按图 1.8.5 接线（用受控源单元板 TS-B-29），取 $R_1 = 1\,\text{k}\Omega$，$R_2 = 2\,\text{k}\Omega$，$R_L = 1\,\text{k}\Omega$，运算放大器是有源器件，它工作所需的电源由 TS-B-29 单元板自身提供，只要将单元板上的插头插入 220 V 交流电源，单元板中的整流电源就可以向运算放大器提供正、负 15 V 电源，使运算放大器正常工作。运算放大器调零电位器在单元板侧面顶部。

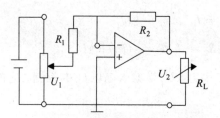

图 1.8.5　电压控制电压源实验电路

（2）测试 VCVS 受控特性：调节电位器，使 U_1 分别为表 1.8.1 中的数值，测量输出电压 U_2 ，并计算电压放大倍数，填入表 1.8.1 中。

表 1.8.1　测试 VCVS 受控特性（ $R_1 = 1\,k\Omega$ ， $R_2 = 2\,k\Omega$ ， $R_L = 1\,k\Omega$ ）

U_1 / V	1	2	3	4	5
U_2 / V					
μ					

（3）测试 VCVS 的负载特性：取 $U_1 = 3\,V$ ，改变负载电阻的阻值分别为表 1.8.2 中数值，测量出电压 U_2 ，将测量结果填入表中。

注意：接好电路后，将受控源单元板上的插头插入 220 V 交流电源插座中，以便向运算放大器提供正、负 15 V 电源，使运算放大器正常工作。

表 1.8.2　测试 VCVS 的负载特性（ $R_1 = 1\,k\Omega$ ， $R_2 = 2\,k\Omega$ ， $U_1 = 3\,V$ ）

$R_L / k\Omega$	1	2	3	4	5
U_2 / V					

2. 测试电压控制电流源（VCCS）的受控特性和负载特性

（1）按图 1.8.6 接线。取 $R_1 = 1\,k\Omega$ ， $R_L = 1\,k\Omega$ 。

（2）测试 VCCS 的受控特性：调节电位器，使 U_1 分别为表 1.8.3 中的数值，测量通过负载 R_L 中的输出电流 I_2 ，并计算转移电导 g_m ，填入表中。

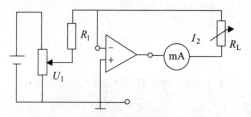

图 1.8.6　电压控制电流源实验电路

表 1.8.3　测试 VCCS 的受控特性（ $R_1 = 1\,k\Omega$ ， $R_L = 1\,k\Omega$ ）

U_1 / V	2	4	6	8	10	
I_2 / mA						
g_m						

（3）测试 VCCS 的负载特性：$R_1 = 1\,k\Omega$，取 $U_1 = 5\,V$，改变负载电阻 R_L 为表 1.8.4 中的值，测量通过负载电阻 R_L 中的电流 I_2，将测量结果填入表中。

表 1.8.4　测试 VCCS 的负载特性（ $R_1 = 1\,k\Omega$ ，$U_1 = 5\,V$ ）

$R_L / k\Omega$	0.4	0.8	1.2	1.6	2.0	
I_2 / mA						

1.8.4　实验设备

直流电压表（TS-B-06），1 只；直流电流表（TS-B-02），1 只；电阻箱，2 只；直流稳压电源，1 台；受控源实验单元板（TS-B-29），1 块；导线若干。

1.8.5　实验报告要求

（1）写清实验目的和电路原理。

（2）根据表 1.8.1 和表 1.8.2 中的测试数据，说明电压控制电压源的受控特性是什么，负载特性是什么。

（3）根据表 1.8.3 和表 1.8.4 的测试数据，说明电压控制电流源的受控特性是什么，负载特性是什么。

1.8.6　注意事项

实验电路在确认无误之后，再接通运算放大器的供电电源，在改变运算放大器外部电路元件时，应事先断开供电电源。

1.9　一阶电路实验

1.9.1　实验目的

（1）观察一阶电路的过渡过程，研究元件参数改变时对过渡过程的影响。

（2）学习脉冲信号发生器和示波器的使用方法。

1.9.2　实验原理

RC 电路在脉冲信号的作用下，电容器充电，电容器上的电压按指数规律上升，即

$$U_C(t) = U(1 - e^{-t/\tau})$$

式中，U_C 随时间上升的规律可用曲线表示，如图 1.9.1 所示。

电路达到稳态后，将电源短路，电容器放电，其电压按指数规律衰减，即

$$U_C(t) = U\,e^{-t/\tau}$$

U_C 随时间衰减的规律可以用曲线表示，如图 1.9.2 所示。

$\tau = RC$ 为电路的时间常数，其大小决定了过渡过程进行的快慢，其物理意义是电路零输入响应衰减到初始值的 36.8%所需要的时间，或者是电路零状态响应上升到稳态值的 63.2%所需要的时间。虽然真正到达稳态所需要的时间为无限大，但通常认为经过$(3 \sim 5)\tau$的时间，过渡过程就基本结束，电路进入稳态。

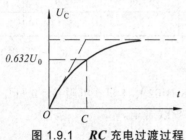

图 1.9.1 RC 充电过渡过程　　　　图 1.9.2 RC 放电过渡过程

对于一般电路，时间常数均较小，为毫秒甚至微秒级，电路会很快达到稳态，一般仪表尚来不及反应，过渡过程已经消失。因此，用普通仪表难以观测到电压随时间的变化规律。示波器可以观察到周期变化的电压波形，如果使电路的过渡过程按一定周期重复出现，示波器荧光屏上就可以观察到过渡过程的波形。本实验用脉冲信号源作为实验电源，由它产生一个固定频率的方波，模拟阶跃信号。在方波的前沿相当于接通直流电源，电容器通过电阻充电，如图 1.9.1 所示；方波后沿相当于电源短路，电容器通过电阻放电，如图 1.9.2。方波周期性重复出现，电路就不断地进行充电、放电。将电容器两端接到示波器输入端，就可观察到一阶电路充电、放电的过渡过程。用同样的办法也可以观察到 R_L 电路的过渡过程。

1.9.3 实验内容及步骤

1. 观察并记录 RC 电路的过渡过程

（1）观察并记录电容器上的过渡过程。

按图 1.9.3 所示接好电路。调节方波频率为 1 kHz 并使其占空比为 1∶1，方波幅值为 2.5 V，图中 $R = 300 \Omega$，$C = 0.1\,\mu\text{F}$。观察示波器上的波形，并用方格纸记录下所观察到的波形。从波形图上测量电路的时间常数 τ，然后与用电路参数的计算时间常数相比较，分析二者不同的原因。

（2）观察并记录参数改变对 $U_C(t)$ 过渡过程的影响。

将图 1.9.3 中的电路参数改为 $R = 800 \Omega$，$C = 0.1\,\mu\text{F}$，重复步骤（1）的实验内容。

（3）观察并记录电阻上电压随时间的变化规律 $U_R(t)$。

按图 1.9.4 接好电路。$R = 300 \Omega$，$C = 0.1\,\mu\text{F}$，调整方波频率为 1 kHz，方波幅值为 2.5 V，观察电阻上电压 $U_R(t)$ 的波形，并用方格纸记录下所观察到的波形。

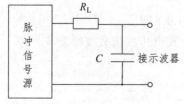　　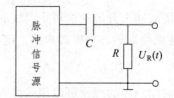

图 1.9.3 观察电容的过渡过程　　　图 1.9.4 观察电阻 R 上的波形 U_R

（4）将图 1.9.4 中的电路参数改为 $R = 800\,\Omega$，$C = 0.1\,\mu\text{F}$，重复步骤（3）的实验内容。

2. 观察并记录 RL 电路的过渡过程

（1）按图 1.9.5 接好电路，调节频率为 1 kHz，方波幅值为 2.5 V，占空比为 1：1；使 $R = 300\,\Omega$，$L = 22\,\text{mH}$，观察并记录电感上的电压波形 $U_L(t)$。

（2）改变图 1.9.5 中的电路参数，使 $R = 800\,\Omega$，$L = 22\,\text{mH}$，重复步骤（1）的实验内容。

（3）按图 1.9.6 接线，使 $R = 300\,\Omega$，$L = 22\,\text{mH}$，观察并记录电阻 R 上的电压波形 $U_R(t)$。

（4）改变图 1.9.6 中的电路参数值，使 $R = 800\,\Omega$，$L = 22\,\text{mH}$，重复步骤（3）的实验内容。

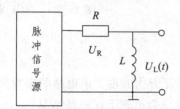
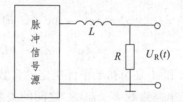

图 1.9.5　观察 R_L 电路中的波形 $U_L(t)$　　　图 1.9.6　观察 R_L 电路中的波形 $U_R(t)$

1.9.4　实验设备

双踪示波器，1 台；脉冲信号源；动态电路单元板，1 块；电阻箱，1 只。

1.9.5　实验报告要求

（1）用方格纸绘制所观察到的各种波形。

（2）说明元件参数的变化对过渡过程的影响。

（3）为什么实验中要使 RC 电路的时间常数较方波的周期小很多？如果方波周期较 RC 电路时间常数 τ 小很多，会出现什么情况？

1.9.6　预习报告

（1）预习 RC、RL 一阶电路的工作原理；不同时间常数下，输出信号的变化规律。

（2）预习积分电路和微分电路必须具备的条件。

1.10　二阶电路过渡过程实验

1.10.1　实验目的

（1）观察 R、L、C 串联电路的过渡过程。

（2）了解二阶电路参数与过渡过程类型的关系。

（3）学习从波形中测量固有振荡周期和衰减系数的方法。

1.10.2 实验原理

（1）R、L、C 串联电路如图 1.10.1 所示，它可以用线性二阶常系数微分方程描述其规律，即

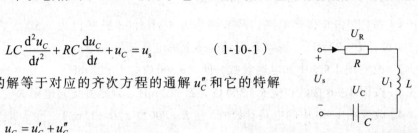

$$LC\frac{\mathrm{d}^2 u_C}{\mathrm{d}t^2} + RC\frac{\mathrm{d}u_C}{\mathrm{d}t} + u_C = u_s \qquad （1\text{-}10\text{-}1）$$

其微分方程的解等于对应的齐次方程的通解 u_C'' 和它的特解 u_C' 之和，即

$$u_C = u_C' + u_C''$$

图 1.10.1　RCL 串联电路

其中：$u_C' = U_s$，$u_C'' = A_1 e^{S_1 t} + A_2 e^{S_2 t}$，即

$$u_C = A_1 e^{S_1 t} + A_2 e^{S_2 t} + U_s \qquad （1\text{-}10\text{-}2）$$

式中：A_1 和 A_2 是由初始条件决定的常数；S_1 和 S_2 是特征方程的根，由电路的参数决定。

由于电路参数 R、L、C 之间的关系不同，电路响应会出现下述三种情况。

① 当 $R > 2\sqrt{\dfrac{L}{C}}$ 时，响应是非震荡的，称为过阻尼情况，U_C 随时间的变化曲线如图 1.10.2 所示。

② 当 $R = 2\sqrt{\dfrac{L}{C}}$ 时，响应是临界状态的，称为临界阻尼情况。U_C 随时间的变化曲线如图 1.10.2 所示。

③ 当 $R < 2\sqrt{\dfrac{L}{C}}$ 时，响应是衰减振荡的，称为欠阻尼情况。U_C 随时间的变化曲线如图 1.10.2 所示。

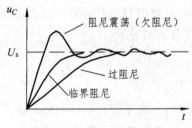

图 1.10.2　RLC 串联电路

（2）振荡周期 T 和衰减系数 S 的测量方法。当电路处于欠阻尼情况时，响应 u_C 的表达式为

$$u_C = U_s\left[1 - \frac{\omega_0}{\omega}e^{-\delta}\sin\left(\omega t + \arctan\frac{\omega}{\delta}\right)\right] \qquad （1\text{-}10\text{-}3）$$

其振荡波形如图 1.10.3（a）所示，其中：$T = 2\pi/\omega$，为振荡周期；$\delta = R/2L$，为衰减系数（其中 R 为回路总电阻）；$\omega_0 = 1/\sqrt{LC}$，为固有频率。

在电流 i 的波形图上，若第一个正峰点出现的时刻为 t_1，第二个正峰点出现的时刻为 t_2，则衰减震荡周期为

$$T = t_2 - t_1 \qquad （1\text{-}10\text{-}4）$$

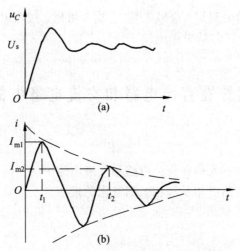

图 1.10.3　RLC 串联电路欠阻尼振荡

若第一正峰值为 I_{m1}，第二个正峰值为 I_{m2}，则有

$$I_{m1} = \frac{U_s}{\omega L} e^{-\delta t_1} \sin(\omega t_1)$$

$$I_{m2} = \frac{U_s}{\omega L} e^{-\delta t_1} \sin(\omega t_2)$$

所以　　　　　$\dfrac{I_{m1}}{I_{m2}} = e^{-\delta(t_1 - t_2)}$

故　　　　　$\delta = \dfrac{1}{T} \ln \dfrac{I_{m1}}{I_{m2}}$ 　　　　　　　　　　（1-10-5）

1.10.3　实验内容及步骤

（1）按图 1.10.1 接线，实验中的电容及电感元件取自动态电路单元板，$C = 0.01\,\mu F$，$L = 10\,mH$；电阻元件用电阻箱；方波激励信号取自本实验台上的脉冲信号源。

（2）使 R 在 $0 \sim 4\,k\Omega$ 间变化，用示波器观察 u_C 和 i 在欠阻尼（衰减振荡）、临界阻尼和过阻尼情况下的各种波形，把三种状态下的波形描绘在方格纸上，并根据衰减振荡波形测量和计算衰减系数和衰减振荡周期（δ 和 T）。

（3）仔细观察 R 改变时波形的变化，找到临界状态，记录此时的电阻值，并与计算值 $R = 2\sqrt{L/C}$ 相比较。

1.10.4　实验设备

脉冲信号源（本实验台配置）；双踪示波器，1 台；动态电路单元板（TS-B-27），1 块；电阻箱，1 只；导线若干。

1.10.5　实验报告要求

（1）写清实验目的，画出实验电路。

（2）绘制过渡过程中的欠阻尼（衰减振荡）、临介阻尼、过阻尼三种波形图，在图上测量并计算 δ 和 T，按参数值计算的结果相比较。

1.11 LC元件在直流电路和交流电路中的特性研究

1.11.1 实验目的

（1）研究电感元件和电容元件在直流电路和交流电路中的不同特性。
（2）加深对正弦交流电路中相量和相量图概念的理解。

1.11.2 实验原理

线性电感元件上的电压、电流关系为

$$u = L\frac{\mathrm{d}i}{\mathrm{d}t}$$

由上式可以看出，电感元件是一个动态元件，它在电路中（见图 1.11.1）显示的性质和通过元件电流的变化率有关，当电路中电流不随时间变化时，它两端的电压为零，故电感元件在直流稳恒电路中相当于短路线。

图 1.11.1　线性电感模型　　　　　图 1.11.2　线性电容模型

如果电感元件 L 接在交流电路中，则它的动态性质就表现为感抗（$X_L = \omega L$）的形式。感抗与频率成正比，随频率的增高而增大，表明电感在高频下有较大的感抗。当 $\omega = 0$（即直流）时，$X_L = \omega L = 0$，电感相当于短路线。所以，电感元件在电路中通常用作接通直流和低频讯号、阻碍高频信号通过的元件。

线性电容元件上的电压和电流关系为

$$i = C\frac{\mathrm{d}u}{\mathrm{d}t}$$

显然，电容元件也是一个动态元件，它在电路中（见图 1.11.2）显示的性质和元件上电压的变化率有关，当电压不随时间变化时，电流为零，这时电容元件相当于开路，故电容元件在稳态直流电路中有隔断电流（简称隔直）的作用。

如果将电容元件接在交流电路中，它的动态特性就表现为容抗（$X_C = \dfrac{1}{\omega C}$）的形式，容抗与频率成反比。当 $\omega \to \infty$ 时，$X_C \to 0$，即相当于短路；而当 $\omega \to 0$（直流）时，$X_C \to \infty$，即电容相当于开路。所以电容元件在电路中通常用作通高频、阻低频、隔直流信号的元件。

在正弦交流电路中，电压、电流都是用相量表示的。基尔霍夫定律的相量形式为

$$\sum \dot{I} = 0, \quad \sum \dot{U} = 0$$

对于图 1.11.3 所示电路，如果用交流电表测量各支路电流和元件上电压的有效值后，我们可以用两种办法建立这些量的相量关系。

（1）通过计算或测量，求出各元件的阻抗角，然后根据已知的阻抗角画出电路的相量图。

电路中电阻 R，灯泡均为电阻性负载，阻抗角为零，线圈具有电感 L 和电阻 r，其阻抗角 $\varphi = \arctan\dfrac{\omega L}{r}$。

可取某一相量（如 $\dot{I}_2$）为参考相量 $\Rightarrow$ 画 $\dot{U}_1$（导前 $\dot{I}_2$ 相位 φ 角）$\Rightarrow$ 画 $\dot{I}_1$（与 $\dot{U}_1$ 同相位）$\Rightarrow$ 求和 $\dot{I} = \dot{I}_1 + \dot{I}_2 \Rightarrow$ 画 $\dot{U}_2$（与 $\dot{I}$ 同相位）$\Rightarrow$ 画 $\dot{U} = \dot{U}_1 + \dot{U}_2$。电压和电流相量图如图 1.11.4 所示。

（2）如果元件的阻抗角不知道，在测得 $\dot{I}_1$、$\dot{I}_2$ 和 $\dot{I}$ 之后，根据 $\sum \dot{I} = 0$，这三个电流应构成一个闭合三角形，用几何作图法，就可以得到 $\dot{I}_1$、$\dot{I}_2$ 和 $\dot{I}$ 间的相量关系，也可画出 $\dot{U}_1$、$\dot{U}_2$ 和 $\dot{U}$ 之间的相量关系，如图 1.11.5 所示。

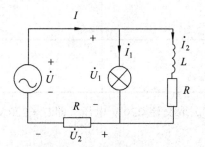 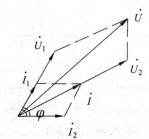 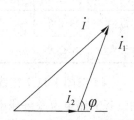

图 1.11.3　交流测试电路　　　图 1.11.4　电压与电流的相量图　　　图 1.11.5　电流相量图

1.11.3　实验内容和步骤

（1）按图 1.11.6 接线，图中灯泡取自三相负载单元板上的 100 W 白炽灯泡，电容 C 取自动态电路单元板上的 4 μF 电容器。将交流电压接在电源箱右侧调压器的输入端，输出端接在右边的整流桥上，调节调压器输出电压，使直流输出电压 $U = 220$ V。将此直流电压加到灯泡与电容的串联电路，接通和断开图中与电容 C 并联的开关 S，观察灯泡亮度发生什么变化，并用直流电表测量电流和电压，填入表 1.11.1 中。

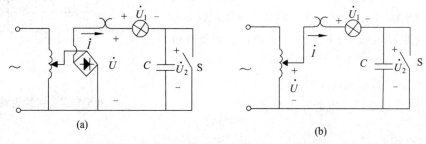

图 1.11.6　电容器在交直流电路中的作用

（2）断开调压器与整流桥的接线，调节调压器电压输出，将 220 V 交流电压加到图 1.11.6 所示电路上，接通和断开开关 S，观察灯泡亮度的变化，用交流电表测量电流和电压，填入表 1.11.1 中。

（3）将图 1.11.6 中的电容器 C 换成电感 L（本实验用镇流器，实为 L 与 r 串联），重复步骤（1）和（2）的实验内容，将结果填入表 1.11.2 中。

表 1.11.1　电容电路实验数据（$C = 4\,\mu F$）

		灯泡亮度	电流/A	U_1/V	U_2/V
直流 220 V	S 闭合				
	S 打开				
交流 220 V	S 闭合				
	S 打开				

表 1.11.2　镇流器电路测试表

		灯泡亮度	电流/A	U_1/V	U_2/V
直流 220 V	S 闭合				
	S 打开				
交流 220 V	S 闭合				
	S 打开				

（4）按图 1.11.7 接线，灯泡取 100 W，电容 C 取 $4\,\mu F$，取交流 220 V 电压，即 $U = 220\,V$ 测量各支路电流及各段电压，填入表 1.11.3 中。

表 1.11.3　阻容交流电路测试表

测量项目	U	U_1	U_2	I	I_1	I_2
数　据						

1.11.4　实验设备

直流电流表（TS-B-03），1 只；直流电压表（TS-B-07），1 只；交流电流表（TS-B-05），1 只；交流电流表（TS-B-31），1 只；交流电压表（TS-B-30），1 只；动态电路单元板（TS-B-27），1 块；三相负载单元板（TS-B-22），3 块；镇流器、开关单元板（TS-B-19），1 块；电流测量插口单元板（TS-B-22），1 块；导线若干；调压电源及整流桥（电源箱上配备）。

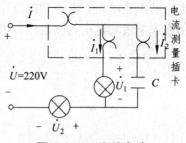

图 1.11.7　实验电路

1.11.5　实验报告要求

（1）对实验步骤（1）、（2）、（3）中所观察到的现象及测量的数据作出解释，说明元件 L、C 在直流和交流电路中表现出的不同特性。

（2）根据实验步骤（4）所测量的数据，画出相量图，验证交流电路中的基尔霍夫定律。

1.12 交流电路参数的测定

1.12.1 实验目的

（1）学习用交流电流表、交流电压表和功率表测定交流电路中未知阻抗元件参数的方法。

（2）学习用三电压表法测量未知阻抗元件参数的方法。

（3）进一步掌握功率表的使用方法。

1.12.2 实验原理

交流电路中未知阻抗元件参数可以用交流电桥直接进行测量，在没有交流电桥的情况下，可以用下面两种方法测定。

1. 交流电流表、交流电压表和功率表法

在正弦交流电路中，一个未知阻抗 $Z = r + jX$，当测量出通过它的电流 I、两端电压 U 和消耗的有功功率 P 之后，就可以计算出其电阻 r、电抗 X 和阻抗 Z。其关系式为

$$Z = \frac{U}{I}, \quad r = \frac{P}{I^2}, \quad X = \sqrt{Z^2 - r^2}$$

测量线路如图 1.12.1 所示。

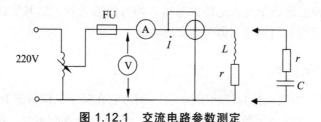

图 1.12.1　交流电路参数测定

如果待测阻抗是一个带有铁芯的电感线圈，则 r 为铁芯线圈的等值电阻，其中除包括电感线圈导线直流电阻外，还包括了铁芯损耗（磁滞和涡流损耗）等值电阻。电感线圈的电感 L 为

$$L = \frac{X}{\omega}$$

如果待测阻抗是一个电阻与电容的串联电路，则 r 中除包括所串联的电阻外，还包括了电容器介质损耗的等值电阻，由于电容器的介质损耗一般是很小的，r 可以认为是阻抗中实际串联的电阻。阻抗中的电容 C 为

$$C = \frac{1}{X\omega}$$

2. 三电压表法

在仅有电压表的情况下，也可以用三电压表法测出交流电路中元件的参数。其原理是将

待测元件与一个已知电阻串联，如图1.12.2（a）所示。若待测元件是一个电感线圈，当通过一个已知频率的正弦交流电流时，用电压表分别测出已知电阻 R 上的电压 U_1，待测元件上的电压 U_2 及总电压 U，然后将此三个电压用作图法组成一个闭合三角形，如图1.12.2（b）所示。把待测元件上的电压分解成和 U_1 平行的电压分量 U_r，与 U_1 垂直的电压分量 U_X。根据三角运算关系，或比例作图的办法，可求得 r 和 X 的值，再由 $X = \omega L$，求出 L，即

$$r = \frac{U_r}{U_1} \cdot R, \quad X = \frac{U_X}{U_1} \cdot R$$

若待测元件为一个电容元件，由于电容介质损耗的等值电阻很小，故 U_1、U_2、U 组成的三角形，几乎为一直角三角形，用同样的方法可以求出电容 C 的大小。

$$X = \frac{U_C}{U_1} \cdot R, \quad C = \frac{1}{X\omega}$$

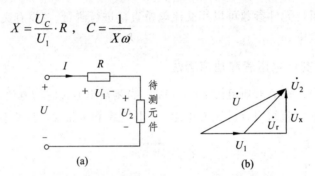

图 1.12.2　三电压表测交流电路元件参数

注：用上述两种方法测量交流电路的参数，均可能造成较大的测量误差，要准确地测量交流电路的参数，应用专门测量仪器——交流电桥。

1.12.3　实验内容及步骤

（1）选择实验台上的镇流器为待测阻抗元件，测量它在额定工作状态下的等值电阻和电感。

（2）按图1.12.1接线，调节调压器输出电压，监视电流表的示数，使电流 I 为镇流器在日光灯电路中的额定电流，即 $I = 0.4\,\mathrm{A}$，然后测量 U 和功率 P。并计算 r、X 和 L。

（3）按图1.12.2（a）接线，U 为调压器输出电压，R 为滑线变阻器电阻，用欧姆表测量使 $R = 200\,\Omega$。调节 U，使电流 $I = 0.4\,\mathrm{A}$，分别测量 U、U_1、U_2，并做好记录。

（4）用 U、U_1、U_2，作封闭三角形，并将 U_2 分解为 U_r 和 U_X，按公式计算 r、X 及 L。

（5）将图1.12.1中的镇流器取下，换上电阻与电容 C 串联的待测阻抗，其中 r 可为滑线变阻器上的某一电阻，C 为动态电路板上标称值为4 μF的电容器（以此为待测电阻和电容）。取 $U = 220\,\mathrm{V}$，测量 I 和 P，并计算 r 和 C 的值。

（6）按图1.12.3接线，使 $U = 220\,\mathrm{V}$，测量 U_1 和 U_2，并用 U、U_1 和 U_2 组成封闭三角形，计算 r 和 C。

1.12.4　实验仪器

交流电流表（0～500 mA），1只；交流电压表（0～250 V），1只；低功率因数瓦特表（0～300 V，0～0.5—1 A，

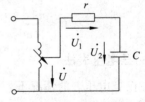

图 1.12.3　三电压表测交流参数

$\cos\varphi = 0.2$），1 只；镇流器（待测元件），1 只；电容器，1 只；滑线变阻器（$0 \sim 1\,000\,\Omega$），1 只；交流调压器。

1.12.5 实验报告要求

（1）说明实验目的、原理，画出实验电路图。

（2）整理实验数据，用电压、电流及功率表法和三电压表法分别计算待测镇流器在额定工作状态下的等值电阻和电感值。

（3）用电压、电流及功率表法和三电压表法分别计算电阻与电容串联阻抗中的电容值。

（4）回答问题：

① 图 1.12.1 中，哪个表的读数有方法误差？

② 是否能用三电流表法测量交流电路中元件的参数？采用什么电路？如何计算？

1.12.6 预习报告

预习交流电路参数的测量方法、功率表的测量原理及三电压表法测量方法。

1.13 正弦交流电路中 RLC 的特性实验

1.13.1 实验目的

（1）通过实验进一步加深对 RLC 元件在正弦交流电路中基本特性的认识。

（2）研究 RLC 元件并联电路中总电流和各支路电流之间的关系。

1.13.2 实验原理

线性时不变电路在正弦信号激励下的响应，可以通过该电路的微分方程式来求得。其解是由对应的齐次方程的通解和非齐次方程的特解组成。特解即是该电路的稳态解，其函数形式与激励函数一样也是正弦量。如果运用相量法求电路的稳态响应，则可以不必列出电路的微分方程，只需列出相量的代数方程便可求出电路的稳态解，从而使电路的计算大为简化。

1. R、L、C 元件电压与电流间的相量关系

对于电阻元件来说，在正弦交流电路中的伏安关系和直流电路中的形式是一样的。其相量关系为

$$\dot{U} = \dot{I}R$$

式中：$\dot{U} = U\angle\phi_u$，$\dot{I} = I\angle\phi_i$，分别为电压相量和电流相量，将其代入上式，有

$$U\angle\phi_u = I\angle\phi_i \cdot R$$

此式说明电压有效值与电流有效值符合欧姆定律，并且电压与电流同相位（$\phi_u = \phi_i$）。电阻元件阻值的大小与频率无关。

对于电容元件来说，其电压、电流间的相量关系为

$$\dot{U} = \dot{I}Z_C$$

式中：$\dot{U} = U\angle\phi_u, \dot{I} = I\angle\phi_i, X_C = \dfrac{1}{j\omega C} = \dfrac{1}{\omega C}\angle - 90°$。将其代入上式，有

$$U\angle\phi_u = I\frac{1}{\omega C}\angle(\phi_i - 90°)$$

此式说明电容 C 端电压的有效值与电流的有效值之间不仅与电容量的大小有关，而且和电源的角频率的大小有关。当电容 C 一定时，ω 越高，电容的容抗越小，在电压一定的情况下，电流越大。反之频率越低，电容器容抗越大，在电压一定的情况下，电流越小。同时，公式还表明流过电容的电流超前其端电压 90°。

对于电感元件 L，其电压与电流间的相量关系为

$$\dot{U} = \dot{I}Z_L$$

式中：$\dot{U} = U\angle\phi_u, \dot{I} = I\angle\phi_i, X_L = j\omega L = \omega L\angle 90°$。代入上式有

$$U\angle\phi_u = I\omega L\angle(\phi_i + 90°)$$

此式表明电感 L 两端的电压有效值与电流有效值之间，不仅与电感量的大小有关，还与电源的角频率有关。电感元件 L 的感抗是频率的函数，频率越高，感抗越大，在电压一定的情况下，流过电感元件的电流越小；反之，频率越低，感抗越小，流过电感的电流越大。并且电感两端的电压超前电流 90°。

2. RLC 并联电路中总电流和各支路电流的关系

图 1.13.1 所示为 RLC 并联电路，其中 r 为电感 L 的直流电阻，根据交流电路的基尔霍夫定律有

$$\dot{I} = \dot{I}_R + \dot{I}_L + \dot{I}_C$$

式中：

$$\dot{I}_R = \frac{\dot{U}}{R}$$

$$\dot{I}_L = \frac{\dot{U}}{r + j\omega L} = \frac{U}{\sqrt{r^2 + (L\omega)^2}}\angle - \phi, \ \phi = \arctan\frac{\omega L}{r}$$

$$\dot{I}_C = j\dot{U}\omega C = U\omega C\angle 90°$$

代入上式得 $\qquad \dot{I} = \dot{U}\left(\dfrac{1}{R} + \dfrac{1}{r + j\omega L} + j\omega C\right) = \dot{I}_R + \dot{I}_L + \dot{I}_C$

即并联电路总电流相量 $\dot{I}$ 是各支路电流相量 $\dot{I}_R$、$\dot{I}_L$、$\dot{I}_C$ 的相量和。

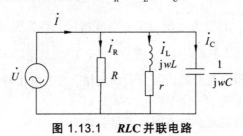

图 1.13.1　RLC 并联电路

1.13.3　实验内容及步骤

（1）此实验在动态电路板上进行，其中 $R = 620\,\Omega$，$L = 10\,\text{mH}$、$C = 0.1\,\mu\text{F}$，按图 1.13.2 接线（$r = 40\,\Omega$）。

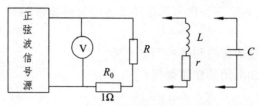

图 1.13.2　*RLC* 元件在交流电路中的特性实验电路

（2）打开实验台上的正弦波信号发生器的开关，将输出电压调至 3 V，输出频率调至 2 kHz，分别与 R、L、C 相接，测量出电流 I_R、I_L、I_C，然后再把 R、L、C 并联起来测量出并联后的总电流 I，将各测量结果填入表 1.13.1 中。此实验中电压的测量要用晶体管或真空管电压表，不能用普通机电式指针表。电流的测量采用间接测量法，即用晶体管毫伏表测量 $R_0 = 1\,\Omega$ 上的电压，然后折算出电流。例如，若测得 R_0 上的电压为 5.3 mV，则流过它的电流即为 5.3 mA。

（3）保持正弦信号源电压为 3 V，调节输出频率为 10 kHz，重复测量通过各元件的电流及并联后的总电流，并将结果填入表 1.13.1 中。注意观察频率增高后各支路电流及总电流的变化情况。

（4）仍保持正弦波信号源输出电压为 3 V，调节输出频率为 20 kHz，重复测量各元件电流及并联后总电流，将测量结果填入表 1.13.1 中。注意观察频率变化后，通过各元件电流的变化，说明各元件阻抗与频率的关系。

表 1.13.1　$U = 3\,\text{V}$（保持不变）

		2 kHz	10 kHz	20 kHz
$R = 600\,\Omega$	I_R			
	R			
$L = 10\,\text{mH}$	I_L			
	Z_L			
$C = 0.1\,\mu\text{F}$	I_C			
	X_C			
I				

1.13.4　实验设备

正弦波信号源；真空管（或晶体管）电压表，1 只；动态电路实验单元板，1 块；频率计，1 台；导线若干。

1.13.5　实验报告要求

（1）根据实验结果，说明 R、L、C 元件在交流电路中的特性。

（2）试说明在正弦信号作用下，R、L、C 并联电路中各支路电流及总电流的关系。并根据实验结果，画出在不同频率下，信号源电压及各电流的相量图。

（3）回答问题：

① 电容的容抗及电感的感抗与哪些因素有关?

② 直流电路中电容和电感的作用如何?

1.13.6　注意事项

为取得实验的良好效果，在改变电源频率时，要随时注意输出电压的指示。当输出电压随频率调节发生变化时，一定要调节输出旋钮使电压的值保持不变。

1.13.7　预习报告

预习 R、L、C 元件在交流电路中的伏安关系。

1.14　RL 和 RC 串联电路实验

1.14.1　实验目的

（1）通过实验验证 RL 和 RC 串联电路的电压关系。

（2）学习用电压、电流表测量带铁芯电感线圈的等效电阻及电感量的方法。

（3）加深对交流电路欧姆定律的理解。

1.14.2　实验原理

1. RC 串联电路电压关系

用一只白炽灯泡作电阻和一只电容器串联在电路中，就构成 RC 串联电路，如图 1.14.1 所示。

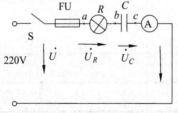
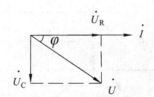

图 1.14.1　RC 串联电路　　　　图 1.14.2　RC 串联电路的电压相量图

在 RC 串联电路中，交流电流通过电阻 R 时在 a、b 两点间产生电压降 U_R，通过电容 C 时在 b、c 两点间产生电压降 U_C。根据纯电阻电路的欧姆定律有 $\dot{U}_R = \dot{I}R$，并且 $\dot{U}_R$ 与 $\dot{I}$ 同相位；根据纯电容电路的欧姆定律有 $\dot{U}_C = -\mathrm{j}\dot{I}X_C$，并且 $\dot{U}$ 落后 $\dot{I}$ 相位 90°。电源电压（即 a、c 两点

间电压）等于电阻两端电压降 $\dot{U}_R$ 与电容两端电压降 $\dot{U}_C$ 的相量和，即

$$\dot{U} = \dot{U}_R + \dot{U}_C \qquad (1\text{-}14\text{-}1)$$

其相量图如图 1.14.2 所示。

由图 1.14.2 可以看出，$\dot{U}$、$\dot{U}_R$、$\dot{U}_C$ 为一直角三角形的三个边，其有效值间的关系为

$$U^2 = U_R^2 + U_C^2 \quad 或 \quad U = \sqrt{U_R^2 + U_C^2} \qquad (1\text{-}14\text{-}2)$$

$$\varphi = \arctan\frac{U_C}{U_R} = \arctan\frac{X_C}{R} \qquad (1\text{-}14\text{-}3)$$

2. RL 串联电路的电压关系

在如图 1.14.3 所示的 RL 串联电路中，交流电流通过电阻 R 产生电压降 $\dot{U}_R$，根据纯电阻电路欧姆定律有 $\dot{U}_R = \dot{I}R$，且 $\dot{U}_R$ 与 $\dot{I}$ 同相位；交流电流通过电感 L，产生电压降 $\dot{U}_L$，根据纯电感电路欧姆定律有 $\dot{U}_L = \mathrm{j}\dot{I}X_L$，并且 $\dot{U}_L$ 超前 $\dot{I}$ 相位 90°。电源电压 $\dot{U}$ 等于电阻两端电压 $\dot{U}_R$ 与电感两端电压降 $\dot{U}_L$ 的相量和，即

$$\dot{U} = \dot{U}_R + \dot{U}_L \qquad (1\text{-}14\text{-}4)$$

其相量关系如图 1.14.4 所示。

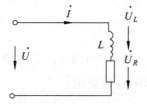
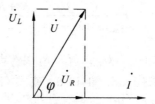

图 1.14.3　串联电路　　　　　图 1.14.4　串联电路电压相量图

由图 1.14.4 可以看出，相量 $\dot{U}$、$\dot{U}_L$、$\dot{U}_R$ 为直角三角形的三个边。有效值间的关系为

$$U^2 = U_R^2 + U_L^2 \quad 或 \quad U = \sqrt{U_R^2 + U_L^2} \qquad (1\text{-}14\text{-}5)$$

$$\phi = \arctan\frac{U_L}{U_R} = \arctan\frac{X_L}{R} \qquad (1\text{-}14\text{-}6)$$

3. 测量等值电阻和电感

对于一个实际的电感线圈来说，当它被连接到交流电路上时，除具有电感参数外还有电阻 r 存在。本实验采用日光灯镇流器作为电感元件，镇流器是一个带铁芯的电感元件，除电感参数外，还要考虑等效电阻参数。等效电阻 r 需要考虑导线直流电阻和铁芯损耗等值电阻两方面因素，其值是不能用欧姆表或电桥直接测量出来的。本实验我们用图 1.14.5 所示电路来测量等值电阻 r 和电感 L。

根据欧姆定律，有

$$I = \frac{U}{Z} = \frac{U}{\sqrt{X_L^2 + (r+R)^2}}，\quad 或 \quad X_L^2 + (r+R)^2 = \frac{U^2}{I^2} \qquad (1\text{-}14\text{-}7)$$

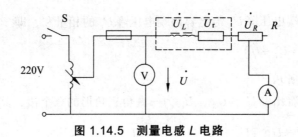

图 1.14.5　测量电感 L 电路

实验时，我们采用保持电路电流 I 数值不变的办法，使电压 U 随电阻 R 的改变而改变。在 $R = R_1$ 时，电压 $U = U_1$，则由式（1-14-7）可得

$$X_L^2 + (r + R)^2 = \frac{U_1^2}{I^2} \tag{1-14-8}$$

在 $R = R_2$ 时，电压 $U = U_2$，有

$$X_L^2 + (r + R_2)^2 = \frac{U_2^2}{I^2} \tag{1-14-9}$$

由式（1-14-9）减去式（1-14-8），则可得

$$r = \frac{U_2^2 - U_1^2}{2I^2(R_2 - R_1)} - \frac{R_1 + R_2}{2} \tag{1-14-10}$$

将已测出的 U_1、U_2、R_1、R_2 代入式（1-14-10）可求出等值电阻 r 的数值。

将 r 的数值代入式（1-14-8）或式（1-14-9）可求出 X_L 的数值。

因 $X_L = 2\pi f_1$，故

$$L = \frac{X_L}{2\pi f_1} \tag{1-14-11}$$

1.14.3　实验内容及步骤

（1）按图 1.14.1 连接线路，接通电源后，用电压表测量 $U_R = U_{ab}$、$U_C = U_{bc}$、$U = U_{ac}$，用电流表测量电流 I。

（2）用代数和方法计算 $U_R + U_C$，验证 $U_R + U_C \neq U$。

（3）用求相量的方法计算 $\dot{U}_R + \dot{U}_C$，验证：

$$\sqrt{U_R^2 + U_C^2} = U，\qquad \varphi = \arctan \frac{U_C}{U_R}$$

（4）用作图法，作出 U_R、U_C，并求出 U'。用尺量出 U' 的长度并折算成所表示的数值，与步骤（3）的计算结果相比较。用量角器测量出相角 φ，并与步骤（3）的计算结果进行比较。

（5）将上面的实验内容记入表 1.14.1 中。

表 1.14.1　RC 电路测试数据

$R=\dfrac{U_N^2}{P}$	$C/\mu F$	I	U_R	U_C	U	$\sqrt{U_R^2+U_C^2}$	φ	φ'

（6）按图 1.14.5 连接线路，使调压器输出为零，滑线变阻器电阻值为 $100\,\Omega$，即 $R_1=100\,\Omega$。

（7）接通电源，使调压器输出由零逐渐升高，注意电流表和电压表的数值，在电流为 0.4 A 时，记录电流 I 和此时的电压 U_1。

（8）调压器输出回零、切断电源。

（9）改变滑动变阻器阻值为 $200\,\Omega$，即 $R_2=200\,\Omega$。

（10）重复步骤（7）的实验内容，使 I 仍为 0.4 A，记录此时的电压 U_2。将有关数据及计算结果填入表 1.14.2 中。

（11）计算 r 和 L。

表 1.14.2　RL 电路测试数据

I	R_1	R_2	U_1	U_2	U_R	U_{rL}	U_r	U_L

1.14.4　实验设备

单相调压器（实验台电源箱右侧）；交流电流表（TS-B-31），1 只；交流电压表（TS-B-30），1 只；动态电路板或电容组单元板（TS-B-27）或（TS-B-21），1 只；镇流器（TS-B-19），1 只；滑线变阻器 $0\sim1\,000\,\Omega$，1 只；万用电表 MF 30，1 块。

1.14.5　实验报告

（1）写清实验目的和原理，画出实验电路，列写基本公式。

（2）整理数据表格并做相应计算。

（3）作出 RC 及 RL 串联电路相量图。

1.15　串联谐振电路实验

1.15.1　实验目的

（1）测量 RLC 串联电路的谐振曲线，通过实验进一步掌握串联谐振的条件和特点。

（2）研究电路参数对谐振特性的影响。

1.15.2　实验原理

在图 1.15.1 所示 RLC 串联电路中，若取电阻 R 两端的电压 U_2 为输出电压，则该电路输出电压与输入电压之比为：

$$\frac{\dot{U}_2}{\dot{U}_1} = \frac{R}{R + j\left(\omega L - \dfrac{1}{\omega C}\right)} = \frac{R}{\sqrt{R^2 + \left(\omega L - \dfrac{1}{\omega C}\right)^2}} \angle \arctan \frac{\omega L - \dfrac{1}{\omega C}}{R}$$

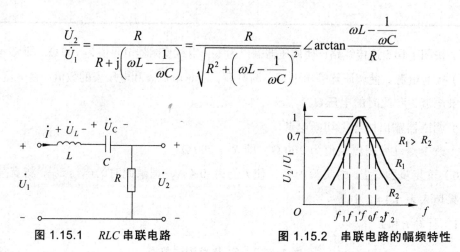

图 1.15.1　RLC 串联电路　　　　图 1.15.2　串联电路的幅频特性

由上式可知，输出电压与输入电压之比是角频率的函数，当频率很高和频率很低时，比值都将趋于零；而在某一频率 ω_0 时，可使 $\omega_0 L = \dfrac{1}{\omega_0 C}$，输出电压与输入电压之比等于1，电阻 R 上的电压达到最大值等于输入电源电压，我们把具有这种性质的函数称为带通函数，该网络称为二阶带通网络。

二阶带通网络输出电压与输入电压的振幅比是频率的函数的性质，称为该网络的幅频特性，如图 1.15.2 所示。出现尖峰的频率 ω_0 称为中心频率或谐振频率。此时，电路的电抗为零，阻抗值最小（等于电路中的电阻），电路成为纯电阻性电路，并且电路中的电流达到最大值，电流与输入电压同相位。我们把电路的这种工作状态称为串联谐振。电路达到谐振状态的条件是

$$\omega_0 L = \frac{1}{\omega_0 C} \quad 或 \quad \omega_0 = \frac{1}{\sqrt{LC}}$$

改变角频率 ω 时，振幅比随之变化，当振幅比下降到 $\dfrac{1}{\sqrt{2}} = 0.707$ 时，对应的两个频率 ω_1、ω_2（或 f_1 和 f_2）叫做 3 分贝频率。两个频率之差 BW 称为该网络的通频带宽，理论上可以推出通频带宽

$$BW = \omega_2 - \omega_1 = \frac{R}{L}$$

由上式可知网络的通频带取决于电路的参数。

串联电路幅频特性曲线的陡度，可以用品质因数 Q 来衡量，即

$$Q = \frac{R_2}{BW} = \frac{\omega_0 L}{R} = \frac{1}{\omega_0 CR}$$

可见品质因数 Q 也是由电路的参数决定的。当 L 和 C 一定时，电阻 R 越小，Q 值越大，通频带宽也越窄。反之，电阻 R 越大，品质因数数 Q 越小，通频带宽也越宽。如图 1.15.2 所示，$R_1 > R_2$ 电路发生串联谐振时，$X_L = X_C, Z = R_2$，则

$$BW_1 = \omega_2 - \omega_1 > BW_2 = \omega_2' - \omega_1'$$

$$\dot{I} = \frac{\dot{U}_1}{Z} = \frac{\dot{U}_1}{R}$$

$$\dot{U}_R = \dot{I}R$$

$$\dot{U}_L = \mathrm{j}\dot{I} \cdot X_L = \mathrm{j}\dot{I}\omega_0 L = \mathrm{j}\frac{\dot{U}_1}{R} \cdot \omega_0 L = \mathrm{j}Q\dot{U}_1$$

当 $X_L = X_C > R$ 时，$U_L = U_C >> U_1$。即电感和电容两端电压将远远高于电源输入电压。串联谐振电路的这一特点，在电子技术通信电路中得到广泛的应用，而在电力系统中则应避免由此而引起的过压现象。

1.15.3　实验内容及步骤

（1）本实验电路如图 1.15.3 所示，图中 L 取 33 mH，C 取 0.01 μF，R 取 620 Ω，r 为电感线圈的电阻。

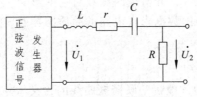

图 1.15.3　*RLC* 串联电路

（2）调节正弦信号源输出，使 $U_1 = 3$ V，接入电路，调节信号源频率输出，观测 U_2 输出电压的变化，找到使 U_2 达到最大值的频率，此频率就是使电路达到谐振状态的谐振频率。将此频率和测量的 U_2 和 U_L 的值填入表 1.15.1 的中间，然后在谐振频率之下和谐振频率之上分别选 4～5 个测量点，将测量的频率值和电压值填入表 1.15.1 中。注意，每次调节频率之后，都应用毫伏表测量一下信号源的电压输出，如电压有变化，则应将电压调整到原值（3 V），否则会影响实验的准确性。

表 1.15.1　串联谐振实验数据（*R* = 620 Ω）

频率 / kHz								
U_2 /V								
U_C /V								
U_L /V								

（3）将图 1.15.3 中的电阻改为 1 300 Ω，重做上面内容，并把所测量的数据填入表 1.15.2 中。

表 1.15.2　串联谐振实验数据　（ $R = 1\,300\,\Omega$ ）

频率/kHz								
U_2/V								
U_C/V								
U_L/V								

1.15.4　实验仪器

正弦波信号发生器；交流毫伏表，1 只；动态电路单元板，1 块；频率计，1 台；导线若干。

1.15.5　实验报告

（1）根据表 1.15.1 和表 1.15.2 中的数据绘制 RLC 串联电路的谐振曲线。

（2）计算实验电路的通频带 BW 、谐振频率和品质因数 Q，并与实际测量值相比较，分析产生误差的原因。

（3）回答下列问题：

① 在实验中，怎样判断电路已经处于谐振状态？

② 通过实验获得谐振曲线，分析电路参数对它的影响。

③ 怎样利用表 1.15.1 中的数据求得电路的品质因数 Q？

1.15.6　预习报告

掌握 RLC 串联的基本原理，理解串联谐振曲线的含义。

1.16　改善功率因数实验

1.16.1　实验目的

（1）掌握日光灯电路的工作原理及电路连接方法。

（2）通过测量电路功率，进一步掌握功率表的使用方法。

（3）掌握改善日光灯电路功率因数的方法。

1.16.2　实验原理

1. 日光灯电路及工作原理

日光灯电路主要由日光灯管、镇流器和启辉器等元件组成，电路如图 1.16.1 所示。

灯管两端有灯丝，管内充有惰性气体（氩气或氖气）

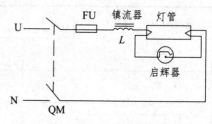

图 1.16.1　日光灯电路

及少量水银，管壁涂有荧光粉。当管内产生弧光放电时，水银蒸气受激发，辐射大量紫外线，管壁上的荧光粉在紫外线的激发下，辐射出接近日光的光线。日光灯的发光效率较白炽灯高1倍多，是目前应用最普通的光源之一。日光灯管产生放电的条件有两个，一是灯丝要预热并发射热电子，二是灯管两端需要加一个较高的电压使管内气体击穿放电。通常的日光灯管本身不能直接接在220 V电源上使用。

启辉器有两个电极，一个是双金属片，另一个是固定片，两极之间并有一个小容量电容器。一定数值的电压加在启辉器两端时，启辉器产生辉光放电，双金属片因放电而受热伸直，并与静片接触，而后启辉器因动片与静片接触，放电停止，冷却且自动分开。

镇流器是一个带铁芯的电感线圈。

电源接通时，电压同时加到灯管两端和启辉器的两个电极上，对于灯管来说，因电压低不能放电，但对启辉器，此电压则可以起辉、发热，并使双金属片伸直与静片接触。于是有电流流过镇流器、灯丝和启辉器，这样灯丝得到预热并发射电子，经1~3 s后，启辉器因双金属片冷却，使动片与静片分开。由于电路中的电流突然中断，便在镇流器两端产生一个瞬时高电压，此电压与电源电压叠加后加在灯管两端，将管内气体击穿而产生弧光放电。灯管点燃后，由于镇流器的作用，灯管两端的电压比电源电压低得多，一般在50~100 V。此电压已不足以使启辉器放电，故双金属片不会再与静片闭合。启辉器在电路中的作用相当于一个自动开关。镇流器在灯管启动时产生高压，有启动前预热灯丝及启动后灯管工作时的限流作用。

日光灯电路实质上是一个电阻与电感的串联电路。当然，镇流器本身并不是一个纯电感，而是一个电感和等效电阻相串联的元件。

2. 功率因数的提高

在正弦交流电路中，只有纯电阻电路，平均功率 P 和视在功率 S 是相等的。电路中只要含有电抗元件并处在非谐振状态，则平均功率总是小于视在功率。平均功率与视在功率之比称为功率因数，即

$$P_f = \frac{P}{S} = \frac{UI\cos\varphi_2}{UI} = \cos\varphi_2$$

可见功率因数是电路阻抗角 φ_2 的余弦值。并且电路中的阻抗角越大，功率因数越低；反之，电路阻抗角越小，功率因数越高。

功率因数的高低反映了电源容量被充分利用的情况。负载的功率因数低，电源容量不能被充分利用；同时，无功电流在输电线路中造成损耗，影响整个输电网络的效率。因此，提高功率因数成为电力系统需要解决的重要课题。

实际应用电路中，负载多为感性负载，所以提高功率因数通常用电容补偿法，即在负载两端并联补偿电容器。当电容器的电容量 C 选择合适时，可将功率因数提高到1。

日光灯电路中，灯管与一个带有铁芯的电感线圈串联，由于电感量较大，整个电路的功率因数是比较低的，为了提高功率因数，我们可以在灯管与镇流器串联后的两端并联电容器实现。

1.16.3 实验内容及步骤

（1）在实验台中选择镇流器与开关、启辉器、熔断器、电流测量插口。并联电容器组等单元板及实验台顶部的日光灯管连接成图 1.16.2 所示电路。

（2）闭合开关 S，此时日光灯应亮，如用并联电容器组完成本实验，则从 0 逐渐增大并联电容器，分别测量总电流 I、I_D、电容器电流 I_C、功率 P。将数值填入表 1.16.1 中，并做相应计算（测量 P，计算 $\cos\varphi$）。

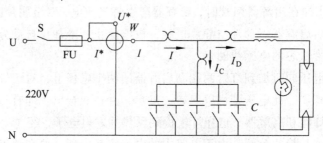

图 1.16.2　日光灯改善功率因数实验电路

表 1.16.1　不同电容时功率因数实验数据

电容/μF　　测量项目	0				
U /V					
I /mA					
I_C /mA					
I_D /mA					
P					
$\cos\varphi = \dfrac{P}{UI}$					

（3）若并联动态电路板上 4 μF 电容器完成本实验，则应在并联电容器前，测量灯管两端电压 U_D、镇流器两端电压 U_L、总电流 I（此时等于通过灯管的电流）、总功率 P 和灯管所消耗的功率 P_D，将数据填入表 1.16.2。然后，并联 4 μF 电容器，除再测量上述数据外，还应测量通过电容器的电流 I_C 和通过灯管中的电流 I_D。测量日光灯管消耗功率 P_D 的电路图如图 1.16.3 所示，将数据填入表 1.16.2 中，并做相应计算。

表 1.16.2　功率因数改善比较实验数据

测量项目　电容/μF	I	I_D	I_C	U	U_D	U_L	P	P_D	$\cos\varphi = \dfrac{P}{UI}$
并联前（0）									
并联后（4 μF）									

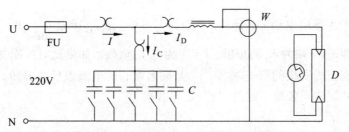

图 1.16.3　日光灯电路测量灯管功率

1.16.4　实验设备

日光灯管座 40 W，1 套；镇流器器、开关单元板，1 块；熔断器、启辉器单元板，1 块；电容器组单元板；交流电流表，1 块；交流电压表，1 只；功率表，1 块；导线若干。

1.16.5　实验报告

（1）根据表 1.16.1 中的数据，在坐标纸上绘出 $I_D = f(C), I_C = f(C), I = f(C), \cos\varphi = f(C)$ 等曲线。

（2）从测量数据中（表 1.16.1 和表 1.16.2），求出日光灯等效电阻，镇流器等效电阻，镇流器电感。

（3）回答下列问题：

① U_L 和 U_D 的代数和为什么大于 U？

② 并联电容器后，总功率 P 是否变化？为什么？

③ 为什么并联电容器后总电流会减少？绘相量图说明。

1.16.6　预习报告

预习日光灯的工作原理及功率改善的方法。

1.17　互感电路实验

1.17.1　实验目的

（1）掌握测定互感线圈同名端的方法。

（2）测量单相变压器原、副边互感系数 M。

1.17.2　实验原理

1. 互感电路同名端的测定方法

1）直流测定法

如图 1.17.1 所示，将线圈 1 与直流电源相接，线圈 2 与直流电流表相接。在开关 S 闭合瞬间，线圈 1

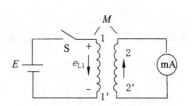

图 1.17.1　同名端测定电路

和线圈 2 中分别产生感应电动势 e_{L1} 和 e_{M2}。因为 $\dfrac{di}{dt} > 0$，故 $e_{L1} = -L_1\dfrac{di_1}{dt} < 0$，$e_{L1}$ 的实际方向与参考方向相反，即 "1" 端为 e_{L1} 的正极，"1'" 为 e_{L1} 的负极。如果此时线圈 2 所接电流表正向偏转，则与电流表正极所接的那一端与 "1" 是同名端；若电流表反向偏转，则与电流表正极所接的那端与 "1'" 是同名端（或与 "1" 是异名端）。

2）交流测定法

① 用电流表测定，如图 1.17.2 所示。

将两个线圈的一端相接。串入电流表，与交流电压相接，测得电流为 I_1；倒换一个线圈两端的接线，与同一交流电压相接，测得电流为 I_1'。若 $I_1 > I_1'$，则第二次连接的两端是异名端（1' 和 2 是异名端），即属正向串联。若 $I_1 < I_1'$，则第二次连接的两端是同名端（1' 与 2 是同名端），即属反向串联。

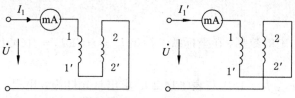

图 1.17.2　电流测定法

② 用电压表测定，如图 1.17.3 所示。

在线圈 1 上加交流电压 U_{11}，并将线圈 1 与线圈 2 的一端相接（1' 和 2'）。

用电压表测量没有相接的两端的电压 U_{12}。若 $U_{12} > U_{11}$，则所连接的两端是异名端，即 "1'" 与 "2'" 是异名端；若 $U_{12} < U_{11}$，则所连接的两端是同名端，即 "1'" 与 "2'" 是同名端。

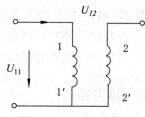

图 1.17.3　电压测定

2. 互感系数 M 的测定

（1）在确定了同名端的基础上，将两个线圈正向串联起来（异名端相连），按图 1.17.4 所示接线，则正向串联等效阻抗为

$$Z_Z = \sqrt{X_Z^2 + R_Z^2} = \frac{U_Z}{I_Z}$$

等效电阻　　　　　　$R_Z = \dfrac{P_Z}{I_Z^2}$

等效电抗　　　　　　$X_Z = \sqrt{Z_Z^2 - R_Z^2} = \sqrt{\left(\dfrac{U_Z}{I_Z}\right)^2 - \left(\dfrac{P_Z}{I_Z^2}\right)^2}$

故等效电感　　　　　$L_Z = L_1 + L_2 + 2M = \dfrac{X_Z}{\omega} = \dfrac{\sqrt{\left(\dfrac{U_Z}{I_Z}\right)^2 - \left(\dfrac{P_Z}{I_Z^2}\right)^2}}{\omega}$　　　　　（1-17-1）

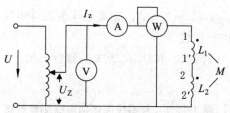

图 1.17.4　互感系数 M 的正向串联测定

（2）将两个线圈反向串联起来（同名端相连），按图 1.17.5 接线，则反向串联等效阻抗为

$$Z_F = \sqrt{X_F^2 + R_F^2} = \frac{U_F}{I_F}$$

等效电阻

$$R_F = \frac{P_F}{I_F^2}$$

等效电抗

$$X_F = \sqrt{Z_F^2 - R_F^2} = \sqrt{\left(\frac{U_F}{I_F}\right)^2 - \left(\frac{P_F}{I_F^2}\right)^2}$$

等效电感

$$L_F = L_1 + L_2 - 2M = \frac{X_F}{\omega} = \frac{\sqrt{\left(\frac{U_F}{I_F}\right)^2 - \left(\frac{P_F}{I_F^2}\right)^2}}{\omega} \tag{1-17-2}$$

由式（1-17-1）与式（1-17-2）可得

$$L_Z - L_F = (L_1 + L_2 + 2M) - (L_1 + L_2 - 2M) = 4M$$

故等效电感

$$M = \frac{L_Z - L_F}{4}$$

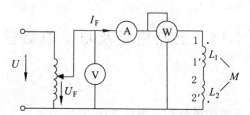

图 1.17.5　互感系数 M 的反向串联测定

1.17.3　实验内容及步骤

（1）将本实验台配备的变压器 220/36 V 原副边作为有互感的两个线圈，按图 1.17.1 接线，$E=1.5$ V，微安表取 100 μA（TS-B-0 1），S_1 可用三相刀闸中的一刀。观察指针偏转方向，并判断同名端，做好标记。

（2）按图 1.17.2 连线，取 $U=180$ V，经单相调压器输出，电流表取 500 mA（TS-B-0 4）按两线圈的不同接法测量 I_1 和 I_1'，判定两个线圈的同名端，并与直流测定法确定的结果进行比较。

（3）按图 1.17.3 接线，使 $U_{11} = 220$ V，交流电压表取 450 V（TS-B-0 8），测量 U_{12} 的值，判断同名端，并与前两次进行比较。

（4）按图 1.17.4 正向串联接线，取 $U_Z = 250$V，测量 I_Z 和 P_Z，并按公式（1-17-1）计算 L_Z，填入表 1.17.1 中。

表 1.17.1　互感线圈正向串联测量数据

U_Z	I_Z	P_Z	X_Z	L_Z
250 V				

（5）按图 1.17.5 反向串联接线，取 $U_F = 190$ V 测量 I_F 和 P_F，并按公式计算 L_F，填入表 1.17.2。

表 1.17.2　互感线圈反向串联测量数据

U_F	I_F	P_F	X_F	L_F
190 V				

1.17.4　实验仪器设备

直流电流表（TS-B-01），1 台；交流电流表（TS-B-04），1 台；交流电压表（TS-B-08），1 台；低功率因数瓦特表，1 台；配电箱上调压器；变压器（用 220/36 V，200 VA）；直流稳压电源（或干电池），1 台。

1.17.5　报告要求

（1）写清实验目的、原理和步骤。

（2）总结判定互感线圈同名端的方法，说明判定同名端的意义。

（3）根据表 1.17.1 和表 1.17.2 中的数据，用公式计算互感系数 M。

1.18　三相电路及功率的测量

1.18.1　实验目的

（1）学习三相电路中负载的星形和三角形连接方法。

（2）通过实验验证对称负载作星形和三角形连接时，负载的线电压 U_L 和相电压 U_P、负载的线电流 I_L 和相电流 I_P 间的关系。

（3）了解不对称负载作星形连接时中线的作用。

（4）学习用三瓦特表法和两瓦特表法测量三相电功率。

1.18.2　实验原理

当对称负载作星形连接时，其线电压和相电压、线电流和相电流之间的关系分别为

$$U_L = \sqrt{3}U_P, \quad I_L = I_P$$

作三角形连接时，它们的关系是

$$U_L = U_P, \quad I_L = \sqrt{3}I_P$$

三相总有功功率为

$$P = 3P_P = \sqrt{3}U_L P_L \cdot \cos\varphi$$

不对称负载作星形连接时，若不接中线，则负载中点 N′ 的电位与电源中点 N 电位不同，负载上各相电压将不相等，线电压与相电压 $\sqrt{3}$ 倍的关系将遭到破坏；在三相负载均为白炽灯负载的情况下，灯泡标称功率最小（电路电阻最大）的一相其灯泡最亮，相电压最高；灯泡标称功率最大（电阻最小）的一相其灯泡最暗，相电压最低。在负载极不对称的情况下，相电压最高的一相可能将灯泡烧毁。倘若有了中线，由于中线阻抗很小，而使电源中点与负载中点等电位，则因电源各相电压是对称相等的，从而保证了各相负载电压是对称相等的。也就是说，对于不对称负载中线是不可缺少的。

三相有功功率的测量方法有三瓦特计法和两瓦特计法两种。三瓦特计法，通常用于三相四线制，该方法是用三个瓦特计分别测量出各相消耗的有功功率，其接线图如图 1.18.1 所示。三瓦特计所测功率数的总和，就是三相负载消耗的总功率。

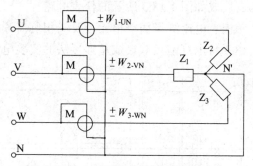

图 1.18.1 三瓦特计法测量三相功率

两瓦特计法通常用于测量三相三线制负载功率，其接线如图 1.18.2 所示。不论负载对称与否，两个瓦特表的读数分别为：

$$W_{1-\text{UN}} = I_U U_{\text{UN}} \cos(\varphi - 30°) = I_L U_L \cos(\varphi - 30°)$$

$$W_{2-\text{VN}} = I_V U_{\text{VN}} \cos(\varphi + 30°) = I_L U_L \cos(\varphi + 30°)$$

式中 φ 为负载的功率因数角。

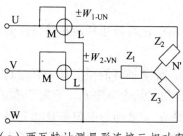

（a）两瓦特计测星形连接三相功率

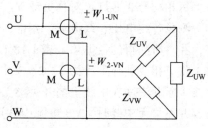

（b）两瓦特计测三角形连接三相功率

图 1.18.2 两瓦特计测三相功率

三相总功率为两个瓦特计读数的代数和。当 $\varphi < 60°$ 时，两个表读数均为正值，总功率为两瓦特计读数之和；当 $\varphi > 60°$ 时，其中一个表读数为负值，总功率为两瓦特计读数之差。本实验负载为白炽灯泡，接近纯电阻性负载，$\varphi = 60°$，故两瓦特计读数为正值，三相总功率为两个瓦特计读数之和。

为充分利用仪表，保证仪表的安全使用和更方便地进行测量，本实验中我们将电流表、电压表和功率表接成如图 1.18.3 所示电路。这样便可以用一个瓦特计、一个电流表和一个电压表同时测量各线（相）的电流、电压和电功率。用这个测量电路进行测量时，只要将电流测量插口插入待测电路的电流插口中，并将电压表笔接到待测电压接点上，就可以同时读出电流、电压和电功率，使用十分方便。

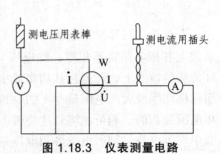

图 1.18.3　仪表测量电路

1.18.3　实验内容及步骤

1. 星形连接负载

（1）把电流表、电压表接成如图 1.18.3 所示的仪表电路。

（2）选取灯泡负载单元板、电流测量插口单元板及三相负荷开关单元板，安放在实验台架的合适位置上，按图 1.18.4 将电灯泡负载接成星形接法的实验电路。

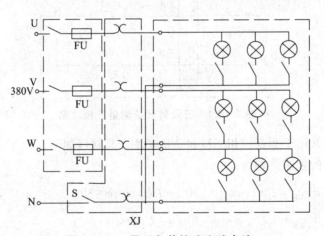

图 1.18.4　星形负载接法实验电路

（3）每相均开 3 盏灯（对称负载 Y_N）。

（4）测量各线电压、线电流、相电压、中线电流，用三瓦特计法和两瓦特计法测量三相电功率，并将所测得的数据填入表 1.18.1 中。

（5）将三相负载分别改为 1、2、3 盏灯，接上中线，观察各灯泡亮度是否有差别，然后拆除中线（断开串联在中线上的开关 S），再观察各灯泡亮度是否有差别。重复步骤（4）的测量内容并测量无中线时（Y）电源中性点 N 与负载中性点 N′ 之间的电位差 $U_{NN'}$，将测量数据填入表 1.18.1 中。在断开中线时，观察亮度及测量数据，动作要迅速，因为不平衡负载无中线时，有的相电压太高，容易烧毁灯泡。

表 1.18.1　星形负载连接实验数据

负载情况	测量数据	线电压/V			相电压/V			线电流/A			I_N/mA	U_{NN}/V	P/W
		U_{UV}	U_{VW}	U_{WU}	U_{UN}	U_{VN}	U_{WN}	I_U	I_V	I_W			
Y_N	对　称												
	不对称												
Y	对　称												
	不对称												

2. 三角形接法负载

（1）按图 1.18.5 连接三角形负载的实验电路，注意此时需要三相调压电源，将线电压调为 220 V。

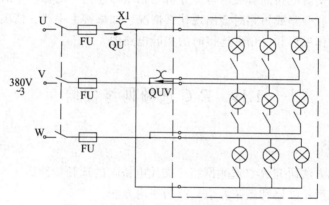

图 1.18.5　三角形接法负载实验电路

（2）每相开 3 盏灯（对称负载），测量各线电压、线电流、相电流，用三瓦特计法测功率和用两瓦特计法测功率，将测量数据填入表 1.18.2 中。

（3）关闭部分灯泡。使每相负载分别为 1、2、3 盏（非对称负载），重复步骤（2）的内容，并将测量数据填入表 1.18.2 中。

（4）如实验室无三相调压器，也可将三个灯泡或两个灯泡串联成三角形接法实验。

表 1.18.2　三角形连接实验数据

负载情况	测量数据	相电压＝线电压/V			线电流/A			相电流/A		
		U_{UV}	U_{VW}	U_{WU}	I_U	I_V	I_W	I_{UV}	I_{VW}	I_{WU}
三角形连接	对　称									
	不对称									

1.18.4　实验设备

三相白炽灯负载单元板；电流测量插口单元板；三相负荷开关单元板；交流电压、电流表、瓦特表；三相调压器等。

1.18.5　实验报告要求

（1）整理实验数据，说明在什么条件下具有 $I_L = \sqrt{3}I_P$、$U_L = \sqrt{3}U_P$ 的关系？

（2）中线的作用是什么？什么情况下可以省略？什么情况下不可以？

（3）能否用两瓦特计法测三相四线制不对称负载的功率？为什么？

1.18.6　注意事项

使用瓦特表时，应参照仪表说明书，注意仪表的接法和读数方法。无论流过电流线圈的电流，还是加在电压线圈上的电压，均不应超过额定值，否则会产生瓦特表的指针虽没有超过满刻度，却损坏了瓦特计内部线圈的事故。

1.18.7　预习报告

（1）复习三相交流电路的有关内容。分析三相星形连接（对称、不对称）时，在无中线情况下，当某相负载开路或短路时会出现什么情况？如果接上中线，情况如何？

（2）画出负载作星形和三角形连接时的实验电路图。

1.19　R-C 选频网络实验

1.19.1　实验目的

（1）用实验的方法研究 R-C 选频网络（文氏电桥）的选频特性。

（2）进一步熟悉示波器和正弦波信号源的使用方法。

1.19.2　实验原理

R-C 电路除具有移相作用外，还具有选频作用。

（1）当由阻容元件以串、并联方式组成如图 1.19.1 所示的电路并加以正弦波电压 U_1 时，输出电压与输入电压存在着如下关系：

$$\dot{U}_2 = \frac{\dot{U}_1}{\left(1 + \dfrac{R_1}{R_2} + \dfrac{C_2}{C_1}\right) + \mathrm{j}\left(R_1 C_2 \omega - \dfrac{1}{R_2 C_1 \omega}\right)}$$

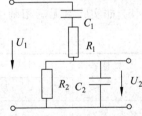

图 1.19.1　R-C 选频网络

式中，ω 为电源角频率。

由上式可见，输出电压 U_2 除与输入电压 U_1 及电路参数有关之外，还与电源频率有关。当输入电压 U_1 及电路元件参数 R_1、C_1、R_2、C_2 均为定值的情况下，输出电压 U_2 仅是角频率 ω 的函数。

当 $\omega R_1 C_2 - \dfrac{1}{\omega R_2 C_1} = 0$，即 $\omega^2 = \dfrac{1}{R_1 R_2 C_1 C_2}$ 或 $f = \dfrac{1}{2\pi\sqrt{R_1 R_2 C_1 C_2}}$ 时，输出电压 $\dot{U}_2$ 与输入电压 $\dot{U}_1$ 同相位，电路呈电阻性。当使 $R_1 = R_2 = R$、$C_1 = C_2 = C$ 且频率 $f = \dfrac{1}{2\pi RC}$ 时，有

$$U_2 = \frac{U_1}{\left(1 + \dfrac{R_1}{R_2} + \dfrac{C_2}{C_1}\right)} = \frac{1}{3}U_1 = U_{2\max}$$

当 $f > \dfrac{1}{2\pi RC}$ 或 $f < \dfrac{1}{2\pi RC}$ 时，输出电压 U_2 均小于 $\dfrac{1}{3}U_1$。可见 $R\text{-}C$ 串、并联网络具有选频特性，故称为选频网络。

（2）以图 1.19.1 所示电路为实验电路，取 $R_1 = R_2 = R$、$C_1 = C_2 = C$，以频率可调的正弦波信号源输出电压作为 $R\text{-}C$ 选频网络的输入电压 U_1。将 f_a 输入到示波器水平输入端，U_2 输入到示波器垂直输入端。电路工作正常时，示波器荧光屏应出现一个椭圆图形。调节信号频率，在某一频率时，可使示波器椭圆图形变成一条斜线，此时输出电压 $\dot U_2$ 与输入电压 $\dot U_1$ 为同相位，且 U_2 有最大值。

1.19.3　实验内容和实验步骤

（1）按图 1.19.2 接线，在 TS-B-27 动态电路单元板上选取 $R_1 = R_2 = 1\,300\,\Omega$，$C_1 = C_2 = 0.1\,\mu F$，接成 $R\text{-}C$ 串并联网络，并用毫伏表监视在实验台正弦波信号源上输出 $U_1 = 3\,V$。将 f_a 接入示波器水平输入端，U_2 接入示波器垂直输入端，调节信号源输出频率，使示波器显示图形由椭圆变为一条斜直线，记下此时信号源频率（最好用频率计测试）f_a，并与计算值 $f = \dfrac{1}{2\pi RC}$ 相比较。并填写表 1.19.1。

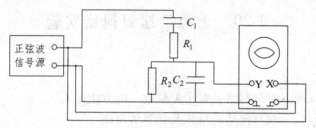

图 1.19.2　$R\text{-}C$ 选频网络频率特性

表 1.19.1　RC 选频电路实验数据

U_1/V	R/Ω	$C/\mu F$	f_a/Hz	$f = \dfrac{1}{2\pi RC}/Hz$	U_2/V
3	1 300	0.1			

（2）去掉示波器水平输入端接线，在步骤（1）的参数下，调节正弦波信号源的输入频率，观察 U_2 随频率变化的情况，看是否在 $f = f_a$ 时 U_2 为最大。

（3）保持示波器垂直增益不变，分别将选频网络输出电压 U_2 和输入电压 U_1，接到垂直输入，在 U_2 和 U_1 同相位情况下[步骤（1）的情况]，测量 U_2 和 U_1 的幅值，或用双踪示波器在上述条件下同时观察 U_2 和 U_1 波形，并测量 U_2 和 U_1 的幅值，看是否满足 $U_{2\max} = \dfrac{1}{3}U_1$。

（4）保持 $U_1 = 3\,V$、$C_1 = C_2 = 0.1\,\mu F$ 不变，改变 $R_1 = R_2 = 620\,\Omega$，按步骤（1），调节信号

源频率，使示波器荧光屏仍出现一斜直线，记下此时频率 f_b，并与计算值 $f = \dfrac{1}{2\pi RC}$ 值相比较，填写表 1.19.2，然后重复步骤（2）和（3）的内容。

表 1.19.2　不同 RC 值实验数据

U_1/V	R/Ω	$C/\mu\text{F}$	f_b/Hz	$f = \dfrac{1}{2\pi RC}/\text{Hz}$	U_2/V
3	620	0.1			

1.19.5　实验报告要求

（1）写明实验目的和步骤。

（2）整理实验中测量数据所观察到的现象，并与计算结果相比较，说明 $R\text{-}C$ 选频网络的选频特性。

（3）回答问题：　如保持频率不变，用什么办法可使 $\dot{U}_2$、$\dot{U}_1$ 同相位？

1.19.6　注意事项

（1）正确使用正弦波信号源，输出不要短路，实验中要注意保持输出电压为 3 V 不变。

（2）使用示波器水平输入时，其"扫描"旋钮应放在"关"的位置。

1.20　无源二端口网络实验

1.20.1　实验目的

（1）学习测定无源二端口网络参数（A 参数）的方法。

（2）通过实验研究二端口网络的特性及其等值电路。

1.20.2　实验原理

线性无源二端口网络的外部特性是通过两对端口处的电压与电流间的关系式来表明的，这种关系式称为二端口网络方程，关系式的系数称为网络参数。无源二端口网络的方程有多种，本实验以 A 方程和 A 参数为研究对象。

（1）如图 1.20.1 所示二端口网络，其 A 方程（也称基本方程）组是：

$$\left.\begin{array}{l} \dot{U}_1 = A_{11}U_2 + A_{12}I_2 \\ \dot{I}_1 = A_{21}U_2 + A_{22}I_2 \end{array}\right\} \qquad (1\text{-}20\text{-}1)$$

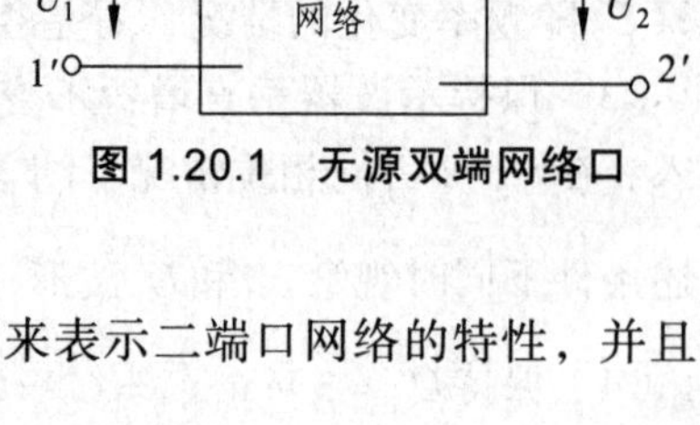

图 1.20.1　无源双端网络口

式中：A_{11}、A_{12}、A_{21}、A_{22} 为无源二端口网络的 A 参数，其数值仅取决于网络本身的元件及结构，网络参数可以用来表示二端口网络的特性，并且四个参数之间有如下关系：

$$A_{11}A_{22} - A_{12} \cdot A_{21} = 1 \tag{1-20-2}$$

可见 A 参数中只有三个是独立的。

（2）无源二端口网络的 A 参数可以用实验的办法进行测定。

如果在输入端 1-1′接电源，输出端 2-2′开路，则由二端口网络的 A 方程式（1-20-1）可得

$$\left. \begin{array}{l} A_{11} = \dfrac{\dot{U}_{10}}{\dot{U}_{20}} \bigg| \dot{I}_2 = 0 \\[4mm] A_{21} = \dfrac{\dot{I}_{10}}{\dot{U}_{20}} \bigg| \dot{I}_2 = 0 \end{array} \right\} \tag{1-20-3}$$

式中：A_{11} 为副边开路时，原副边的电压比；A_{21} 为副边开路时，正向转移导纳。

如果在输入端接电源，输出端 2-2′短路，则由二端口网络 A 方程式（1-20-1）可得

$$\left. \begin{array}{l} A_{12} = \dfrac{\dot{U}_{1S}}{\dot{I}_{2S}} \bigg| \dot{U}_2 = 0 \\[4mm] A_{22} = \dfrac{\dot{I}_{1S}}{\dot{I}_{2S}} \bigg| \dot{U}_2 = 0 \end{array} \right\} \tag{1-20-4}$$

式中：A_{12} 是副边短路时，正向转移阻抗；A_{22} 是副边短路时，原副边电流比。

用上述实验方法可以测出四个 A 参数，但需要在输入端和输出端同时进行测量才行。

（3）无原二端口网络 A 参数也可以采用在输入端和输出端分别测量的办法获得。将二端口网络 1-1′接电源，在 2-2′开路和短路的情况下分别得到：

$$\left. \begin{array}{l} Z_{10} = \dfrac{\dot{U}_{10}}{\dot{I}_{10}} = \dfrac{A_{11}}{A_{21}} \\[4mm] Z_{1S} = \dfrac{\dot{U}_{1S}}{\dot{I}_{1S}} = \dfrac{A_{12}}{A_{22}} \end{array} \right\} \tag{1-20-5}$$

将 2-2′端接电源，在 1-1′开路和短路情况下分别得到

$$\left. \begin{array}{l} Z_{20} = \dfrac{\dot{U}_{20}}{\dot{I}_{20}} = \dfrac{A_{22}}{A_{21}} \\[4mm] Z_{2S} = \dfrac{\dot{U}_{2S}}{\dot{I}_{2S}} = \dfrac{A_{12}}{A_{11}} \end{array} \right\} \tag{1-20-6}$$

Z_{10}，Z_{1S}，Z_{20}，Z_{2S} 之间的关系如下

$$\frac{Z_{10}}{Z_{20}} = \frac{Z_{1S}}{Z_{2S}} \tag{1-20-7}$$

利用式（1-20-2）及 Z 参数也可以求出 A_{11}，A_{12}，A_{21}，A_{22} 这四个参数。

（4）本实验采用在无源二端口网络加直流电源的办法进行研究，这样，电路中的电压、电流均为直流值，阻抗值则为电阻值。由电路理论可知，直流二端口网络可以用 T 形等值电

路等效，如图 1.20.2 所示。等效电路中的电阻可由 A 参数求得，即

$$\left.\begin{array}{l} r_1 = \dfrac{A_{11}-1}{A_{21}} \\[2mm] r_2 = \dfrac{A_{22}-1}{A_{21}} \\[2mm] r_3 = \dfrac{1}{A_{21}} \end{array}\right\} \qquad（1\text{-}20\text{-}8）$$

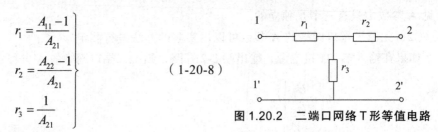

图 1.20.2　二端口网络 T 形等值电路

1.20.3　实验内容及步骤

（1）本实验以直流电路单元板（TS-B-28）为二端口网络实验电路，如图 1.20.3 所示。调节稳压电源输出，使 $U_1 = 15\,\text{V}$，测量 $2-2'$ 开路时的 U_{20} 和 I_{10}，以及 $2-2'$ 短路时的 I_{1S} 和 I_{2S}。将测量结果填入表 1.20.1 中。

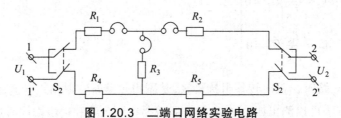

图 1.20.3　二端口网络实验电路

表 1.20.1　二端口网络电路数据

$2-2'$ 开路 ($I_2 = 0$)	U_{20}	I_{10}
$2-2'$ 短路 ($U_2 = 0$)	I_{1S}	I_{2S}

（2）根据式（1-20-3）和式（1-20-4）计算出 A_{11}、A_{12}、A_{21}、A_{22}，并验证式（1-20-2）。

（3）由式（1-20-8）计算出 T 形等值电路中的电阻 r_1、r_2、r_3，并组成 T 形等值电路。（如图 1.20.2 所示，在 $1-1'$ 端也加入 $U_1 = 15\,\text{V}$，测量 $2-2'$ 开路时的 U_{20} 和 I_{10}，以及 $2-2'$ 短路时的 I_{1S} 和 I_{2S}，将测量结果填入表 1.20.2 中，比较两个表中数据，验证电路的等效性。

表 1.20.2　T 形等值电路实验数据

$2-2'$ 开路 ($I_2 = 0$)	U_{20}	I_{10}
$2-2'$ 短路 ($U_2 = 0$)	I_{1S}	I_{2S}

（4）利用原理（3）所介绍的在输入与输出端分别测量的办法，求 A 参数。在 $1-1'$ 端接 $U_1 = 15\,\text{V}$，测量 $2-2'$ 开路和短路时的 U_{10}、U_{1S}（此处二者均为 15 V）及 I_{10} 和 I_{1S}，由式（1-20-5）计算 Z_{10} 和 Z_{1S}。然后，在 $2-2'$ 端接 $U_2 = 15\,\text{V}$，测量 $1-1'$ 开路和短路时的 U_{20}、U_{2S}（此处也

均为 15 V）及 I_{20} 和 I_{2S}。由式（1-20-6）计算 Z_{20} 和 Z_{2S}，利用式（1-20-5）和式（1-20-6）计算 A_{11}、A_{12}、A_{21} 和 A_{22}，并与步骤（2）所得结果进行比较。

1.20.4　实验设备

直流稳压电源，1 台；直流电路实验单元板（TS-B-28），1 块；电阻箱 3 个（或自制 T 形等值电路板）；直流电压表（TS-B-06），1 只；直流毫安表（TS-B-02），1 只。

1.20.5　实验报告要求

简述实验原理，整理实验数据，完成必要的计算，并总结实验结论。

1.21　单相变压器实验

1.21.1　实验目的

（1）巩固判别绕组端点同名端（相对极性）的方法。
（2）测定变压器空载特性，并通过空载特性曲线判定磁路的工作状态。
（3）测定变压器外特性。
（4）学习通过变压器短路实验测量变压器铜损的方法。

1.21.2　实验原理

1. 变压器绕组同名端的判定

判定有磁的相互联系的各绕组间的同名端，是进行绕组间相互连接的前提。例如，一台变压器有多个原绕组和副绕组需要串联或并联使用时，几个变压器绕组间需要串联或并联使用时；三相变压器绕组间需要接成不同接线组别时。为使连接正确，必须首先判定各绕组的同名端（也称相对极性）。

本实验将通过最经常使用的交流电压表法，判定单相变压器原、副绕组的同名端，实验方法如图 1.21.1 所示。将两绕组各一个端点，如端点 2 与 4 相连。在端点 1 和 2 间加交流电压 U_{12}，再用电压表测量 1 与 3 和 3 与 4 间的电压 U_{13} 和 U_{34}。若 $U_{13} = U_{12} + U_{34}$，则可判定 2 和 4 是异名端相连。若 $U_{13} = U_{12} - U_{34}$，则可判定 2 和 4 是同名端相连。

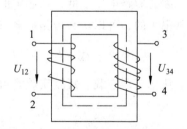

图 1.21.1　变压器绕组间的相对极性

2. 变压器的空载实验

变压器原边加额定电压，副边开路的工作状态叫变压器空载。空载实验测得的电流称为空载电流 I_0，测得的功率 P_0 称空载损耗。通常变压器空载电流很小，$I_0 \approx (5\% \sim 12\%)I_e$ 左右。故空载损耗：$P_0 = P_{Cu0} + P_{Fe} = I_0^2 R_1 + P_{Fe} \approx P_{Fe}$，$P_{Fe}$ 可以认为是铁芯损耗（涡流损耗和磁滞损耗）。

变压器的变比是在空载时测定的，变比 $k = \dfrac{U_1}{U_{20}}$，其中 U_{20} 为副边空载时的电压。

变压器空载时，原边电压 U_1 与空载电流 I_0 的关系 $I_0 = f(U_1)$ 称为空载特性曲线，如图 1.21.2 所示。空载特性和铁芯的磁化曲线是一样的。空载特性可以反映变压器磁路的工作状态。磁路工作的最佳状态是空载电压等于额定电压时，工作点在空载特性曲线接近饱和而又没有达到饱和状态的拐点处，如图 1.21.2 中的 A 点所示。如果工作点偏低，如图中的 B 点，空载电流很小，说明磁路远离饱和状态，可以适当减小铁芯的截面或适当减少线圈匝数。如果工作点偏高（如图中 C 点），空载电流太大，则说明磁路已达到饱和状态，应适当增大铁芯截面或适当增加绕组的匝数。

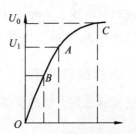

图 1.21.2　变压器空载特性曲线

3. 变压器的外特性实验

变压器原、副绕组都具有内阻抗，即使原边电源电压 U_1 不变，副边电压 U_2 也将随负载电流 I_2 的变化而变化。在 U_1 一定、负载功率因数 $\cos\varphi_2$ 不变时，U_2 与 I_2 的关系 $U_2 = f(I_2)$ 称为变压器的外特性。对于电阻性或电感性负载，随负载电流 I_2 的增大而 U_2 减少，如图 1.21.3 所示。

4. 变压器的短路实验

短路实验是将变压器副边短路、原边加较低的电压，使副边电流达到额定值情况下所进行的实验。实验中原边所加电压 U_1 称为短路电压，短路实验所测得的功率损耗 P_K 称为短路损耗，即

$$P_K = I_{1K}^2 \cdot R_1 + I_{2K}^2 \cdot R_2 + P_{FeK}$$

因为短路电压很低，铁芯中的磁通密度与其所加额定电压相比小很多，故短路实验时铁损是很小的，可以认为短路损耗就是变压器额定运行时的铜损耗，即

$$P_K \approx P_{Cu}$$

从变压器空载、短路实验测得的铁损和铜损，可以求得变压器额定运行时的效率为

$$\eta = \frac{P_2}{P_2 + P_{Fe} + P_{Cu}} \times 100\%$$

1.21.3　实验内容及步骤

（1）判别变压器原、副绕组的同名端（相对极性）。

（2）空载实验。按图 1.21.4 接线，本实验中空载实验从低压边进行，即从副绕组（低压边）加电压 110 V，原绕组开路。

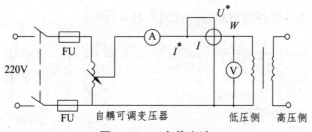

图 1.21.4　空载实验

调节自耦调压器使输出电压为低压额定值，并测高压侧电压 U_0，低压测空载电流 I_{20}，空载损耗 P_0，计算变比 k，填入表 1.21.1 中。

表 1.21.1　空载实验数据

U	U_0	$k = U_0/U$	I_0	P_0
110 V				

将电压升高到 $1.1U$ 值，然后逐渐降低至 $0.2U$ 为止，取 7~9 个点，读取相应的电压、电流和功率，填入表 1.21.2 中。

表 1.21.2　空载特性曲线测试数据

测量项目	1	2	3	4	5	6	7	8	9
U/V									
I_0/A									
P_0/W									

注：因变压器空载时功率因数很低（约 0.2），所以测取功率时应选用低功率因数功率表。

（3）测定变压器的外特性（电阻性负载）。按图 1.21.5 连接线路，用自耦调压器维持单相变压器原边电压 220 V 始终不变。从空载起至副边电流达额定值为止，在此范围内读取 5~6 个数据（包括空载点和满载点），记录在表 1.21.3 中。

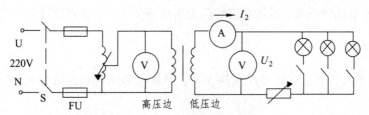

图 1.21.5　外特性测试实验

表 1.21.3　变压器外特性实验数据

测量项目	1	2	3	4	5	6	7
U_2/V							
I_2/A							

（4）短路实验。用导线将副边短路，按图1.21.6接线。

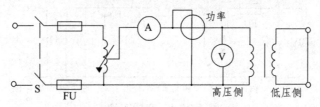

图 1.21.6　短路实验

由于短路电压一般都很低，只有额定电压的百分之几，所以调压器一定要旋到零位才能闭合电源开关。然后逐渐增加电压，使短路电流达到高压侧额定电流值。测定此时的电压、电流和功率的数值，填入表1.21.4中。

表 1.21.4　短路实验数据

测量项目	U_K	I_K	P_K
数据			

1.21.4　实验设备

自耦调压器（包括指示电压表，熔断器），1套；交流电流表，3只；低功率因数瓦特表，1只；单相变压器（220 V·A、220/110 V），1台；导线若干；灯箱负载，3块；滑线电阻器，1只。

1.21.5　实验报告要求

（1）根据测量数据计算变比；

（2）绘制本台变压器空载特性及外特性；

（3）根据外特性曲线，求出满载时的电压变化率；

（4）回答问题：

① 根据所绘制的空载特性曲线，说明你所使用的变压器副边匝数设计得是否合理？为什么？

② 一台变压器铭牌丢失，不知原边的额定电压是多少，你能否通过实验做出正确判定？

1.21.6　预习报告

复习变压器空载特性、外特性曲线的含义，并根据曲线判断磁路的工作状态。

1.22　三相异步电动机的使用和启动

1.22.1　实验目的

（1）了解三相异步电动机的铭牌数据。

（2）学习测量电机绝缘电阻的方法。

（3）正确连接异步电机的三相绕组，并使电机启动和实现反转。

（4）学习判断三相异步电动机绕组首、末端的方法。

1.22.2　实验原理

1. 三相异步电动机的铭牌和额定值

了解电动机铭牌中各项数据的确切含义，是合理选择及正确使用三相异步电动机的前提。现以 JO2—62—4 型三相异步电动机的铭牌为例，说明其各项含义（见表 1.22.1）。

表 1.22.1　三相异步电动机的铭牌

三相异步电动机		
型号：JO2-62-4	功率：17 kw	频率：50 Hz
电压：380 V	电流：33 A	接法：△
转速：1 460 r/min	工作方式：连续	绝缘等级：E
功率因数：0.88		温升：65 ℃
×× 电机厂		
		出厂　　年　　月

（1）型号。型号是不同种类和形式电动机的代号，它的每一个字母都具有一定的含义。如 JO2—62—4 中，J 表示交流异步电动机，O 表示封闭式，即外壳将电机全部封闭起来。字母后面的数字 2 表示国家统一设计的顺号，意思是说这种电动机是在 JO 型基础上做了第二次改进设计。第一个破折号后的第一位数字 6 表示机座号，机座尺寸是按国家统一标准的顺序号所对应的尺寸制造的；第二位数字 2 表示铁芯长度序号，同样对应着国家统一规定的具体尺寸。第二个破折号后数字 4 表示电机是 4 极电动机（即 $P = 4$）。

电机型号每项的意义可用图 1.22.1 表示。

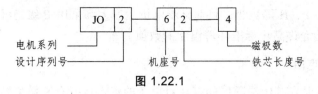

图 1.22.1

Y 系列异步电动机是国内较先进的异步电动机，它取代了 JO2 系列异步电动机。Y 系列电动机具有高效、节能、特性好及低噪声等优点，功率等级和安装尺寸也符合国际标准。这种电机型号所代表的意义如图 1.22.2 所示。

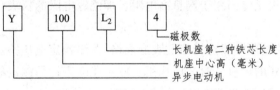

图 1.22.2

（2）电压 U_N 和接法。电压是指电机定子绕组应接的额定线电压，接法是指在额定线电压下三相绕组的正确接线方法。有时铭牌上有两种电压值，如 220 V/380 V，并对应两种接法 △/Y。表示该电机可在线电压为 220 V 时工作，并应接成三角形；也可在线电压为 380 V 时工作，并应接成星形。

（3）电流 I_N。I_N 是指电动机在额定电压、额定频率并输出额定功率时定子的额定线电流。铭牌有时标出两种额定电流值，它们与绕组的不同接法相对应。

（4）转速 n_N。电机额定运行时，电动机转子的额定转速以"转/分"为单位。通常比相应的同步转速低 2% ~ 6%。

（5）功率 P_N。P_N 是指在额定运行条件下，电动机转轴上输出的额定机械功率，通常以千瓦（kW）为单位。实际运行过程中，电机输出的功率是由负载大小决定的，并不一定等于额定功率。电机从电源吸取的功率不等于额定功率，这里有一个电机效率问题。如额定输出机械功率为 P_N 时，输入电功率为 P_{IN}，则

$$\frac{P_N}{P_{IN}} = \eta_N \quad （额定效率）$$

η_N 一般为 75% ~ 90%，随电机种类及容量大小而不同。

（6）功率因数 $\cos\varphi_N$。$\cos\varphi_N$ 是指电机额定运行时的功率因数。电动机是感性负载，定子电路相电流滞后相电压 φ_N 角，功率因数是此角度的余弦值。电机额定运行时 $\cos\varphi_N = 0.7 ~ 0.9$，空载或轻载时会更低。因此在电机使用时，应尽量避免出现电机的长期轻载或空载运行情况。

（7）工作方式（或称定额）。为充分发挥电机的潜力，电机按持续的时间划分工作方式分为连续、短时和重复短时三种。连续工作方式，表示这种电机可以按铭牌上的规定功率长期连续使用。短时工作方式，表示这种电机不能连续使用，在额定功率输出时只能按铭牌规定短时间运行。重复短时工作方式，表示这种电机不能在额定输出时连续运行，只能按规定时间做重复性短时间运行。

（8）绝缘等级和温升。绝缘等级是由电机所用绝缘材料决定的。按耐热程度不同，绝缘材料分为 A、E、B、F、H 等数级，目前异步电机生产大都采用 E 级绝缘，其最高允许温度为 120 ℃。温升是指允许高出标准环境温度的数值。

2. 电机的绝缘电阻

在使用电气设备时，其绝缘程度的好坏对设备的正常运行有密切关系。绝缘程度的好坏可以用绝缘电阻的高低来衡量。由于设备受热、受潮等原因，会使绝缘电阻降低，甚至可能造成设备外壳带电和出现短路事故。所以在使用期间应做定期绝缘电阻的检查。

绝缘电阻的检查不能用普通的欧姆表（如万用表的电阻档）进行，而应用兆欧表（也称摇表）进行测量。兆欧表是专门用于测量高电阻，即绝缘电阻的仪表。使用兆欧表时，要注意以下几个问题。

① 应按电气设备的电压等级选择兆欧表的规格。测量额定电压不足 500 V 的绕组绝缘电阻（如额定电压高 380 V 的电机）时，应选用 500 V 兆欧表；而测定额定电压高于 500 V 的绕组绝缘电阻时，则应选用 1 000 V 的兆欧表。

② 测量绝缘电阻前，必须切断电机的电源，并做兆欧表自检。自检的方法是先将兆欧表二端线开路，缓慢摇动兆欧表手柄，表针应指到"∞"处，再把兆欧表二端线迅速短接一下，表针应指到零处。如果不是这样，说明兆欧表自身有故障，必须检查修理方能使用。

③ 测量绝缘电阻时，兆欧表端钮 L、E 分别接到待测绝缘电阻处，如测量对地绝缘电阻，则应将 E 接地（如电机外壳）。

④ 兆欧表要平放，转动手柄的转速要均匀（120 r/min）。测量电机的绝缘电阻，一般有两项内容，一是测相间绝缘，二是测对地绝缘（相壳绝缘）。对于 500 V 以下的中、小型电机，绝缘电阻最低不得小于 1 000 Ω/V。

3. 电动机绕组首末端的判别

当电动机绕组各相引出线标志脱落时，必须判明哪两根引出线属于同一相，哪根是首端，哪根是末端，这是对电机进行正确接线的前提。判定异步电动机绕组首、末端有多种方法。

（1）串灯法。首先，用一个灯泡与交流电源串联后，去碰触任意引出线，能使灯泡发亮的两根引出线显然是属同相绕组，这样可将六根引出线分成三相绕组；然后，任意规定一相绕组的首、末端（如从 D_1、D_4），并将另一相（如 B 相）的任意一端与 D_4 相连，将串联起来的这两相绕组的另外两端接到低压电源上（40～100 V），其余那一相（C 相）的两端接灯泡，如果合上开关后灯泡发亮，则可断定与 D_4 相连的那一端即为该相的首端（D_2），如果灯泡不亮，则为末端（D_1），实验电路如图 1.22.3 所示。

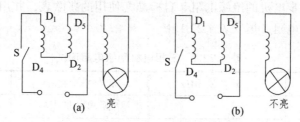

图 1.22.3　串联法判定绕组首末端

用同样的办法可以判定另一相的首、末端。图中接入开关 S，是为了使通电时间尽量短些，以保护电机绕组。

本实验方法的原理可简述如下：如果 A、B 两相绕组是首、末端相连，通入交流电所产生的合成磁通会穿过 C 相绕组，因此 C 相绕组产生感应电动势而使灯泡发亮，如图 1.22.4(a)所示。如果 A、B 两相绕组是末端与末端相连，通入交流电后产生的合成磁通不穿过 C 相绕组，C 相绕组不产生感应电动势，灯泡当然不亮，如图 1.22.4(b)所示。

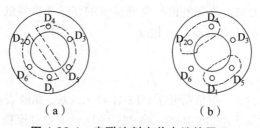

图 1.22.4　串联法判定首末端的原理

（2）电流表法（或万用表法）。

用万用表电阻档或将电池与电流表（毫安表或微安表）串联的办法，可以从六个引出线中判定哪两根引线是属同一相的。然后规定任意一相（如A相）的首、末端（如 D_1 和 D_4）。并通过开关 S 和电池相连接，在另外一相（如 B 相）绕组的两端接上毫安表（或万用电表直流毫安小量程档），在接通开关 S 的瞬间，若表头指针正向摆动，则电流表负极所接的引线与电池正极所接的引线端是同极性端（即同为首端或末端），用同样的办法可以判定第三相的首、末端。实验电路如图1.22.5所示。

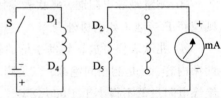

图1.22.5 电流表法判定绕组首末端

4. 三相异步电动机的启动和反转

对于中小型异步电动机，当电源容量相对电动机功率足够大时，一般均采用直接启动，即将电动机的定子绕组直接接入额定电压的电源上。

异步电动机转子的旋转方向与旋转磁场的旋转方向相同，而旋转磁场的旋转方向取决于绕组与电源接线的相序。因此，改变三相绕组与电源连接的相序，就可达到改变三相异步电动机转向的目的。

1.22.3 实验内容及步骤

（1）熟悉异步电动机的外形结构及各引线端，记录铭牌数据。

（2）测量三相异步电机的绝缘电阻。自检准备使用的兆欧表，并用检查后的兆欧表测量实验用电动机的绝缘电阻，填入表1.22.1中。

表1.22.1 三相电机绝缘电阻测试

相间绝缘	绝缘电阻/MΩ	相与机壳绝缘	绝缘电阻/MΩ
A 相与 B 相		A 相与机壳	
B 相与 C 相		B 相与机壳	
C 相与 A 相		C 相与机壳	

（3）判定三相绕组的首、末端。本实验所有电机上标有首、末端，故本实验可用串灯法和电流表法验证标号是否正确，实验分别按图1.22.3和图1.22.5接线。

（4）按铭牌要求，将电机正确接线（本实验台所配电机为380 V三角形接法），并按图1.22.6接线。经教师验查无误后，闭合负荷开关 QM，直接启动电机，并观察电动机的转向。

（5）断开负荷开关 QM，改变电机与电源接线的相序（倒换任意三相接线），闭合 QM，观察电机转向与前是否相反。

1.22.4 实验设备

三相异步电动机，1台；三相负荷开关（TS-B-18），1块；兆欧表（500 V），1只；万用表（或直流微安表）（TS-B-01），1只；干电池（或直流稳压电源）。

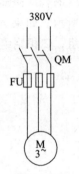

图1.22.6

1.22.5 实验报告

（1）总结实验结果。

（2）回答问题：

① 电动机的额定电压与电机接线方法有什么关系？

② 分析用电流表法判定三相绕组首末端方法的道理。

1.23 异步电动机继电—接触控制的基本电路实验

1.23.1 实验目的

（1）了解交流接触器、热继电器、按钮开关等电器的结构及其使用方法。

（2）用继电接触控制电路对异步电动机进行点动、启动、停车控制。

（3）用继电接触控制电路对异步电动机进行正、反转控制。

1.23.2 实验原理

1. 交流接触器、热继电器、按钮开关的结构及使用

交流接触器是一种利用电磁力带动触头接通或断开电动机主电路的电磁开关。交流接触器主要由电磁系统和触头系统两部分组成，其中电磁系统包括线圈、动铁芯和静铁芯。触头系统分为两种：一种接在主电路中，允许通过较大电流，称为主触头；另一种接在控制电路中，通过电流较小，称为辅助触头。根据线圈通电之前状态不同，触点可以分为常开触点（动合触点）和常闭触点（动断触点）。交流接触器的实物图和内部结构示意图如图 1.23.1 所示。

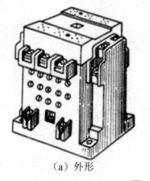

（a）外形

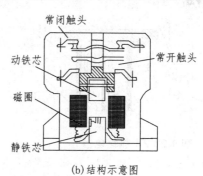

（b）结构示意图

图 1.23.1　交流接触器

接触器在电磁线圈通电后，动、静铁芯之间产生电磁吸力，动铁芯被静铁芯吸引而向下运动。与此同时，和它连在一起的触头动作，使常开主触头和常开辅助触头闭合、常闭辅助触头断开。线圈失电时，电磁力消失，因受弹簧的作用，动铁芯恢复原位，常开触头释放、常闭触头闭合。

用于控制交流电动机的接触器，通常有三对常开主触头、两对常开辅助触头和两对常闭辅助触头，工作时可根据需要选择使用。

接触器的线圈和各种触头在电路中用同一字母表示。

为防止主触头断开时产生电弧而烧坏触头，有些接触器装有灭弧装置。为消除交流接触器工作时铁芯的颤动，在铁芯端面的一部分套有一个短路环。

热继电器是对电动机进行过载保护的一种常用继电器，它根据电流的热效应原理制成，图 1.23.2 是它的结构示意图。其中发热元件一般由电阻值不大的电阻丝或电阻片构成，直接串接在被保护的电动机主电路中；双金属片是由两种热膨胀系数不同的金属片辗压而成，上层金属片热膨胀系数小，下层金属片热膨胀系数大，双金属片紧贴发热元件，其一端固定在支架上，另一端与扣板自由接触。当电动机在额定负载下运行时，通过发热元件的电流是额定电流，这个电流不足以使热继电器动作。当电动机过载时，通过发热元件的电流超过额定值，产生的热量使双金属片受热变形，弯向膨胀系数小的一侧，即向上弯曲，使双金属片右端与扣板脱开，在弹簧拉力的作用下，扣板向左转动，将常闭触头断开，此常闭触头串在接触器线圈电路中，在触头断开时，切断接触器线圈电路，从而切断主电路，保护电动机。

由于热继电器是依靠发热元件通电后，使双金属片变形而动作的，出现触头断开动作需要有一个热量积累的过程，对于短时过载，热继电器不会立即动作，所以它只用于作电动机的长期过载保护，不能做短路保护。

按钮开关在继电接触控制电路中最常用，用于发出"接通"和"断开"指令信号，达到控制电机的目的。按钮开关的外形及结钩原理图如图 1.23.3 所示。它由一对常开触头、一对常闭触头、复位弹簧和按钮帽组成。手没有按动按钮之前的工作状态称常态，常态下断开的触头称为常开触头。手按动按钮时，触头状态随即改变，常闭触头先断开、常开触头随之闭合。松开按钮时，因复位弹簧的作用，各触头立即恢复常态，常开触头先复位断开，常闭触头后复位闭合。

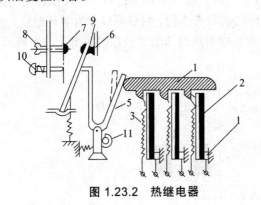

图 1.23.2 热继电器

1—主触头；2—主双金属片；3—热元件；4—推动导板；
5—补偿双金属片；6—常闭触头；7—常开触头；
8—复位调节螺钉；9—动触头；
10—复位按钮；11—偏心轮

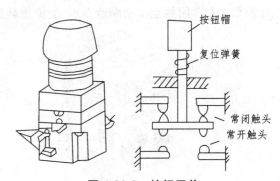

图 1.23.3 按钮开关

2. 点动控制环节

点动控制电路主要由按钮和接触器组成，如图 1.23.4 所示。

按下启动按钮 SB，接触器线圈 C 得电，接触器常开触头闭合，电动机得电运转。松开启动按钮 SB，由于复位弹簧的作用，使按钮复位，常开触点断开，接触器线圈失电，电动机停转。如此按下、松开启动按钮，使电动机断续通电，从而实现点动控制。

3. 自锁环节

点动控制只能在按下按钮时电动机运转，松开按钮就停止运行。为了实现电动机长期连续运行，需要加入自锁环节。自锁环节的实现是在按扭开关的常开触头两端并联上接触器 C 的一副辅助常开触头，当按下按钮 SB_1 时，接触器 C 得电，主触头 C 闭合，电动机得电运转，与此同时并联在 SB_1 上的常开辅助触头也闭合，这样即使松开按钮，SB_1 常开触头复位，但接触器线圈仍然有电流通过，因此电动机可继续运行。这种依靠接触器自身辅助常开触头闭合而使线圈保持通电的作用称为自锁（或自保），起自锁作用的触头称为自锁触头。为使自锁后的电动机停止，在接触器线圈电路中再串入一个带常闭触头的停止按钮 SB_2 即可。带自锁环节的控制电路如图 1.23.5 所示。

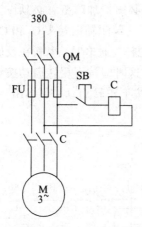

图 1.23.4 点动控制

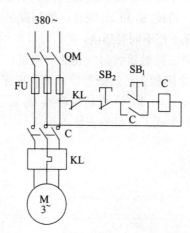

图 1.23.5 启动、停车、加保护控制电路

4. 保护环节

为了确保电动机正常运行，防止由于短路、过载、欠压等事故造成危害，在电动机的主电路和控制电路中必须设有各种保护装置。保护装置一般有短路保护、过载保护、失压保护和欠压保护等。短路保护通常采用熔断器，过载保护通常采用热继电器。

注意：热继电器与熔断器两者在电路中所起作用不同，两者不能互相代替，在保护环节中，它们互相补充，都不可缺少。

失压和欠压保护：电动机运行时由于外界原因，会遇到突然断电又重新供电的情况，在未加防范的情况下容易出现事故，因此在控制电路中应有失压保护环节，确保断电后，在工作人员没有重新操作的情况下，电动机不能自行运转。电源电压太低，会影响电动机的正常运行（电磁转矩与电压平方成正比），因此，在控制电路中应有欠压保护环节。

凡是应有接触器并具有自锁环节的继电接触控制电路，本身都具有失压保护和欠压保护的环节，当电源电压突然中断或严重欠压时，接触器线圈产生的电磁力为零或很小，由于弹簧的作用，动铁芯复位，使主电路切断，并失去自锁，电动机停止运行。而当电源重新恢复正常供电时，接触器线圈不能自行通电，电动机不能自行启动。只有操作人员在有准备的情况下再次按下启动按钮，电动机才能启动，从而实现失压和欠压保护。

5. 联锁的环节

几只控制电器通过辅助触头之间的相互连接,实现彼此之间相互联系又相互制约的作用,称为相互联锁。实现联锁控制的触头叫联锁触头。继电接触控制电路,通过接触器、继电器之间的相互联锁,可以实现多台设备按生产工艺进行工作,是实现自动控制及保护的重要环节。

本实验通过三相异步电动机正、反转控制电路,说明联锁环节的作用。

要改变三相异步电动机的旋转方向,只需改变引入三相异步电动机三相电源即可。这可以通过两个接触器来实现,如图 1.23.6 所示,按下启动按钮 SB_1,接触器 C_1 线圈通电并自锁,主触头 C_1 闭合,电动机按正相序正向运转。如按下启动按扭 SB_2,接触器 C_2 线圈通电并自锁,主触头 C_2 闭合,电动机因 L_1、L_2 两相与电机接线换相,电机按反相序运转。但是,这个电路存在一个非常严重的问题。即当电动机正转运行时,如果再按 SB_2 会出现 C_1 和 C_2 同时得电闭合,造成 L_1 和 L_2 两相电源短路的故障,因此必须严加防范,必须设法使两个接触器在任何情况下都不同时通电。我们可以利用两只接触器的常闭辅助触头 C_1 和 C_2,如图 1.23.7 那样串联到对方接触器线圈所在的支路里,当正转接触器 C_1 通电时,串联在反转接触器线圈 C_2 支路中的常闭触头已经断开,从而切断了 C_2 支路,这时即按下反转启动按钮 SB_2,线圈 C_2 也不会通电。同理,在反转接触器 C_2 通电时,即使按下正转启动按钮 SB_1,线圈 C_1 也不会通电,从而保证了电路的正常工作。

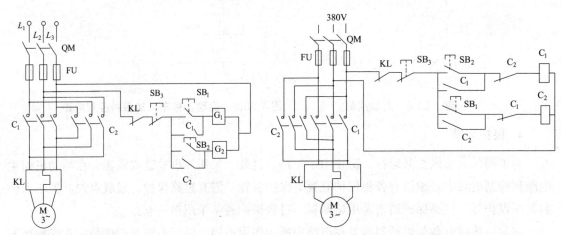

图 1.23.6 不带联锁的正、反转控制电路   图 1.23.7 带有联锁的正、反转控制电路

1.23.3 实验内容和步骤

(1)按图 1.23.4 连接线路,接线时要按一定顺序进行。主回路可按三相电动机——接触器主触头——熔断器——三相负荷开关——三相电源顺序进行,控制电路按 SB——接触器线圈 C,然后将两端接入电源两根火线上。经教师检查无误后,进行"点动"控制操作。

(2)按图 1.23.5 接线,即在点动控制电路中加入停止按钮 SB_2、自锁触头 C 和热继电器常闭。在主电路中接入发热元件。进行启动、停止控制操作。

(3)按图 1.23.7 接线,经教师检查后,再接通电源。闭合负荷开关 QM,按下 SB_1 使电机启动,并观察电机转向。按 SB_2 验证联锁触头的作用。然后按 SB_3 使电机停转,再按下 SB_2 使电机重新启动,观察电机的旋转方向。

1.23.4　实验设备

三相鼠笼式异步电动机，1台；交流接触器，2只；热继电器，1块；按钮开关，1块；负荷开关，1块；导线若干。

1.23.5　实验报告要求

（1）详细分析带短路及过载保护的三相异步电动机正、反转控制电路。

（2）绘出可以在两地对同一台三相异步电动机进行启动、停止及反转控制的电路。

（3）绘出对两台电机进行顺序控制的电路，要求第一台电机启动以后第二台电机才能启动，第一台电机停止运行则第二台电机必然停止运行。

1.23.6　预习报告

（1）复习交流接触器、热继电器、按钮开关的结构及工作原理。

（2）分析继电器组成的控制电路的工作过程及原理。

1.24　三相异步电动机 Y-△ 启动控制实验

1.24.1　实验目的

（1）了解时间继电器的作用及空气阻尼式时间继电器的结构、原理和使用方法。

（2）掌握 Y-△ 启动的原理及继电接触控制电路的接线和操作。

1.24.2　实验原理

1. 空气阻尼式时间继电器

时间控制环节，是生产过程中需要解决的一个重要问题。时间继电器就是一种具有延时作用，可用于按照所需时间的次序或间隔来接通或断开控制电路的一种电器。

时间继电器的种类很多，空气阻尼式时间继电器是交流控制电路中比较常用的一种，图1.24.1 是它的外形和结构示意图。它主要由电磁系统、工作触头、气室和传动机构等部分组成。

时间继电器线圈通电后，衔铁（动铁芯）和托板立即被吸下，但是活塞杆和压杆不能立即跟衔铁一起落下，因活塞杆的上端连着气室中的橡皮膜，当活塞杆在释放弹簧的作用下向下运动时，橡皮膜随之向下凹，使上气室的空气变得稀薄，因此橡皮膜受到下气室的压力，致使活塞杆只能缓慢下降，经过一定时间后，活塞杆下降到一定位置，通过压杆推动延时触头动作（常闭触头打开，常开触头闭合）。从线圈通电到延时触头动作，这一段时间就是时间继电器的延迟时间。

利用调节螺钉，改变进气孔的大小，可以改变进气量的快慢。进气量慢，延迟时间长；进气量快，延迟时间短。所以调节进气量的快慢可以调节延时时间的长短。

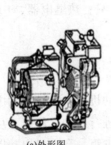
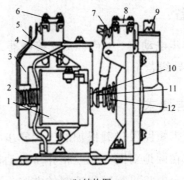

(a)外形图　　　　　　　　　(b)结构图

图 1.24.1　JS7-2A 系列空气阻尼式时间继电器结构原理

1—线圈；2—反力弹簧；3—衔铁；4—静铁芯；5—弹簧片；6、8—微动开关；
7—杠杆；9—调解螺钉；10—推杆；11—活塞杆；12—宝塔弹簧

线圈断电以后，在恢复弹簧的作用下，衔铁立即复位，活塞杆上移，上气室气压加大，空气经排气孔排出，时间继电器各触点恢复原态。时间继电器除有延时动作的触头之外，往往还装有瞬时动作的触头，以供他用，使用时注意不要接错。

时间继电器除了有线圈通电后产生延时作用的，还有可以在线圈断电后产生延时作用的。时间继电器的触头符号与一般继电器不同，如图 1.24.2 所示。

延时闭合的常开触点　　延时断开的常开触点　　延时断开的常闭触点　　延时闭合的常闭触点

图 1.24.2　时间继电器的触头符号

2. Y-△ 变换启动

三相异步电动机启动时，旋转磁场以最大相对转速切割转子导体，在转子中产生的感生电动势很高，所以转子电流极大，反应到原边，定子电流可达额定电流的 4～7 倍。启动电流大会造成电网电压的波动，影响接在同一电网中的其他用电设备的正常工作，频繁启动的电机会因启动电流的频繁冲击，使电机发热。因此对于较大容量的电机必须设法减小启动电流。Y-△ 变换启动就是一种常用的启动方法，Y-△ 变换启动只适用于电动机正常运行时绕组为三角形接法的电动机。启动时，先将电机绕组进行星形（Y）连接，启动后再换接成三角形（△）连接。定子绕组星形连接时，如图 1.24.3（a）所示，各相绕组承受的电压为电源电压的 $\dfrac{1}{\sqrt{3}}$；而作三角形连接时，如图 1.24.3（b）所示，各相绕组承受的电压等于电源电压。

因为启动时相电流与所加电压成正比，故 Y 连接时的相电流 $I_{Y\phi}$ 与 △ 接法时的相电流 $I_{\Delta\phi}$ 之比为

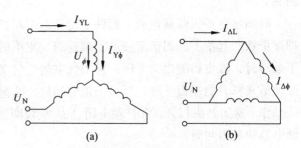

图 1.24.3　Y-△ 启动时的电流关系

$$\frac{I_{Y\phi}}{I_{\Delta\phi}} = \frac{\frac{1}{\sqrt{3}}U}{U} = \frac{1}{\sqrt{3}}$$

设 I_{YL} 和 $I_{\Delta L}$ 分别为 Y 接法和 △ 接法时的线电流，则根据线电流与相电流的关系有

$$I_{YL} = I_{Y\phi}, \qquad I_{\Delta L} = \sqrt{3}I_{\Delta\phi}$$

因此有

$$\frac{I_{YL}}{I_{\Delta L}} = \frac{1}{\sqrt{3}} \qquad \frac{I_{Y\phi}}{I_{\Delta\phi}} = \frac{1}{\sqrt{3}} \cdot \frac{1}{\sqrt{3}} = \frac{1}{3}$$

上式说明，当定子绕组接成星形启动时电网电流只等于接成三角的 $\frac{1}{3}$，即减小了启动电流。由于电磁转矩是与电压成正比的，采用 Y-△ 启动相当于降低电压到正常值的 $\frac{1}{\sqrt{3}}$，故启动转矩也减至 △ 接法时的 $\frac{1}{3}$。

3. Y-△ 启动的控制电路

Y-△ 启动控制电路应具有如下功能：电路中具有短路、过载保护；按下按钮后，控制电路先将电机换成 Y 接法，电机接近额定转速时，自动将电机换成 △ 接法；电机启动后时间继电器要与电路切断。具体实用电路如图 1.24.4 所示。

主回路包括起短路保护作用的熔断器 FU，起过载保护的热继电器发热元件 KL。负荷开关 QM 闭合后向整个电路提供电源；如果接触器常开触头 C_Δ 断开，而常开触头 C_Y 闭合，则三相定子绕组的三个末端接在一起，电动机接成星形；如果接触器常开触头 C_Y 断开，C_Δ 闭合，则三相定于绕组接成三角形；在 C_Y 或 C_Δ 闭合情况下；若 Q_C 闭合，则电机作 Y 接启动或 △ 接运转。

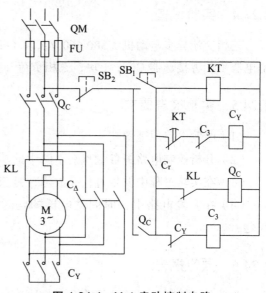

图 1.24.4　Y-△ 启动控制电路

在控制电路里，第一条支路中有时间继电器的线圈 KT，当其通电时，常闭触头将延时断开。当按下启动按钮 SB_1 时，时间继电器线圈 KT 和接触器线圈 C 同时得电，C_Y 的常开触头闭合。电机接成星形，并使接触器 Q_C 线圈得电，电动机作星形接法启动。

为防止此时 C_Δ 线圈得电，造成电源短路故障，在 C_Δ 线圈电路中串有 C_Y 接触器的常闭触头，当 C_Y 常开闭合时，C_Y 常闭触头是断开的。经过预先定好的延时后，时间继电器常闭触头 KT 断开，切断线圈 C_Y 的电路，因 C_Y 失电，它的常闭触头闭合，使接触器 C_Δ 线圈得电，

电动机作三角形连接，并在全压下运转，实现了 Y-△ 自动换接的降压启动。$C_\triangle$ 线圈得电后，它的常闭触头断开，切断了时间继电器线圈电路，使时间继电器停止工作。按下停止按钮 SB_2，线圈 Q_C 失电，主触头及自锁触头断开，电动机停车。

1.24.3　实验内容及步骤

（1）弄清各实验电路板、电动机的接线方法和电路图中各接触器、继电器的动作顺序。

（2）按图 1.24.4 接线，可先接主电路，但接触器 Q_C 主触点下部电路暂不连接，然后连接控制电路。

（3）检查控制电路接线是否正确，按顺序依次接通实验台上的漏电保护开关，空气自动开关及三相负荷开关 QM。

（4）操作启动按钮，观察各接触器、继电器动作顺序是否正常，如出现故障，拉开 QM 开关，自行检查排除。

（5）调整时间继电器的延迟时间，重新操作，观察延时的作用及变化。

（6）将 Q_C 接触器常开主触头的下部电路接好。按下启动按钮 SB_1，进行 Y-△ 启动。根据电动机启动所用时间，将时间继电器整定时间调整到合适位置，并记下整定时间。

1.24.4　实验设备

三相交流异步电动机（380/660 V），1 台；时间继电器，1 块；交流接触器，2 块；中间继电器（代替接触器 C_Y），1 块；三相负荷开关，1 块；按钮开关；导线若干。

1.24.5　实验报告要求

（1）绘制电路原理图。

（2）分析控制电路中各触点在电路中的功能。

（3）在实验过程中发生过什么故障，是怎样进行检查排除的？

（4）在实验电路中，时间继电器的延时长短怎样是合适的？延时过长或过短有什么问题？

1.24.6　预习报告

熟悉几种时间继电器的结构及工作原理；复习交流接触器的结构组成及使用方法。

1.25　三相异步电动机顺序控制实验

1.25.1　实验目的

（1）研究电动机顺序控制环节的电路原理。

（2）连接顺序控制的应用电路，操作并观察对两台电动机进行顺序控制的工作过程。

1.25.2 实验原理

1. 顺序控制环节

在实验、生产过程中，对异步电动机的控制经常会提出很多要求，除自锁、联锁、时间等环节的控制外，顺序控制环节也是其中重要的一种。例如，有时要求几台电动机配合工作或一台电动机有规律地完成多个动作，按照这些要求实现的控制叫做顺序控制，又称次序控制。

在机床控制电路中，为保证主轴的正常工作，必须事先做好润滑准备，这就要求在主轴拖动电机工作之前，事先启动油泵润滑电动机，油泵电动机不启动，主轴电动机就不能单独启动，并且要求只要主轴电动机不停止运转，油泵电动机就可以单独启动，而且主轴电动机可以单独停车。

为实现上述顺序控制的功能，可把控制油泵电动机工作的接触器常开触头串接在主轴电动机接触器线圈电路中，只要油泵电动机接触器线圈不通电，其常开触头不闭合，主轴电动机接触器线圈就不可能通电启动，从而满足了油泵电动机要先于主轴电动机启动的要求。另外，还要在油泵电动机控制电路的停止按钮两端并联上主轴电动机接触器的常闭触头，这样就可以满足只有主轴电动机停止运行的情况下，才能使油泵电动机停上运行的要求，否则，即使按下油泵电动机的停止按钮，油泵电动机也不会停止运行。

2. 实现两台电机顺序控制的继电接触控制电路

满足上述主轴电动机和油泵电动机间顺序控制的电路如图 1.25.1 所示。图中接触器 C_1 用来控制油泵电动机，C_2 用来控制主轴电动机；SB_1 和 SB_3 分别为油泵电动机和主轴电动机的启动按钮；SB_2 和 SB_4 分别为油泵电动机和主轴电动机的停止按钮。

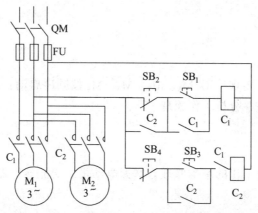

图 1.25.1　三相异步电动机的顺序控制电路

此电路的工作过程是：按下油泵电动机启动按钮 SB_1，控制它的接触器线圈 C_1 得电，油泵电动机启动运行，它的辅助常开触头 C_1 闭合，为主轴电动机接触器线圈 C_2 得电做好准备。按下主轴电动机的启动按钮 SB_3，主轴电动机接触器线圈 C_2 得电，主轴电动机运转，机床可以工作。显然如果在油泵电动机工作之前按 SB_3，主轴电动机是不能启动的，因为串联在 C_2 线圈电路中的常开触头 C_1 还没有闭合。

停车时，只有先按 SB_4，使主轴电动机接触器线圈 C_2 失电，主轴电动机停止运行，其常开触头 C_2 断开，再按 SB_2 油泵电动机才能停止运行。在主轴电动机没有停转的情况下，按 SB_2 是不能使油泵电动机停止运行的，因为此时接触器 C_2 线圈没有失电，和 SB_2 并联的常开触头 C_2 是闭合的。

对顺序控制的要求因生产过程的不同而不同，完成顺序控制功能的电路是多种多样的，以上仅是一个最简单的例子，其目的是使同学掌握顺序控制的基本思路，以便灵活应用。

1.25.3　实验内容及步骤

（1）分析电路图，弄清各元件的作用及动作顺序。

（2）按图 1.25.1 接好电路（两台电机接触器下部先不与电机接线）。

（3）经教师检查无误后，按顺序依次闭合实验台上的漏电保险开关、自动空气开关、三相负荷开关，为电动机启动做电源准备工作。

（4）对连接好的控制电路进行顺序启动（先按 SB_1，后按 SB_3）和顺序停车（先按 SB_1，后按 SB_3）操作。观察各接触器的动作情况与要求是否一致。

（5）不按顺序启动和顺序停车的要求进行启动和停车（先按 SB_2 再按 SB_1、先按 SB_3 再按 SB_4），观察各元件动作情况是否满足预定要求。

（6）控制电路工作完全正常后，将两台电动机与接触器下部接好，重复步骤（4）、（5）中的操作，观察两台电动机的动作过程是否与控制要求相符合。

1.25.4　实验设备

三相交流异步电动机，2 台；三相负荷开关单元板，1 块；交流接触器单元板，1 块；按钮开关单元板，2 块。

1.25.5　实验报告要求

（1）绘制电路原理图。

（2）有四台电动机，要求：① M_1、M_2、M_3、M_4 按顺序启动；② M_4 启动后，M_2 要停止运行。试画出控制电路并分析工作原理。

1.25.6　预习报告

分析两台电动机顺序工作的基本原理，掌握电动机、交流接触器的结构及使用方法。

1.26　三相异步电动机能耗制动控制实验

1.26.1　实验目的

（1）学习并掌握实现三相异步电动机能耗制动的控制电路。

（2）进一步熟悉并巩固接触器和时间继电器的使用方法。

1.26.2　实验原理

能耗制动是电机拖动系统中一种常用的制动方式,通常用于电机及拖动系统的尽快停车。三相异步电动机的能耗制动,是通过在电动机切断交流电源后,立即向定子绕组通入直流电流实现的。直流电流通入定子绕组后在空中产生方位固定的磁场,由于储存有动能而继续旋转的转子与磁场相切割,在电动机转子中产生感生电动势和感生电流。直流电流所建立的磁场与转子感生电流相互作用,产生与转子旋转方向相反的制动力矩,使转子尽快停止运转。其原理可用图 1.26.1 说明。

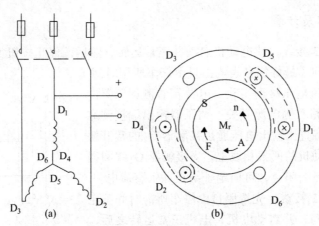

图 1.26.1　三相异步电动机的能耗制动

图 1.26.1(a)为切断交流电源后通入直流电的电路,直流电源从 D_1 流入,从 D_4 流出,又从 D_5 流入,从 D_2 流出。图 1.26.1(b)画出了三相异步电动机通入直流电流后产生的磁场,及根据转子逆时针方向旋转时由右手定则判定的转子导体 A 中感生电流的方向。图中还标明了根据左手定则判定出的导体 A 在磁场中受的力 F 和形成的电磁转矩 M 的方向。由图可见,电磁转矩 M 的方向与转子旋转的方向 n 是相反的,是一种使转子尽快停止转动的制动转矩。

三相异步电动机能耗制动的控制电路如图 1.26.2 所示。图中 Q_1、Q_2 为接触器,KT 为时间继电器,直流电源通过实验台上的交流调压电源经整流获得,并通过 Q_2 的触头引入定子绕组。

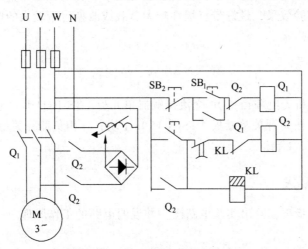

图 1.26.2　能耗制动控制电路

能耗制动控制电路的工作过程简述如下。

按动按钮 SB$_1$，接触器 Q$_1$ 线圈得电，主触头闭合，电动机正常运转。需要停机时，按动按钮 SB$_2$，其常闭触头先断开，使接触器 Q$_1$ 线圈断电，它的常开触头断开，电机脱离交流电源。随即按钮 SB$_2$ 的常开触头闭合，使接触器 Q$_2$ 和时间继电器 KT 的线圈分别得电。Q$_2$ 的常开触头闭合，使直流电源接到三相异步电动机三相绕组的端线上，产生制动转矩，促使转子尽快停止运转。经一定时间（由时间继电器整定时间值决定），时间继电器 KT 的常闭触头断开，接触器 Q$_2$ 线圈断电，切除向定子绕组供电的直流电源，同时 KT 断电，制动过程结束。

1.26.3 实验内容及步骤

（1）按图 1.26.3 接线，使电动机启动并正常运转，然后按停止按钮 SB$_2$，观察并测量电机停止运转所用时间（最好用秒表测出自由停车所用时间）。

（2）将单相交流电压接到实验台电源箱右侧调压器的输入端，闭合电源箱右侧电源开关，调压器输出端接到靠近它的整流桥上，将直流输出电压通过接触器 Q$_2$ 的常开触头接到三相异步电动机的两根相线上。当接触器 Q$_2$ 线圈得电时，接触器常开触头闭合，可向定子绕组通入直流电。

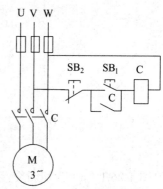

图 1.26.3 利用启动、停车控制电路测量自由停车所用时间

（3）按图 1.26.2 接线，先按照自由停车所需时间整定时间继电器延迟时间，并启动电机；电机正常运转之后，按动停止按钮 SB$_2$，观察并测量能耗制动所需要的时间，再与自由停车所用时间进行比较，说明能耗制动的作用。然后，再按照能耗制动所需要的时间整定时间继电器延迟时间，使电机一旦停止，时间继电器即可切断直流电源。

1.26.4 实验注意事项

（1）调节调压器的输出电压，使整流后的直流电加定子绕组后，制动电流约为 1.5 I_N。

（2）本实验台所配电机容量较小，机械惯性也较小，在空载运行情况下自由停车所用时间也较短。为提高实验效果，最好带有惯性较大负载或改换容量较大的电动机，否则能耗制动的效果不容易观察出来。

1.26.5 实验设备

调压器和整流电桥（电源箱备）；交流接触器单元板（TS-B-11），2 块；时间继电器单元板（TS-B-4），1 块；按钮开关单元板（TS-B-15），1 块；三相负荷开关单元板（TS-B-18），1 块；三相异步电动机，1 台。

1.26.6 实验报告要求

写清实验目的和步骤，画出实验电路图，并说明电路的工作原理。

第 2 篇　数字电路实验

2.1　门电路逻辑功能及测试

2.1.1　实验目的

（1）熟悉门电路逻辑功能。

（2）掌握门电路逻辑功能测试方法。

（3）了解逻辑门对脉冲信号的控制作用。

2.1.2　实验原理

1. 与非门

本实验采用四输入双与非门 74LS20，即在一块集成块内含有两个互相独立的与非门，每个与非门有四个输入端。其逻辑符号及引脚排列如图 2.1.1 所示。

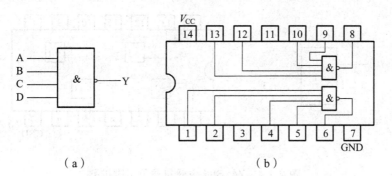

（a）　　　　　　　　　　　　（b）

图 2.1.1　74LS20 逻辑符号及引脚排列

2. 或非门

本实验采用两输入四或非门 74LS02，即在一块集成块内含有四个互相独立的或非门，每个或非门有两个输入端。其逻辑符号及引脚排列如图 2.1.2 所示。

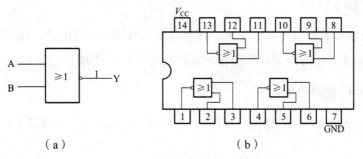

（a）　　　　　　　　　　　　（b）

图 2.1.2　74LS02 逻辑符号及引脚排列

3. 与或非门

本实验采用 74LS54 与或非门，其逻辑符号及引脚排列如图 2.1.3 所示。

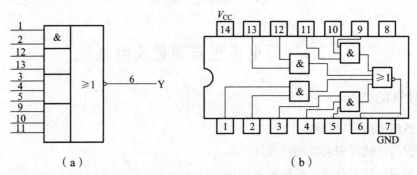

（a）　　　　　　　　　　　　（b）

图 2.1.3　74LS54 逻辑符号及引脚排列

4. 异或门

本实验采用二输入四异或门 74LS86，它由四个独立异或门组成。其逻辑符号及引脚排列如图 2.1.4 所示。

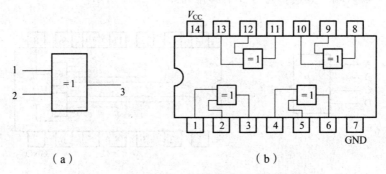

（a）　　　　　　　　　　　　（b）

图 2.1.4　74LS86 逻辑符号及引脚排列

2.1.3　实验设备及器件

实验箱，双踪示波器，万用表，器件包括 74LS02、74LS20、74LS54、74LS86。

2.1.4　实验内容与步骤

实验前先检查实验箱电源是否正常，然后选择实验用的集成电路，接好连线，特别注意 V_{CC}、地线不能接错。接好线后经实验指导教师检查无误方可通电实验。

1. 测试与非门逻辑功能

选用一片 74LS20 插入 IC 插座，按图 2.1.5 接线。将电平开关按表 2.1.1 置位，测出逻辑状态。

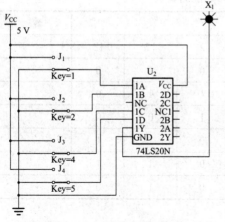

图 2.1.5　与非门逻辑功能测试

表 2.1.1　与非门逻辑功能测试表

输入				输出
1	2	4	5	Y
1	1	1	1	
0	1	1	1	
0	0	1	1	
0	0	0	1	

2. 测试或非门的逻辑功能

选一片 74LS02 插入 IC 插座,按图 2.1.6 接线,将电平开关按表 2.1.2 置位,测出逻辑状态。

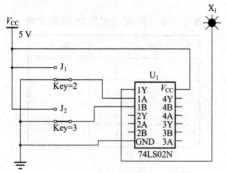

图 2.1.6　或非门逻辑功能测试

表 2.1.2　或非门逻辑功能测试表

输入		输出
2	3	Y
0	0	
0	1	
1	1	

3. 测试与或非门的逻辑功能

选一片 74LS54 插入 IC 插座,按图 2.1.7 接线,将电平开关按表 2.1.3 置位,测出逻辑状态。

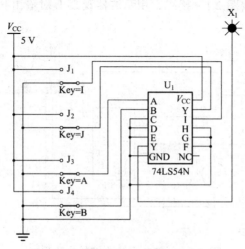

图 2.1.7　与或非门逻辑功能测试

表 2.1.3　与或非门逻辑功能测试表

输　入										输　出
3	4	5	9	10	11	1	2	12	13	Y
0						1	0	1	0	
0						1	1	1	0	
0						1	1	0	0	
0						1	0	1	1	
0						0	0	1	1	
0						0	0	1	0	

4. 测试异或门的逻辑功能

选用一片 74LS86 插入 IC 插座，按图 2.1.8 接线，将电平开关按表 2.1.4 置位，分别测出逻辑状态。

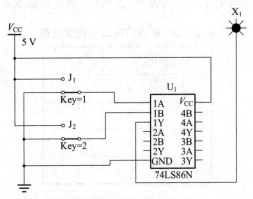

图 2.1.8　异或门逻辑功能测试

表 2.1.4　异或门逻辑功能测试表

输　入		输　出
1	2	Y
0	0	
0	1	
1	1	

5. 利用门电路控制输出

（1）用一片 74LS20 按图 2.1.9 接线，用示波器观察 J_1 对输出脉冲的控制作用。

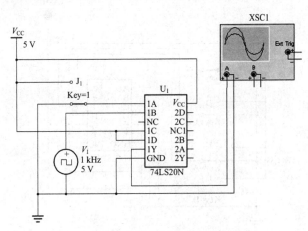

图 2.1.9　与非门脉冲控制功能测试

（2）用一片 74LS02 按图 2.1.10 接线，用示波器观察 J$_1$ 对输出脉冲的控制作用。

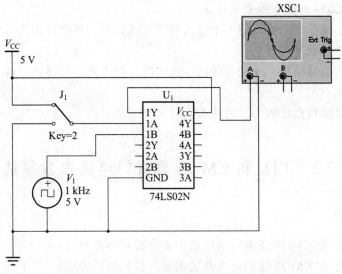

图 2.1.10　或非门脉冲控制功能测试

（3）用一片 74LS86 按图 2.1.11 接线，用示波器观察 J$_1$ 对输出脉冲的控制作用。

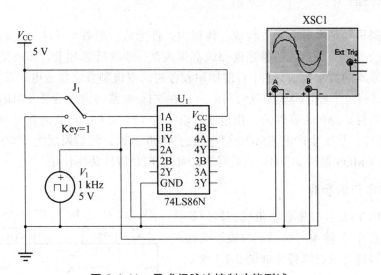

图 2.1.11　异或门脉冲控制功能测试

2.1.5　预习要求

（1）复习门电路的功能和特点。

（2）熟悉民用集成电路的引线及各引线的用途。

（3）复习双踪示波器的使用方法。

2.1.6　实验报告

整理实验数据，分析实验结果与理论是否相符。

2.1.7　思考题

（1）写出 74LS54 的逻辑函数表达式。

（2）与非门、或非门、异或门一个输入端接连续脉冲，其余端为什么状态时允许脉冲通过？什么状态时禁止脉冲通过？

（3）认真分析实验结果，总结与非门、或非门、与或非门及异或门这四种电路是如何处理多余的输入端的。

（4）异或门又称可控反相门，为什么？

2.2　TTL 和 CMOS 集成门电路参数测试

2.2.1　实验目的

（1）学习 TTL 和 CMOS 逻辑门电路的主要参数及参数意义。

（2）熟悉 TTL 和 CMOS 逻辑门电路的主要参数的测量方法。

（3）掌握 TTL 和 CMOS 逻辑门电路的逻辑功能及使用规则。

2.2.2　实验原理

逻辑门电路早期是由分立元件构成，体积大，性能差。随着半导体工艺的不断发展，电路设计也随之改进，使所有元器件连同布线都集成在一小块硅芯片上，形成集成逻辑门。集成逻辑门是最基本的数字集成元件，目前使用较普遍的双极型数字集成电路是 TTL 逻辑门电路，它的品种已超过千种。CMOS 逻辑门电路是在 TTL 电路问世之后开发出的另一种广泛应用的数字集成器件。CMOS 器件的工作速度可以接近 TTL 器件，而它的功耗和抗干扰能力则远优于 TTL 器件。早期生产的 CMOS 门电路为 4000 系列，随后发展为 4000 B 系列。当前与 TTL 兼容的 CMOS 器件如 74HCT 系列等，可与 TTL 器件替换使用。

1. TTL 与非门的参数

本实验采用 TTL 双极型数字集成逻辑门器件 74LS00，它有四个 2 输入与非门，封装形式为双列直插式，引脚排列及逻辑符号如图 2.2.1 所示，其中 A、B 为输入端，Y 为输出端，输入输出关系为 $Y = \overline{AB}$。TTL 逻辑门电路主要参数有：

1）电源特性参数 I_{CCL}、I_{CCH}

I_{CCL} 是指输出为低电平时电源提供给器件的

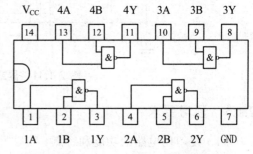

图 2.2.1　74LS00 管脚排列及逻辑符号

电流，即逻辑门的输入端全部悬空或接高电平且该门输出端空载时电源提供给器件的电流；I_{CCH} 是指输出为高电平时电源提供给器件的电流，即输入端至少有一个接地、输出端空载时电源提供给器件的电流。注意图 2.2.1 所示器件，四个门的电源 V_{CC} 引线是连在一起的，实验测量时，所测得电流是单个门电流的 4 倍。

2）输入特性参数 I_{IL}、I_{IH}

I_{IL} 是指一个输入端接地，其他输入端悬空或接高电平，从输入端流向接地端的电流；I_{IH} 是指一个输入端接高电平 V_{CC}，其他输入端接地，高电平 V_{CC} 流向输入端的电流。

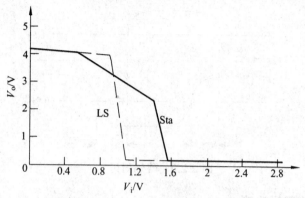

图 2.2.2　TTL 电压传输特性曲线

3）电压传输特性参数

电压传输特性是指输出电压 V_0 随输入电压 V_i 变化的关系，图 2.2.2 所示为 TTL 逻辑门电路电压传输特性曲线。该图为理论的电压传输特性曲线，从特性曲线图中可以得到 TTL 逻辑门主要参数如下：

输出低电平 V_{OL}，是指当与非门输入端均接高电平或悬空时的输出电压值。当输出空载时 $V_{OL} \leqslant 0.3$ V，当输出接有灌电流负载时，V_{OL} 将上升，其允许最大值 V_{OLmax} 为 0.4 V。

输出高电平 V_{OH}，是指当与非有一个或一个以上的输入端接地或接低电平时的输出电压值。当输出空载时 $V_{OH} \approx 4.2$ V，当输出接有拉电流负载时，V_{OH} 将下降，其允许最小值 V_{OHmin} 为 2.4 V。

开门电平 $V_{ON}(V_{IHmin})$，是指保持输出为低电平时的最小输入高电平，一般 $V_{ON} \leqslant 1.8$ V，LS 系列 1.2 V 左右。关门电平 $V_{OFF}(V_{ILmax})$，是指保持输出为额定高电平的 90% 时的最大输入低电平，一般 $V_{OFF} \geqslant 0.8$ V。

阈值电平 V_{th}，是指在电压传输特性曲线中输出电平急剧变化中点附近的输入电平值，一般为 1.4 V（标准型）或 1.0 V（LS 型）。当与非门输入电平为 V_{th} 时，输入的极小变化可引起输出状态迅速变化，利用这个特性，可以构成多谐振荡器。

直流噪声容限 V_N，是指在最坏的条件下，输入端所允许的输入电压变化的极限范围。其中，低电平直流噪声容限 V_{NL} 定义为 $V_{NL} = V_{OFF} - V_{OLmax}$；高电平直流噪声容限 V_{NH} 定义为：$V_{NH} = V_{OHmin} - V_{ON}$。

4）输出特性参数 N_O

N_O 为扇出系数，是指电路能驱动同类门电路的数目，用以衡量电路带负载的能力。在输出低电平时，假设因灌电流负载造成 V_{OL} 的上升不超过 0.4 V，则可从相应的输出特性上查得最大允许的灌电流 I_{OLmax}，由此可算出输出低电平时的扇出系数为 $N_{OL} = I_{OLmax} / I_{ILmax}$。在输出高电平时，设因拉电流负载造成 V_{OH} 的下降不低于 2.4 V，则可从相应输出特性上查得最大允许的拉电流 I_{OHmax}，由此可得输出高电平时的扇出系数为 $N_{OH} = I_{OHmax} / I_{IHmax}$。

5）动态特性参数 t_{pd}

t_{pd} 为传输时延，是衡量门电路开关速度的一个重要指标。如图 2.2.3 所示，即 $t_{pd} = (t_{PLH} + t_{PHL})/2$，$t_{PHL}$ 为导通延迟时间，t_{PLH} 为截止延迟时间。

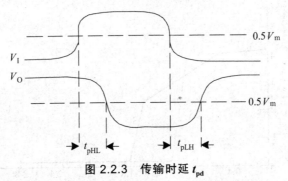

图 2.2.3　传输时延 t_{pd}

2. TTL 与非门的逻辑功能

根据与非门的工作原理，输入端全为高电平时输出为低电平，否则输出为高电平。实验时输入端的高低电平可由逻辑开关提供，开关拨上为逻辑"**1**"，拨下为逻辑"**0**"，输出可用指示灯显示，输出高电平则指示灯亮，输出低电平则灭，这样就可观察指示灯的变化情况确定输入输出的逻辑关系。

3. CMOS 与非门的主要参数

CMOS 与非门主要参数的定义与 TTL 电路相仿，从略。参数在测试的时候，多余输入端的处理上与 TTL 电路不同。一般情况下，多余的输入端口接电源或者接地（根据芯片逻辑功能要求），但在稳定性要求极高的电路中，多余的输入端口还要接保护电路。

2.2.3　实验设备及器件

实验箱，计算机，示波器，器件包括 74LS00、CD4011。

2.2.4　实验内容

1. TTL 与非门逻辑功能的测试

实验箱总开关处 OFF 状态，把一块 74LS00 固定在实验箱的插座上，连接 14 脚电源 V_{CC} 至实验箱+5 V 端口，连接 7 脚 GND 至实验箱接地端口，从 74LS00 中任选一个与非门，它的两个输入端 A、B 分别接逻辑开关，由开关提供输入的高、低电平，输出端接指示灯，由指示灯的亮、灭表示输出的高、低电平。改变开关的状态，观察指示灯的变化，将实验结果记录在表 2.2.1 中。

表 2.2.1　TTL 与非门逻辑功能测试

A	B	Y
0	0	
0	1	
1	0	
1	1	

2. TTL 与非门的参数测试

1）电源电流 I_{CCL}、I_{CCH}

按图 2.2.4 连接电路，电流表串接在电源和集成块电源管脚之间，注意电流表的量程和极性。当所有的输入端悬空时，电流表读数即为 $4I_{CCL}$；当所有的输入端接地时，电流表读数即为 $4I_{CCH}$。（电流表所测得的值是整个集成块四个与非门电源电流之和，单个门的电源电流仅为所测值四分之一）。则单个门的静态功耗最大值 $P_{max} = V_{CC} \cdot I_{CCL}$。将 I_{CCL}、I_{CCH} 及 P_{max} 注入表 2.2.2 中。

表 2.2.2　TTL 与非门的参数测试记录表

测量量	I_{CCL}	I_{CCH}	I_{IL}	I_{IH}	I_O	$N_O = I_O / I_{IL}$
数值						

2）输入低电平电流 I_{IL}

按图 2.2.5 连接电路，与非门输入端中任取一个串接电流表接地，另一输入端悬空，此时电流表读数即为 I_{IL}，记入表 2.2.2 中。

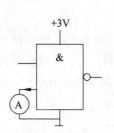

图 2.2.4　与非门电源特性参数测试电路

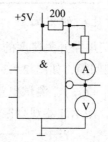

图 2.2.5　与非门输入低电平电流测试电路

3）输入高电平 I_{IH}

按图 2.2.6 连接电路，与非门输入端中任取一个串接电流表接电源，另一输入端接地，此时电流表读数即为 I_{IH}，记入表 2.2.2 中。

4）扇出系数 N_O

按图 2.2.7 连接电路，与非门输入端悬空，输出端接电压表，同时连接电流表和电阻 R_L 至电源，R_L 是由一个 200 Ω 电阻和一个 4.7 kΩ 可调电阻（实验箱提供）串联而成，调节 R_L 中可调电阻阻值，同时观察记录电压表读数 V_O，当其值为 0.4 V 时，记录电流表读数 I_O，则 $N_O = I_O / I_{IL}$。实验数据记入表 2.2.2 中。

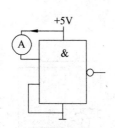

图 2.2.6　与非门输入高电平电流参数测试电路

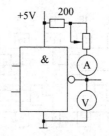

图 2.2.7　TTL 扇出系数测试电路

5）电压传输特性曲线

按图 2.2.8 连接电路，10 kΩ电位器的两个固定端分别接电源和地，可调端接逻辑门的一个输入端，再并接一个电压表，另一个输入端悬空，输出端接另一个电压表。调节电位器，输入电压从零逐渐增大，具体输入电压的变化按表 2.2.3 提供的数据进行测量。实验完成后，根据所测的数据，在直角坐标纸上画出传输特性曲线，在图上标出 V_{OL}、V_{OH}、V_{ON}、V_{OFF}、V_{TH} 等参数，并求出直流噪声容限。

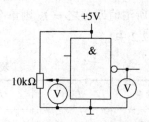

图 2.2.8　电压传输特性曲线测试电路

表 2.2.3　TTL 与非门电压传输特性测试记录表

V_I/V	0	0.3	0.5	0.85	0.9	0.95	1.0	1.05	1.1	1.15	1.2	1.3	1.4	1.5
V_O/V														

6）传输时延 t_{pd} 的测试

t_{pd} 是衡量门电路开关速度的参数，它是指输入波形边沿的 $0.5\ V_m$ 处至输出波形对应边沿 $0.5\ V_m$ 处的时间间隔，如图 2.2.3 所示，t_{pHL} 为导通延迟时间，t_{pLH} 为截止延迟时间，传输时延为 $t_{pd} = 0.5(t_{pHL} + t_{pLH})$。测试电路如图 2.2.9 所示，可选用两块 74LS00 或一块 74LS04 按图 2.2.9 连接电路，用示波器观察振荡波形，从而求出传输时延 t_{pd}。

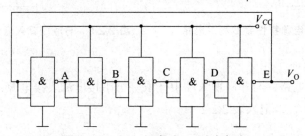

图 2.2.9　TTL 门电路 t_{pd} 测试电路

3. CMOS 与非门的参数测试

1）电压传输特性测试

选用型号为 CD4011 的集成电路，管脚排列及门电路逻辑符号如图 2.2.10 所示，实验时按图 2.2.11 连接电路，将实验数据记录在表 2.2.4 中。

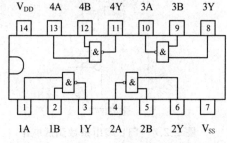

图 2.2.10　CD4011B 管脚排列及逻辑符号

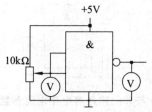

图 2.2.11　CMOS 与非门电压传输特性测试电路

100

表 2.2.4　CMOS 与非门电压传输特性测试记录表

V_I/V	0	1.0	2.0	2.2	2.3	2.35	2.4	2.45	2.50	2.55	2.6	2.7	2.8	3.0	5.0
V_O/V															

注：CMOS 所有多余的输入端均不能悬空，包括用到的门和没有用到的门的输入端。

2）传输时延 t_pd 的测试

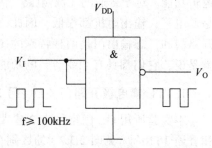

图 2.2.12　CMOS 门电路 t_pd 的测试电路

t_pd 是衡量门电路开关速度的参数，它是指输入波形边沿的 $0.5V_\mathrm{m}$ 至输出波形对应边沿 $0.5V_\mathrm{m}$ 点的时间间隔，如图 2.2.3 所示。t_pHL 为导通时间，t_pLH 为截止延迟时间，平均传输延迟时间为 $t_\mathrm{pd}=0.5(t_\mathrm{pHL}+t_\mathrm{pLH})$。其测试电路如图 2.2.12 所示，选 CD4011B 中一个与非门，输入端接入 $f \geqslant 100\,\mathrm{kHz}$ 的矩形波，用双踪示波器观察输入输出波形，测出 t_pHL 及 t_pLH，计算出传输时延 t_pd。

2.2.5　预习要求

（1）复习 TTL 和 CMOS 逻辑门电路的主要参数及参数意义。

（2）根据实验内容的要求，设计实验表格，并用计算机仿真。

2.2.6　实验报告

（1）画出实验内容要求的波形及记录表格。

（2）整理实验数据，对照逻辑门电路的参数进行分析。

（3）对实验中出现的问题进行讨论。

2.2.7　思考题

（1）实验用 TTL74LS 系列集成电路电源电压的范围是多少？

（2）为什么说与非门是万能门？试说明如何用二输入与非门实现与、或、非逻辑关系。

（3）对于 TTL 门电路，输入端悬空相当于什么电平？多余的输入端，在实际接线中应如何处理？

（4）扇出系数 N_O 是什么含意？怎样求得？在求 N_O 时可以用 I_IH 替代 I_IL 吗？为什么？

（5）推拉式 TTL 逻辑门输出端能否并联使用？为什么？

（6）COMS 门电路的多余输入端一般怎么样处理？

2.3　TTL 集电极开路门和三态门逻辑功能测试及应用

2.3.1　实验目的

（1）掌握 TTL 集电极开路门（OC 门）的逻辑功能及应用。

（2）了解 OC 门集电极负载电阻 R_L 对集电极开路门的影响。

（3）掌握 TTL 三态门的逻辑功能及应用。

2.3.2 实验原理

数字系统中有时需要把两个或两个以上集成逻辑门的输出端直接并接在一起完成一定的逻辑功能。对于普通的 TTL 电路，由于输出级采用了推拉式输出电路，无论输出是高电平还是低电平，输出阻抗都很低。因此，通常不允许将它们的输出端并接在一起使用，而集电极开路门和三态输出门是两种特殊的 TTL 门电路，它们允许把输出端直接并接在一起使用，也就是说，它们都具有"线与"的功能。

1. TTL 集电极开路门（OC 门）

本实验所用 OC 门型号为 2 输入四与非门 74LS01，引脚排列见附录。OC 门（见图 2.3.1）和普通 TTL 门（见图 2.3.2）的区别在于，工作时，OC 门输出端必须通过一只外接电阻 R_L 和电源 V_{CC} 相连接，以保证输出电平符合电路要求。

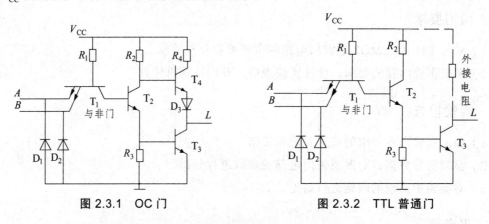

图 2.3.1　OC 门　　　　　图 2.3.2　TTL 普通门

几个 OC 门输出端并接时负载电阻值计算公式如下：

$$R_{L(max)} = \frac{V_{CC} - V_{OH(min)}}{MI_{OH(min)} + nI_{IH}} \; ; \qquad R_{L(min)} = \frac{V_{CC} - V_{OL(max)}}{I_{OL(max)} - NI_{IL}}$$

式中：I_{OH} 为 OC 门输出管截止时（输出高电平 V_{OH}）的漏电流（约为 50 μA）；I_{OL} 为 OC 门输出低电平 V_{OL} 时允许最大灌入负载电流（约为 20 mA）；I_{IH} 为负载门高电平输入电流（<50 μA）；I_{IL} 为负载门低电平输入电流（<1.6 mA）；n 为 OC 门个数；N 为负载门个数；M 为接入电路的负载门输入端总个数。

R_L 值须小于 $R_{L(max)}$，否则 V_{OH} 将下降；R_L 值须大于 $R_{L(min)}$，否则 V_{OL} 将上升。R_L 的大小会影响输出波形的边沿时间，在工作速度较高时，R_L 应尽量选取接近 $R_{L(min)}$。

OC 门的应用主要有下述三个方面：

（1）电路的"线与"特性方便的完成某些特定的逻辑功能。

（2）实现多路信息采集，使两路以上的信息共用一个传输通道（总线）。

（3）实现逻辑电平转换，以推动荧光数码管、继电器、MOS 器件等多种较大电流及较高电压的数字集成电路。

2. TTL 三态输出门（3S 门）

TTL 三态输出门是一种特殊的门电路，它与普通的 TTL 门电路结构不同，它的输出端除了通常的高电平、低电平两种状态外（这两种状态均为低阻状态），还有第三种输出状态——高阻态，处于高阻态时，电路与负载之间相当于开路，输出端对地电阻和对电源端电阻都近似为无穷大。

三态输出门按逻辑功能及控制方式来分有各种不同类型，本实验所用三态门的型号是 74LS126 三态输出四总线缓冲器，其逻辑符号如图 2.3.3 所示。它有一个控制端（又称为禁止端或使能端）E，$E = 0$ 为正常工作状态，实现 $Y = A$ 的逻辑功能；$E = 1$ 为禁止状态，输出 Y 是高阻态。这种在控制端加低电平时电路才能正常工作的工作方式称低电平使能。

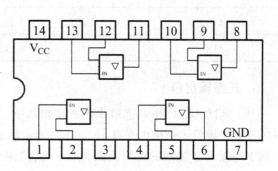

图 2.3.3　74LS126 引脚排列及逻辑符号图

三态电路主要用途之一是实现总线传输，即用一个传输通道（称总线），以选通方式传送多路信息。使用时，要求只有需要传输信息的三态控制端处于使能态（$E = 0$），其余各门皆处于禁止状态（$E = 1$）。由于三态门输出电路结构与普通 TTL 电路相同，显然，若同时有两个或两个以上三态门的控制端处于使能态，将出现与普通 TTL 门"线与"运用时同样的问题，因而是绝对不允许的。

2.3.3　实验设备与器件

实验箱，计算机，示波器，器件包括 74LS00、74LS03、74LS04、74LS10、74LS126。

2.3.4　实验内容及实验步骤

1. TTL 集电极开路与非门 74LS03 负载电阻 R_L 的确定

用两个集电极开路与非门"线与"驱动一个 TTL 非门，按图 2.3.4 连接实验电路。负载电阻 R_L 由一个 200 Ω 电阻和一个 10 kΩ 电位器串接而成，取 $V_{CC} = 5\text{ V}$，$V_{OH} = 3.5\text{ V}$，$V_{OL} = 0.3\text{ V}$。接通电源，用逻辑开关改变两个 OC 门的输入状态，先使 OC 门"线与"输出高电平，调节 R_W 至使 $V_{OH} = 3.5\text{ V}$，测得此时的 R_L 即为 $R_{L(\max)}$；再使电路输出低电平 $V_{OL} = 0.3\text{ V}$，测得此数字电路时的 R_L 即为 $R_{L(\min)}$。

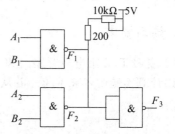

图 2.3.4　OC 与非门外接电阻的计算

2. TTL 集电极开路与非门 74LS03 芯片功能测试

如图 2.3.4 所示，改变输入逻辑电平，观察实验结果，将实验结果记录在表格 2.3.1 中。

表 2.3.1　OC 门逻辑功能测试表

输　　入			输　　出
A_1B_1	A_2B_2	F_1F_2	F_3
00	00		
00	11		
11	00		
11	11		

3. 三态输出门

（1）测试 74LS126 三态输出门的逻辑功能。将 74LS126 输入端、控制端接逻辑开关，输出接发光二极管（逻辑电平显示）。逐个测试集成块中四个门的逻辑功能，测出当 $E=1$ 时输出端 Y 与输入 A 之间的逻辑关系，用万用表判断 E 为 0 时输出是否为高阻态。将结果记入表 2.3.2 中。

表 2.3.2　三态门功能测试表

输　　入		输　　出
E	A	
0	0	
	1	
1	0	
	1	

（2）三态输出门的应用。将四个三态缓冲器按图 2.3.5 接线，输入端按图示加输入信号，控制端接逻辑开关，输出端接示波器，先使三个控制端均为 0，然后轮流使其中之一为 1。用示波器观察，并记录输入输出波形，分析其结果。

2.3.5　预习要求

（1）复习 TTL 集电极开路门和三态门工作原理。
（2）计算实验中各 R_L 阻值，并从中确定实验所用 R_L 值（标称值）。

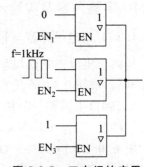

图 2.3.5　三态门的应用

2.3.6　实验报告

（1）画出实验内容要求的电路图，并做好波形及记录表格。
（2）整理实验数据，分析实验结果，总结集电极开路门和三态输出门的优缺点。
（3）对实验中出现的问题进行讨论。

2.3.7 思考题

（1）TTL 集电极开路门使用时为何必须外接电阻？

（2）门电路的输出结构有几种？哪些结构的输出可以并联使用，应注意什么？

（3）在使用总线传输时，总线上能不能同时接有 OC 门与三态输出门？为什么？

2.4 集成门电路的逻辑变换及应用

2.4.1 实验目的

熟练掌握标准与非门实现逻辑电路变换的技巧。

2.4.2 实验原理

摩根定理：
$$\overline{A+B+C+\cdots} = \overline{A}\cdot\overline{B}\cdot\overline{C}\cdots \tag{1}$$

$$\overline{A\cdot B\cdot C\cdots} = \overline{A}+\overline{B}+\overline{C}+\cdots \tag{2}$$

摩根定理在简化逻辑函数或进行逻辑变换时十分有用，应用摩根定理可以实现只用与非门或只用或非门就能完成与、或、非、异或等逻辑运算。由于实际工作中大量使用与非门，因此，对于一个表达式，应用摩根定理，用两次求反的方法，就能方便地实现两级与非门网络。例如，如果要求用与非门实现 $F = AB + CD$，则可通过逻辑变换得到 $F = \overline{\overline{AB + CD}} = \overline{\overline{AB}\cdot\overline{CD}}$，再根据此表达式，就能很容易地画出用与非门实现的逻辑图，如图 2.4.1 所示。

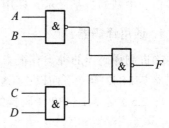

图 2.4.1 与非门表示的逻辑图

2.4.3 实验设备及器件

实验箱，万用表，器件包括 74LS00、74LS20。

2.4.4 实验内容与步骤

（1）用 TTL 与非门组成下列门电路，并测试它们的逻辑功能。

① 与门：$F = A \cdot B$；

② 或门：$F = A + B$；

③ 异或门：$F = A \oplus B$。

（2）用 TTL 与非门构成一位半加器（输入为 A、B，输出为 S，进位为 CO），并验证其逻辑功能。

2.4.5 预习要求

复习门电路工作原理，设计出逻辑电路，自拟实验记录表格。

2.4.6 实验报告

写出用与非门构成各种门电路的表达式及它们的逻辑电路图,并用真值表记录实验结果。

2.4.7 思考题

设计组合逻辑电路的一般方法是什么？关键步骤是什么？

2.5 译码器及其应用

2.5.1 实验目的

（1）掌握译码器的逻辑功能及其测试方法。
（2）能够灵活地运用译码器实现各种电路。
（3）熟悉显示译码器的功能及数码显示原理。

2.5.2 实验原理

译码器是数字电路中用得很多的一种多输入多输出的组合逻辑电路。它的作用是把规定的代码进行"翻译"，变成相应的状态，使输出通道中相应的一路有信号输出。它不仅用于代码转换、中断的数字显示，还用于数据分配、存储器寻址、组合逻辑信号等场合。

1. 通用译码器

二进制译码器的种类有很多：如 2-4 线译码器 74LS139，3-8 线译码器 74LS138，4-10 线译码器 74LS42 等。下面以 74LS138 和 74LS42 译码器为例加以说明。

图 2.5.1 是 74LS138 译码器的逻辑电路图和管脚图，其功能如表 2.5.1 所列。

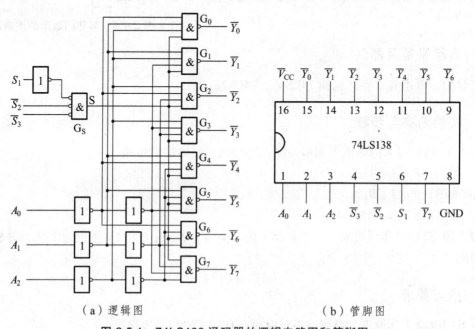

（a）逻辑图   （b）管脚图

图 2.5.1 74LS138 译码器的逻辑电路图和管脚图

表 2.5.1　74LS138 功能表

输　　入					输　　出							
S_1	$\overline{S_2}+\overline{S_3}$	A_2	A_1	A_0	$\overline{Y_0}$	$\overline{Y_1}$	$\overline{Y_2}$	$\overline{Y_3}$	$\overline{Y_4}$	$\overline{Y_5}$	$\overline{Y_6}$	$\overline{Y_7}$
0	×	×	×	×	1	1	1	1	1	1	1	1
×	1	×	×	×	1	1	1	1	1	1	1	1
1	0	0	0	0	0	1	1	1	1	1	1	1
1	0	0	0	1	1	0	1	1	1	1	1	1
1	0	0	1	0	1	1	0	1	1	1	1	1
1	0	0	1	1	1	1	1	0	1	1	1	1
1	0	1	0	0	1	1	1	1	0	1	1	1
1	0	1	0	1	1	1	1	1	1	0	1	1
1	0	1	1	0	1	1	1	1	1	1	0	1
1	0	1	1	1	1	1	1	1	1	1	1	0

由逻辑电路图及功能表可知，其中 $A_0 \sim A_2$ 是译码器的输入端，$S_1 \sim S_3$ 为选通端。

图 2.5.2 是 74LS42 译码器的逻辑电路图和管脚图，其功能表如表 2.5.2 所列。

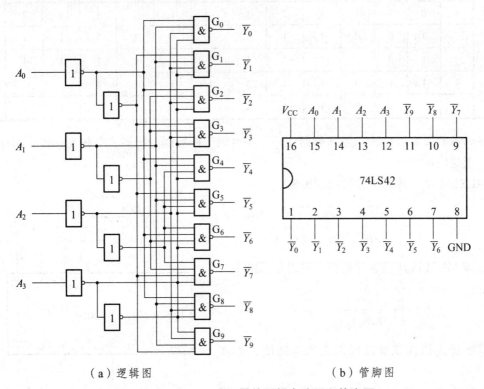

（a）逻辑图　　　　　　　　（b）管脚图

图 2.5.2　74LS42 译码器的逻辑电路图和管脚图

由逻辑电路图及功能表可知，74LS42 译码器没有选通端，它是拒绝伪码输入的。器件一旦遇到伪码输入，所有的输出均为"1"。当 $\overline{Y_8}$、$\overline{Y_9}$ 输出端闲置不用时，A_2、A_1、A_0 可作为地址输入端，A_3 则可作为选通端。此时，74LS42 即成一个 3-8 线通用译码器。

表 2.5.2　74LS42 功能表

序号	输入				输出									
	A_3	A_2	A_1	A_0	$\overline{Y_0}$	$\overline{Y_1}$	$\overline{Y_2}$	$\overline{Y_3}$	$\overline{Y_4}$	$\overline{Y_5}$	$\overline{Y_6}$	$\overline{Y_7}$	$\overline{Y_8}$	$\overline{Y_9}$
0	0	0	0	0	0	1	1	1	1	1	1	1	1	1
1	0	0	0	1	1	0	1	1	1	1	1	1	1	1
2	0	0	1	0	1	1	0	1	1	1	1	1	1	1
3	0	0	1	1	1	1	1	0	1	1	1	1	1	1
4	0	1	0	0	1	1	1	1	0	1	1	1	1	1
5	0	1	0	1	1	1	1	1	1	0	1	1	1	1
6	0	1	1	0	1	1	1	1	1	1	0	1	1	1
7	0	1	1	1	1	1	1	1	1	1	1	0	1	1
8	1	0	0	0	1	1	1	1	1	1	1	1	0	1
9	1	0	0	1	1	1	1	1	1	1	1	1	1	0
伪码	1	0	1	0	1	1	1	1	1	1	1	1	1	1
	1	0	1	1	1	1	1	1	1	1	1	1	1	1
	1	1	0	0	1	1	1	1	1	1	1	1	1	1
	1	1	0	1	1	1	1	1	1	1	1	1	1	1
	1	1	1	0	1	1	1	1	1	1	1	1	1	1
	1	1	1	1	1	1	1	1	1	1	1	1	1	1

译码器不仅可以作为一般译码器使用，还可以用作数据分配器、节拍发生器、程序分配器和实现逻辑函数。

74LS138 译码器实现逻辑函数实例：

$$F = \overline{A}\,\overline{B}\,\overline{C} + \overline{A}B\overline{C} + \overline{A}\,\overline{B}C + ABC$$
$$= \overline{\overline{A}\,\overline{B}\,\overline{C} \cdot \overline{A}B\overline{C} \cdot \overline{A}\,\overline{B}C \cdot \overline{ABC}}$$

已知 74LS138 译码器功能特点输出是低电平有效，故：

$$F = \overline{\overline{Y_0}\,\overline{Y_2}\,\overline{Y_4}\,\overline{Y_7}}$$

根据此表达式就可以画出逻辑电路图，如图 2.5.3 所示。

译码器作为数据分配器使用的原理是：当 $S_1 = 1$、$S_2 + S_3 = 0$ 时，译码器根据输入选择条件（不同的 $A_2A_1A_0$ 值）在相应的输出端（Y_i）有信号"0"

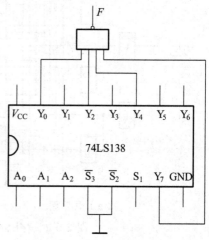

图 2.5.3　用 3-8 线译码器 74LS138 实现 F 逻辑函数

108

输出，即低电平有效。例如，当 $A_2A_1A_0 = 000$ 时，则 $Y_0 = 0$，其他输出端均为 "1"（无信号输出）。

另外，译码器作为分配器时，还可以将数据从 S_1 输入，$S_2 + S_3 = 0$，则 S_1 输入的数据由译码器经输入选择条件（不同的 $A_2A_1A_0$ 值）在相应的输出端（Y_i）传送出去，只是传送出去的是反码。例如，当 $S_1 = 1$、$S_2 + S_3 = 0$ 时，若 $A_2A_1A_0 = 001$，则 $Y_1 = 0$。同样，数据信号也可以由 $S_2 + S_3$ 输入，此时 $S_1 = 1$，则传送出去的是原码。

2. 显示译码器

显示器件的种类很多，显示驱动译码器也有各种不同的规格，7448 七段显示译码器是一种功能较全的七段字形显示译码器，它的逻辑电路图和管脚图如图 2.5.4 所示，功能表如表 2.5.3 所列。

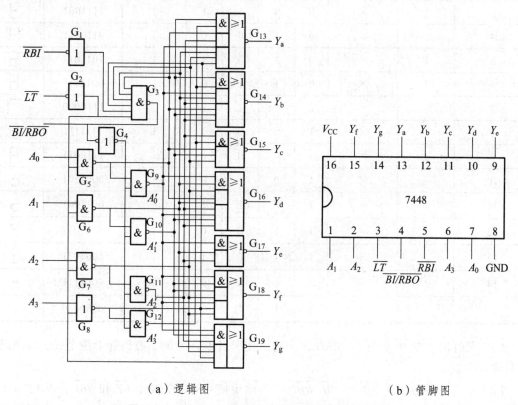

（a）逻辑图　　　　　　　　　（b）管脚图

图 2.5.4　7448 七段显示译码器逻辑图和管脚图

由 7448 的逻辑图及功能表可以看出，为了增强器件的功能，它设置了一些辅助控制端。下面简单介绍这些控制端的功能。

（1）试灯输入端 $\overline{LT}$：它是低电平有效，当 $\overline{LT} = 0$ 时，数码管的七段全亮，与输入的译码信号无关。

（2）动态灭零输入端 $\overline{RBI}$：当 $\overline{LT} = 1$、$\overline{RBI} = 0$、且译码输入全为 "0" 时，该位输出不显示，即 "0" 字被熄灭；当译码输入为非 "0" 时，则正常显示。本输入端用于消隐无效的 "0"，例如当数据为 "08" 时，消隐状态时则单独显示一个数字 "8"。

表 2.5.3 7448 功能表

| 功能 | 输入 | | | | | | 输出 | | 显示 |
数字	$\overline{LT}$	$\overline{RBI}$	A_3	A_2	A_1	A_0	$\overline{BI}/\overline{RBO}$	abcdefg	字形
灭灯	×	×	×	×	×	×	0（输入）	0000000	
试灯	0	×	×	×	×	×	1	1111111	8
动态灭零	1	0	0	0	0	0	0	0000000	
0	1	1	0	0	0	0	1	1111110	0
1	1	×	0	0	0	1	1	0110000	1
2	1	×	0	0	1	0	1	1101101	2
3	1	×	0	0	1	1	1	1111001	3
4	1	×	0	1	0	0	1	0110011	4
5	1	×	0	1	0	1	1	1011011	5
6	1	×	0	1	1	0	1	0011111	6
7	1	×	0	1	1	1	1	1110000	7
8	1	×	1	0	0	0	1	1111111	8
9	1	×	1	0	0	1	1	1110011	9
10	1	×	1	0	1	0	1	0001101	⊏
11	1	×	1	0	1	1	1	0011001	⊐
12	1	×	1	1	0	0	1	0100011	⊔
13	1	×	1	1	0	1	1	1001011	⊑
14	1	×	1	1	1	0	1	0001111	⊨
15	1	×	1	1	1	1	1	0000000	

（3）灭灯输入端 $\overline{BI}$：当 $\overline{BI}/\overline{RBO}$ 作为输入使用且 $\overline{BI}=0$ 时，数码管七段全灭，与译码器信号输入无关。

（4）动态灭零输出端 $\overline{RBO}$：$\overline{BI}/\overline{RBO}$ 作为输出使用时，受控于 $\overline{LT}$ 和 $\overline{RBI}$。当 $\overline{LT}=1$ 且 $\overline{RBI}=0$ 时，$\overline{RBO}=0$；其他情况则 $\overline{RBO}=1$。该端主要用于显示多位数字时，多个译码器之间的连接。

注：$\overline{BI}/\overline{RBO}$ 是一个特殊的端钮，有时用作输入，有时用作输出。

3. 字形显示器

LED 字形以七段显示器为多见，它是由条形发光二极管组成，如图 2.5.5 所示。LED 七段数码管分为共阴极和共阳极两种。使用共阴极数码管时，公共阴极需接地，a～g 由相应的输出为"1"的七段译码器输出驱动；使用共阳极数码管时，公共阳极接电源，a～g 由相应的输出为"0"的七段译码器输出驱动。

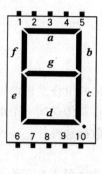
（a）字形图

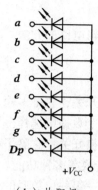
（b）共阳极

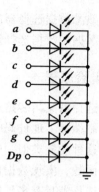
（c）共阴极

图 2.5.5　LED 七段数码管

2.5.3　实验设备及器件

实验箱，器件包括 74LS138、74LS42、74LS48、集成门电路（任选）。

2.5.4　实验内容与步骤

（1）验证 74LS138、74LS42、74LS48 的逻辑功能。
（2）完成用 3-8 线译码器构成 4-16 线译码器。
（3）用 74LS138 译码器及集成门电路实现一位全加器。

2.5.5　预习要求

（1）熟悉 74LS138、74LS42、74LS48 的功能特点及管脚排列。
（2）画出实验电路图，并用计算机仿真。
（3）自拟测试表格。

2.5.6　实验报告

（1）写出设计过程，画出实验电路逻辑图，分析实验结果。
（2）总结观察到的电路工作情况及其特点，归纳译码器电路扩展的一般方法。
（3）对在实验中出现的问题进行分析，并写出解决问题的方法。

2.5.7　思考题

（1）如何用 3-8 线译码器构成 4-16 线译码器？
（2）设计一个显示电路，用七段译码显示器显示 A、B、C、D、E、F、G 八个英文字母。
（提示：先用三位二进制数对这些字母进行编码，然后进行译码显示）

2.6　数据选择器及其应用

2.6.1　实验目的

（1）掌握数据选择器的功能特点及使用方法。

（2）熟悉数据选择器的使用技巧。

（3）掌握用数据选择器构成组合逻辑电路的方法。

2.6.2 实验原理

数据选择器又叫多路选择器或多路开关，它是多输入、单输出的组合逻辑电路。当在选择器的控制端加上地址码时，就能从多个数据中选择一个数据并将其传送到一个单独的信息通道上，这种功能类似一个单刀多掷转换开关。它除了可以进行数据选择外，还可以用来产生复杂的函数，实现数据传输与并-串转换等多种功能。

数据选择器具有多种形式，有传送一组一位数码的一位数据选择器，也有传送一组多位数码的多位数据选择器。它基本上是由三部分组成，即数据选择控制（或称地址输入）、数据输入和数据输出。数据选择器根据不同的需要有多种形式输出，有的以原码形式输出（如74LS153），有的以反码形式输出（如74LS151）。目前，数据选择器规格有十六选一、八选一、双四选一和四二选一等。数据选择器尽管逻辑功能不同，但是组成的原理大同小异，下面简介 TTL 中规模数据选择器 74LS153 和 74LS151 的功能特点。

图 2.6.1 所示为 74LS153 数据选择器的逻辑图及管脚图，表 2.6.1 为其功能表。

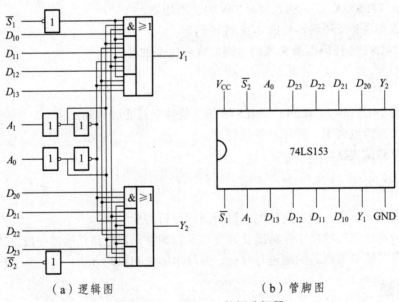

（a）逻辑图　　　　　　　　　　（b）管脚图

图 2.6.1　74LS153 数据选择器

表 2.6.1　74LS153 功能表

A_1	A_0	$\overline{S}$	Y
×	×	1	0
0	0	0	D_0
0	1	0	D_1
1	0	0	D_2
1	1	0	D_3

从图 2.6.1 可以看出，74LS153 包含两个完全相同的四选一电路，只是地址选择是共用一组信号，一片组件就可以实现四路二位二进制信息传送。

图中 $D_0 \sim D_3$ 为四路数据输入；Y 为数据输出端；A_1、A_0 为地址选择控制端；$\overline{S}$ 为输出选通控制端，其作用是控制选择器处于"工作"或"禁止"状态。利用选通控制端还可以进一步扩大电路的功能。当选通端 $\overline{S} = 0$ 时，选择器处于工作状态，其输出的内容就取决于地址码选择下的那一路数据输入状态；当 $\overline{S} = 1$ 时，选择器处于禁止状态，无论地址码怎么变换，Y 总是等于 0。

图 2.6.2 所示为 74LS151 的逻辑功能图及管脚图，表 2.6.2 为其功能表。

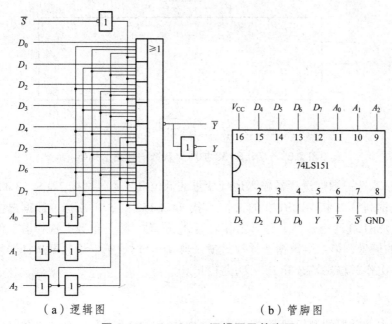

（a）逻辑图　　　　　　　　（b）管脚图

图 2.6.2　74LS151 逻辑图及管脚图

从图 2.6.2 可以看出，74LS151 是一个八选一数据选择器，它有三个地址输入端 A_2、A_1、A_0，一个输出选通控制端 $\overline{S}$，八个数据输入端 $D_0 \sim D_7$，两路的相反输出 Y 和 $\overline{Y}$。

表 2.6.2　74LS151 功能表

输　入				输　出	
A_2	A_1	A_0	S	Y	$\overline{Y}$
×	×	×	1	0	1
0	0	0	0	D_0	$\overline{D_0}$
0	0	1	0	D_1	$\overline{D_1}$
0	1	0	0	D_2	$\overline{D_2}$
0	1	1	0	D_3	$\overline{D_3}$
1	0	0	0	D_4	$\overline{D_4}$
1	0	1	0	D_5	$\overline{D_5}$
1	1	0	0	D_6	$\overline{D_6}$
1	1	1	0	D_7	$\overline{D_7}$

数据选择器用途十分广泛，下面举例加以说明。

1. 数据选择器的扩展

当现有的数据选择器不能满足使用要求时，可以将数据选择器互相连接，利用其使能端，以扩大数据组数与位数，增加数据选择器的规模。如图 2.6.3 所示为用双四选一数据选择器 74LS153 扩展为八选一数据选择的电路连接。

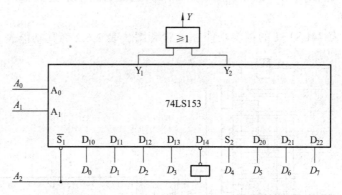

图 2.6.3　74LS153 扩展为八选一数据选择器

由图可知，八选一数据选择器输入地址变量的低位 A_0、A_1 分别接 74LS153 的地址 A_0、A_1；输入地址变量的高位 A_2 接 74LS153 的 $\overline{S}_1$，$\overline{A}_2$ 接 74LS153 的 $\overline{S}_2$。八选一数据选择器的输出 Y 为 74LS153 两组输出 Y_1 与 Y_2 之和。当 $A_2 = 0$ 时，第一组数据选择器工作，输出端选择 $D_0 \sim D_3$ 路的信息，第二组数据选择被封锁；当 $A_2 = 1$ 时，第一组数据选择器被封锁，第二组数据选择器工作，输出端选择 $D_4 \sim D_7$ 路信息。

2. 函数发生器

由前面数据选择器的逻辑图可以看出，数据选择器实质就是一个与或逻辑电路，其逻辑表达式为：

$$Y = \sum_{i=0}^{2^n-1} m_i D_i$$

式中的 m_i 是 n 个输入端构成的最小项，显然当 $D_i = 1$ 时，其对应的最小项 m_i 在与或表达式中出现；当 $D_i = 0$ 时，对应的最小项就不出现，因此电路的输出就可以看成是输入变量的最小项之和的形式，而任一逻辑电路都可以写成最小项之和的形式，所以可以得出这样一个结论：数据选择器可以用来实现某些逻辑函数，即可以方便地实现 $n+1$ 个输入变量的任何一种逻辑函数。

（1）用八选一数据选择器实现逻辑函数 $F = \overline{A}\overline{B}C + \overline{A}BC + A\overline{B}C + ABC$。

分析：函数 F 的输入变量有 3 个，即 A、B、C。八选一数据选择器地址变量有 3 个 A_2、A_1、A_0。令 A_2、A_1、A_0 分别表示 A、B、C 三个变量，数据输入 $D_0 \sim D_7$ 作为控制信号，控制各最小项在输出函数中是否出现，由此得出 F 的最小项之和表达式：

$$F = \overline{A}\overline{B}C + \overline{A}BC + A\overline{B}C + ABC$$
$$= \sum m(1,3,5,7)$$

即 $F = m_1D_1 + m_3D_3 + m_5D_5 + m_7D_7$

与数据选择器的逻辑表达式比较，便知 D_1、D_3、D_5、D_7 应该等于 1，D_0、D_2、D_4、D_6 应该等于 0。由此可画出用 74LS151 实现该逻辑函数的电路图，如图 2.6.4 所示。

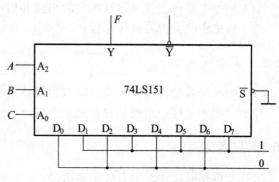

图 2.6.4　74LS151 实现逻辑函数

（2）用四选一数据选择器实现逻辑函数 $F = \overline{A}\overline{B}C + \overline{A}BC + A\overline{B}C + ABC$。

分析：① 用数据选择器的地址码 A_1、A_0 分别表示函数式 F 中的 A、B。

② 写出 F 的最小项之和表达式如下：

$$F = \overline{A}\overline{B}C + \overline{A}BC + A\overline{B}C + ABC$$
$$= m_0\overline{C} + m_1C + m_2C + m_3C$$

③ 写出数据选择器表达式如下：

$$Y = \sum_{i=0}^{3} m_iD_i$$

④ 令 $Y = F$，对两式进行比较可得：

$$D_0 = \overline{C},\ D_1 = C$$
$$D_2 = C,\ D_3 = C$$

⑤ 画出逻辑图，如图 2.6.5 所示。

除此以外，数据选择器还可以用于多通道的数据传送、进行数据比较、实现并行-串行数据的转换以及扩展其他电路等。

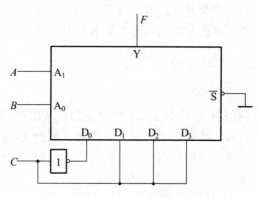

图 2.6.5　74LS153 实现逻辑函数

2.6.3　实验设备及器件

实验箱，器件包括 74LS151、74LS153、74LS00、74LS48、集成门电路（任选），计算机。

2.6.4　实验内容与步骤

（1）验证 74LS151、74LS153 的逻辑功能。

（2）用 74LS153 及与非门实现一位全加器。

（3）用 74LS153 双四选一数据选择器实现十六选一电路。

（4）用 2 片 74LS153 和一只数码管显示四组 8421BCD 码测试系统，即用一只数码管分别显示四位十进制数的个位、十位、百位、千位。

2.6.5　预习要求

（1）掌握 74LS151 和 74LS153 的工作原理及管脚排列。

（2）根据实验内容要求设计出实验电路并用计算机仿真。

（3）自拟实验方案及具体步骤。

2.6.6　实验报告

（1）画出完整的实验电路图，并叙述设计过程。

（2）对实验过程中出现的异常现象进行分析和讨论。

2.6.7　思考题

用数据选择器设计一个五变量表决器。

2.7　加法器及其应用

2.7.1　实验目的

（1）掌握异或门的广泛应用。

（2）掌握加法器的工作原理及其应用。

2.7.2　实验原理

1. 74LS86

74LS86 是一个二输入四异或门集成组件，在数字电路中应用十分广泛。它由四个独立异或门组成，共用一个电源、一个地，如图 2.7.1 所示。

异或门可用作原码、反码选择。如图 2.7.2 所示，当 $S = 0$ 时，B 的输出是 A 的原码；当 $S = 1$ 时，B 的输出是 A 的反码。

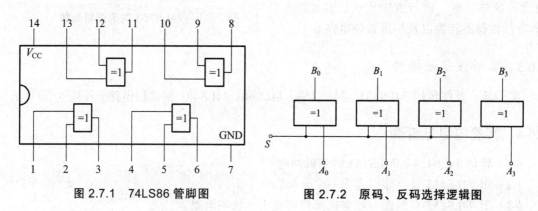

图 2.7.1　74LS86 管脚图　　　　图 2.7.2　原码、反码选择逻辑图

2. 全加器

两个多位二进制数相加时，除了最低位以外，每一位都应该考虑来自低位的进位。将两个对应位的加数和来自低位的进位 3 个数相加，这种运算称为全加。实现全加运算的电路称为全加器。即每个全加器有 3 个输入端：A_i（被加数）、B_i（加数）、C_{i-1}（低位向本位的进位），2 个输出端：S_i（和）和 C_i（向高位的进位）。

根据二进制加法规则就可以列出全加器真值表，见表 2.7.1。

表 2.7.1　全加器真值表

输　入			输　出	
C_{i-1}	A_i	B_i	S_i	C_i
0	0	0	0	0
0	0	1	1	0
0	1	0	1	0
0	1	1	0	1
1	0	0	1	0
1	0	1	0	1
1	1	0	0	1
1	1	1	1	1

根据真值表就可以列出逻辑表达式：

$$\begin{cases} S_i = \overline{A_i}\,\overline{B_i}C_{i-1} + \overline{A_i}B_i\overline{C_{i-1}} + A_i\overline{B_i}\,\overline{C_{i-1}} + A_iB_iC_{i-1} \\ C_i = A_iB_i + B_iC_{i-1} + A_iC_{i-1} \end{cases}$$

（以上逻辑表达式是采用合并 0 再求反的化简法得到的。）

74LS183 是使用与门和或非门来实现的一位并行相加双全加器，其特点是 S_i、C_i 可以同时产生，平均延迟时间较短。74LS183 的逻辑图、管脚图及逻辑符号如图 2.7.3 所示。

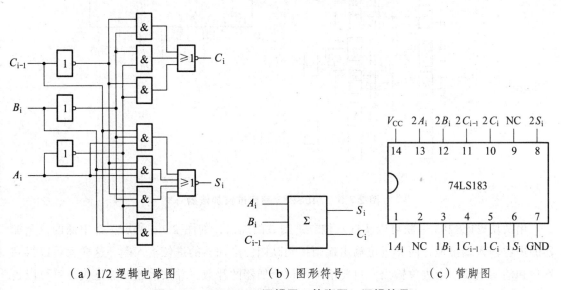

（a）1/2 逻辑电路图　　　　（b）图形符号　　　　（c）管脚图

图 2.7.3　74LS183 逻辑图、管脚图、逻辑符号

图 2.7.4 所示是一种采用并行相加逐位串行进位方式的全加电路。这种逻辑电路的优点是结构简单，缺点是运算速度低，最高位的加法运算一定要等到所有低位的加法运算完成之后才能进行。

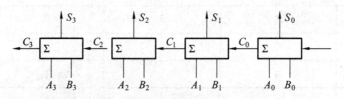

图 2.7.4　串行进位四位全加器

图 2.7.5 所示 74LS283 超前进位加法器能在并行相加的同时实现进位，从而提高了运算速度。利用这种四位加法器数字模块可以实现更多位的加法运算，也可以实现减法运算及十进制运算。

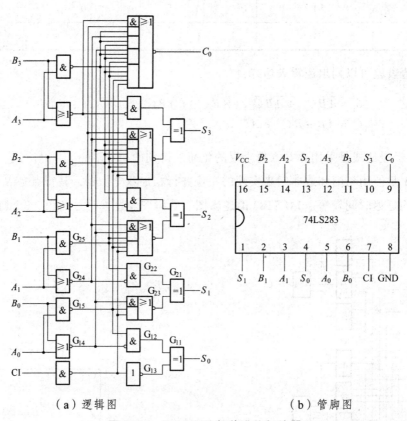

（a）逻辑图　　　　　　　　　（b）管脚图

图 2.7.5　74LS283 超前进位加法器

用两块 74LS283 串联可以实现八位二进制数的加法，如图 2.7.6 所示。其中低四位全加器的进位输入端接地，而其进位输出端则接到高四位全加器的进位输入端。这样就可以得到八位和的输出及一个进位输出。只要增加四位全加器的片数，并按上述方法连接，就可以进一步扩大相加数字的范围。

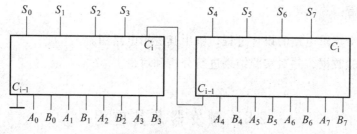

图 2.7.6 两片串行方式

两个数的相减,可以用被减数和减数的补码相加来获得。因此用四位全加器电路来完成减法运算,只需要加一块原码/反码转换电路即可。例如 12 – 9 = 3 这一算式,可以按下列方法进行:在补码系统中 + 12 应表示为 1100,– 9 应表示为反码加 1,即将 1001 求反后加 1,得到 0111,于是 12 – 9 = 3 的算式应写为右侧形式:

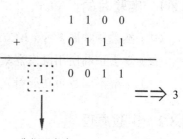

为了实现这一算式,将加数或减数加到原码/反原码转换电路中,当其控制端 $M = 0$ 时,输出为原码;当 $M = 1$ 时,输出为反码。

利用全加器模块,还可以实现十进制的加法,所不同的仅表现在组间的进位上。故在组间进位方式上加上一个校正网络,使原来的四位二进制数逢十六进一自动校正为逢十进一,这样问题就进一步简化为校正网络的设计问题。解决方法是:只要两个四位二进制数进行加法运算的结果(和数)大于 9(1001),就使其组间进位输出一个进位数。

2.7.3　实验设备及器件

实验箱,器件包括 74LS283、74LS86、集成门电路(任选),计算机。

2.7.4　实验内容与步骤

(1)用 74LS86 及与非门构成 1 位全加器。

(2)用 74LS283 及门电路设计四位加/减可控运算电路。

(3)应用 74LS283 作以下四位二进制数加法运算,记录实验结果,并把计算的结果以十进制数的方式用数码管表示出来。

0010 + 1001 = ?　　　　0001 + 0011 = ?

0110 + 1000 = ?　　　　0101 + 0010 = ?

2.7.5　预习要求

(1)掌握 74LS86、74LS283 的工作原理及管脚排列。

(2)根据实验内容的要求,设计最佳而且可行的逻辑电路,并用计算机仿真。

2.7.6 实验报告

（1）写出每个逻辑电路的设计过程，画出其逻辑电路图。

（2）记录实验数据，并对实验结果进行分析和讨论。

2.8 触发器及其应用

2.8.1 实验目的

（1）熟悉并掌握 R-S、J-K、D 触发器的构成、工作原理及功能测试方法。

（2）学会正确使用触发器集成芯片的方法。

（3）了解不同逻辑功能触发器相互转换的方法。

2.8.2 实验原理

触发器是一个具有记忆功能的二进制信息存贮器件，是构成各种时序电路的最基本逻辑单元。它具有两个稳定状态，用以表示逻辑状态"1"和"0"，在一定的外界信号作用下，触发器可以从一个稳定状态翻转到另一个稳定状态。

1. 基本 RS 触发器

图 2.8.1 所示为由与非门构成的基本 RS 触发器，它具有置"0"、置"1"和"保持"三种功能。$\bar{S}$ 为置"1"端，$\bar{R}$ 为置"0"端，当 $\bar{S} = \bar{R} = 1$ 时，触发器保持原有状态；当 $\bar{S} = \bar{R} = 0$ 时，触发器状态不定，因此应避免此种情况发生。表 2.8.1 为基本 RS 触发器的功能表。

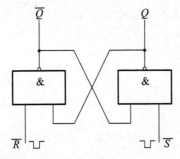

图 2.8.1　由与非门构成的基本 RS 触发器

表 2.8.1　基本 RS 触发器的功能表

输 入		输 出	
$\bar{S}$	$\bar{R}$	Q^{n+1}	$\bar{Q}^{n+1}$
0	1	1	0
1	0	0	1
1	1	Q^n	$\bar{Q}^n$
0	0	不定	不定

基本 RS 触发器也可以用两个"或非门"组成，此时为高电平触发有效。

2. JK 触发器

JK 触发器是功能完善、使用灵活、通用性较强的一种触发器。74LS112 双 JK 触发器，是下降沿触发的边沿触发器，其引脚功能及逻辑符号如图 2.8.2 所示，其功能表如表 2.8.2 所示。

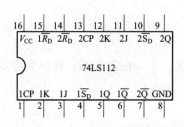 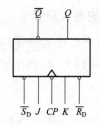

图 2.8.2　74LS112 双 JK 触发器引脚排列及逻辑符号

表 2.8.2　74LS112 的功能表

输　入					输　出	
$\overline{S}_D$	$\overline{R}_D$	CP	J	K	Q^{n+1}	$\overline{Q}^{n+1}$
0	1	×	×	×	1	0
1	0	×	×	×	0	1
0	0	×	×	×	不定	不定
1	1	↓	0	0	Q^n	$\overline{Q}^n$
1	1	↓	1	0	1	0
1	1	↓	0	1	0	1
1	1	↓	1	1	$\overline{Q}^n$	Q^n
1	1	↑	×	×	Q^n	$\overline{Q}^n$

注：×—任意态；↓—高到低电平跳变；↑—低到高电平跳变；$Q^n(\overline{Q}^n)$—现态；$Q^{n+1}(\overline{Q}^{n+1})$—次态。

3. D 触发器

在输入信号为单端的情况下，D 触发器用起来最为方便。D 触发器可用作数字信号的寄存、移位寄存、分频等。D 触发器的型号很多，本实验采用 74LS74，其管脚图及逻辑符号如图 2.8.3 所示，功能表如表 2.8.3 所示。74LS74 是双 D 型正边沿维持-阻塞型触发器，$\overline{S}_D$、$\overline{R}_D$ 为异步置"1"端、置"0"端（或称异步置位、复位端）；CP 为时钟脉冲端。

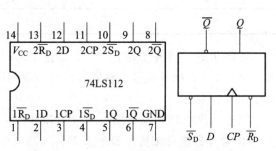

图 2.8.3　74LS74 引脚排列及逻辑符号

表 2.8.3　74LS74 的功能表

输　入				输　出	
$\overline{S}_D$	$\overline{R}_D$	CP	D	Q^{n+1}	$\overline{Q}^{n+1}$
0	1	×	×	1	0
1	0	×	×	0	1
0	0	×	×	不定	不定
1	1	↑	1	1	0
1	1	↑	0	0	1
1	1	↓	×	Q^n	$\overline{Q}^n$

4. 触发器之间的相互转换

每种触发器都有自己固定的逻辑功能，但可以利用转换的方法使其获得其他触发器的功能。例如将 JK 触发器的 J、K 两端连在一起，并认它为 T 端，就得到所需的 T 触发器，如图 2.8.4（a）所示。

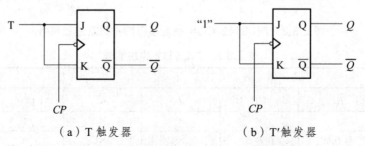

（a）T 触发器　　　　　　（b）T′触发器

图 2.8.4　JK 触发器转换为 T、T′触发器

T 触发器的功能如表 2.8.4 所示。

表 2.8.4　T 触发器的功能表

输　入				输　出
$\overline{S}_D$	$\overline{R}_D$	CP	D	Q^{n+1}
0	1	×	×	1
1	0	×	×	0
1	1	↓	0	Q^n
1	1	↓	1	$\overline{Q}^n$

若将 T 触发器的 T 端置 "1"，如图 2.8.4（b）所示，即得 T′触发器。在 T′触发器的 CP 端每来一个 CP 脉冲信号，触发器的状态就翻转一次，故称之为反转触发器。T′触发器广泛用于计数电路中。

同样，若将 D 触发器的 $\overline{Q}$ 端与 D 端相连，便转换成 T′触发器，如图 2.8.5 所示。

JK 触发器也可转换为 D 触发器，如图 2.8.6 所示。

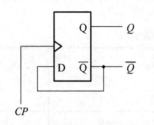

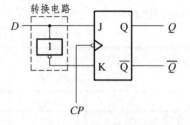

图 2.8.5　D 触发器转成 T′触发器　　　　　**图 2.8.6　JK 触发器转成 D 触发器**

2.8.3　实验设备及器件

实验箱，双踪示波器，器件包括 74LS00、74LS74、74LS112。

122

2.8.4 实验内容与步骤

1. 基本 R-S 触发器功能测试

按图 2.8.7 连线。

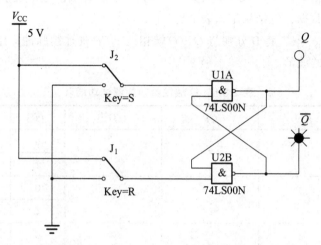

图 2.8.7　基本 RS 触发器功能测试电路

（1）试按下面的顺序在 $\overline{S_D}$ 、 $\overline{R_D}$ 端加信号，观察并记录触发器 Q 端及 $\overline{Q}$ 端的状态，将结果记入表 2.8.5 中，并说明在下述各种输入状态下触发器执行的功能：① $\overline{S_D}=0$ ， $\overline{R_D}=1$ ；② $\overline{S_D}=1$ ， $\overline{R_D}=1$ ；③ $\overline{S_D}=1$ ， $\overline{R_D}=0$ ；④ $\overline{S_D}=1$ ， $\overline{R_D}=1$ 。

表 2.8.5　基本 RS 触发器功能测试数据表

$\overline{S_D}$	$\overline{R_D}$	Q	$\overline{Q}$	逻辑功能
0	1			
1	1			
1	0			
1	1			

（2） $\overline{S_D}$ 接低电平， $\overline{R_D}$ 端加脉冲。观察并记录 Q 、 $\overline{Q}$ 端的状态。

（3） $\overline{S_D}$ 接高电平， $\overline{R_D}$ 端加脉冲。观察并记录 Q 、 $\overline{Q}$ 端的状态。

（4）令 $\overline{R_D}=\overline{S_D}$ ， $\overline{S_D}$ 端加脉冲。观察并记录 Q 、 $\overline{Q}$ 端的状态。

分析比较（2）、（3）、（4）三种情况，你能否从中总结出基本 RS 触发器的 Q 、 $\overline{Q}$ 端的状态改变与输入端 $\overline{S_D}$ ， $\overline{R_D}$ 的关系？

（5）当 $\overline{S_D}$ 、 $\overline{R_D}$ 都接低电平时，观察 Q 、 $\overline{Q}$ 端的状态。当 $\overline{S_D}$ 、 $\overline{R_D}$ 同时由低电平跳为高电平时，注意观察 Q 、 $\overline{Q}$ 端的状态。重复（5）看 Q 、 $\overline{Q}$ 端的状态是否相同，以正确理解"不定"状态的含义。

2. D 触发器功能测试

试按下面步骤做实验：

（1）分别在 $\overline{S_{\mathrm{D}}}$、$\overline{R_{\mathrm{D}}}$ 端加低电平，观察并记录 Q、$\overline{Q}$ 端的状态。

（2）令 $\overline{S_{\mathrm{D}}}$、$\overline{R_{\mathrm{D}}}$ 端为高电平，D 端分别接高，低电平，用手动脉冲作为 CP，观察并记录当 CP 为上升沿时 Q 端状态的变化。

（3）当 $\overline{S_{\mathrm{D}}} = \overline{R_{\mathrm{D}}} = 1$、$CP = 0$（或 $CP = 1$）时，改变 D 端信号，观察 Q 端的状态是否变化？整理上述实验数据，将结果记入表 2.8.6 中。

（4）令 $\overline{S_{\mathrm{D}}} = \overline{R_{\mathrm{D}}} = 1$，将 D 分别与 Q、$\overline{Q}$ 端相连，CP 加连续脉冲，用双踪示波器观察并记录 Q 相对于 CP 的波形。

表 2.8.6　D 触发器功能测试功能表

$\overline{S_{\mathrm{D}}}$	$\overline{R_{\mathrm{D}}}$	CP	D	Q^n	Q^{n+1}	$\overline{Q^{n+1}}$
0	0	×	×	0		
				1		
1	0	×	×	0		
				1		
0	1	×	×	0		
				1		
1	1	↑	0	0		
				1		
1	1	↑	1	0		
				1		
1	1	0（1）	×	0		
				1		

3. 负边沿 JK 触发器功能测试

自拟实验步骤，测试负边沿 JK 触发器功能，并将结果填入表 2.8.7 中。令 $J = K = 1$，CP 端加连续脉冲，用双踪示波器观察 $Q - CP$ 波形；将此波形和 D 触发器的 D 和 Q、$\overline{Q}$ 端相连时观察到的 Q 端的波形相比较，有何异同点？

表 2.8.7　负边沿 JK 触发器功能测试数据表

$\overline{S_{\mathrm{D}}}$	$\overline{R_{\mathrm{D}}}$	CP	J	K	Q^n	Q^{n+1}
0	1	×	×	×	×	
1	0	×	×	×	×	
1	1	↓	0	×	0	
1	1	↓	1	×	0	
1	1	↓	×	0	1	
1	1	↓	×	1	1	

4. 触发器功能转换

（1）将 D 触发器和 JK 触发器转换成 T 触发器，列出表达式，画出实验电路图。

（2）接入连续脉冲，观察各触发器 CP 及 Q 端波形。比较两者关系。

（3）自拟实验数据表并填写实验数据。

2.8.5 预习要求

画出实验电路图；自拟实验数据表。

2.8.6 实验报告

（1）整理实验数据和图表并对实验结果进行分析讨论。

（2）写出实验内容 3、4 的实验步骤及表达式。

（3）画出实验内容 4 的电路图及相应表格。

（4）总结各类触发器的特点。

2.8.7 思考题

（1）JK 触发器和 D 触发器在实现正常逻辑功能时，$\overline{S_\mathrm{D}}$、$\overline{R_\mathrm{D}}$ 端应处于什么状态？

（2）触发器的时钟脉冲输入为什么不能用逻辑开关做脉冲源，而要用单次脉冲源或连续脉冲源？

2.9　计数器及其应用

2.9.1 实验目的

（1）学习用集成触发器构成计数器的方法。

（2）掌握中规模集成计数器的使用及功能测试方法。

（3）运用集成计数构成 1/N 分频器。

2.9.2 实验原理

计数器是一个用以实现计数功能的时序逻辑器件，它不仅可用来计脉冲数，还常用做数字系统的定时、分频和执行数字运算以及其他特定的逻辑功能。

计数器种类很多。按构成计数器中的各触发器是否使用一个时钟脉冲源来分，有同步计数器和异步计数器；按计数制的不同，分为二进制计数器、十进制计数器和任意进制计数器；按计数的增减趋势，分为加法计数器、减法计数器和可逆计数器；另外还有由寄存器构成的计数器等。

1. 用触发器构成计数器

1）用 JK 触发器构成异步二进制计数器

图 2.9.1 所示是用四只 JK 触发器构成的四位二进制异步加法计数器，它的连接特点是将每只 JK 触发器接成 T'触发器，再将低位触发器的 Q 端和高一位的 CP 端相连接。

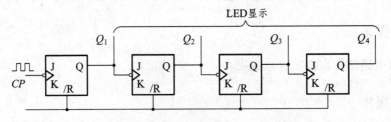

图 2.9.1　四位二进制异步加法计数器

若将图 2.9.1 稍加改动，把低位触发器的 $\overline{Q}$ 端与高一位的 CP 端相连接，便构成了一个 4 位二进制减法计数器。

2）异步二—十进制计数器

图 2.9.2 所示是用四只 JK 触发器构成的异步二—十进制加法计数器。

对图 2.9.2 稍加改动，便可构成一个异步二—十进制减法计数器，请读者自行完成。

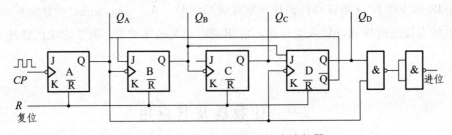

图 2.9.2　异步二—十进制加法计数器

2. 移位寄存器型计数器

图 2.9.3 为环形寄存器构成的计数器，可见只要将移位寄存器的首尾相接，在连续不断的输入时钟信号的作用下，寄存器里的数据就将循环右移，从而完成计数功能。

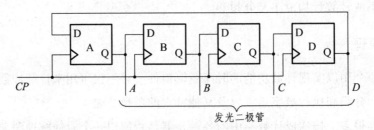

图 2.9.3　环形计数器

在许多场合下需要计数器能自启动，通过在输出与输入之间接入适当的反馈逻辑电路，可以将不能自启动的电路变成能够自启动的电路，如图 2.9.4 所示为能自启动的 4 位环形计数器。

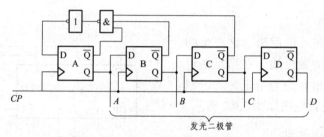

图 2.9.4　能自启动的环形计数器

3. 集成计数器

74LS160/74LS161 为带直接清零端的同步可预置数的集成计数器，其中 74LS160 为同步十进制计数器，74LS161 为同步十六进制计数器。74LS160/161 的逻辑符号如图 2.9.5 所示，其逻辑功能见表 2.9.1。图中：$\overline{LD}$ 为置数端，$\overline{CR}$ 为清零端，S_1、S_2 为工作方式端，Q_{CC} 为进位信号，D、C、B、A 为数据输入端，Q_D、Q_C、Q_B、Q_A 为输出端。

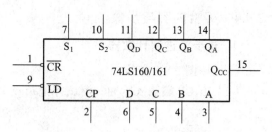

图 2.9.5　74LS160/161 逻辑符号

表 2.9.1　74LS160/161 的功能表

$\overline{CR}$	$\overline{LD}$	S_1	S_2	CP	A B C D	Q_A	Q_B	Q_C	Q_D
0	×	×	×	×	× × × ×	0	0	0	0
1	0	×	×	↑	A B C D	A	B	C	D
1	1	0	×	×	× × × ×	保持			
1	1	×	0	×	× × × ×	保持			
1	1	1	1	↑	× × × ×	计数			

从表 2.9.1 可知，74LS160/74LS161 在 $\overline{CR}$ 为低电平时实现异步复位（清零 $\overline{CR}$）功能，即复位不需要时钟信号。在复位端 $\overline{CR}$ 为高电平条件下，预置端 $\overline{LD}$ 为低电平时实现同步预置功能，即需要有效时钟信号才能使输出状态 $Q_A Q_B Q_C Q_D$ 等于并行输入预置数 ABCD。在复位和预置端都为无效电平、两计数使能端 S_1、S_2 全为 1 时，集成计数器实现加法计数功能；两计数使能端 $S_1 \cdot S_2 = 0$ 时，集成计数器实现状态保持功能。

74LS160/74LS161 除了能完成上述功能外，还可以构成任意进制的计数器，构成方法有两种，即反馈清零法和反馈置数法。

1）反馈清零法

反馈清零法是利用反馈电路产生一个给集成计数器的复位信号，使计数器各输出端为零（清零）。反馈电路一般是组合逻辑电路，计数器输出的部分或全部作为其输入，在计数器一定的输出状态下即时产生复位信号，使计数电路同步或异步地复位。反馈清零法的逻辑框图如图 2.9.6 所示。

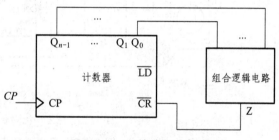

图 2.9.6　反馈清零法框图

2）反馈置数法

反馈置数法是将反馈逻辑电路产生的信号送到计数电路的置位端，在满足条件时，计数电路的输出状态为给定的二进制码。反馈置数法的逻辑框图如图 2.9.7 所示。

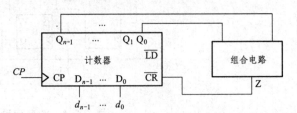

图 2.9.7　反馈置数法框图

2.9.3　实验设备及器件

实验箱，计算机，示波器，器件包括 74LS74、74LS112、74LS160、74LS161、74LS00、74LS20。

2.9.4　实验内容与步骤

1. 异步二进制计数器

（1）按图 2.9.8 接线。

（2）由 CP 端输入脉冲，测试并记录 $Q_1 \sim Q_4$ 端的状态及波形。

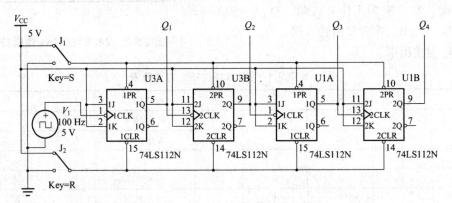

图 2.9.8　异步二进制计数器电路图

2. 异步二—十进制计数器

（1）按图 2.9.9 接线。

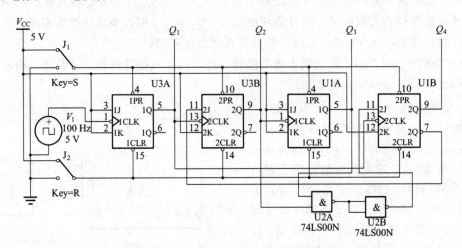

图 2.9.9　异步二—十进制计数器电路图

128

（2）在 CP 端接连续脉冲，观察并记录 CP、Q_1、Q_2、Q_3 及 Q_4 的状态和波形。

3. 移位寄存型计数器

（1）按图 2.9.10 接线，将 Q_1、Q_2、Q_3、Q_4 置为 1000，用单脉冲计数，记录各触发器状态。

改为连续脉冲计数，并将其中一个状态为"0"的触发器置为"1"（模拟干扰信号作用的结果），观察计数器能否正常工作。分析原因。

（2）按图 2.9.11 接线，重复上述实验，对比实验结果，总结关于自启动的体会。

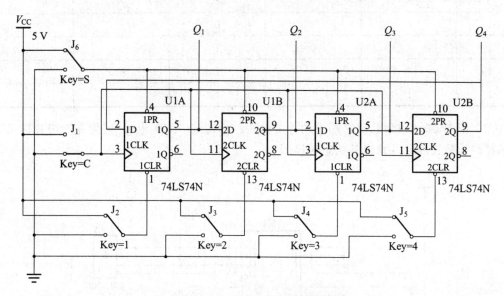

图 2.9.10　移位寄存型计数器电路图

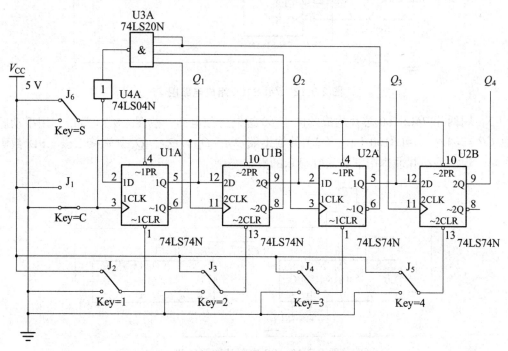

图 2.9.11　改进后移位寄存型计数器电路图

4. 集成计数器

（1）计数器芯片 74LS160/161 功能测试。完成芯片的接线，测试 74LS160 或 74LS161 芯片的功能，将结果填入表 2.9.2 中。

表 2.9.2　74LS160 或 74LS161 芯片的功能表

$\overline{CR}$	S_1	S_2	$\overline{LD}$	CP	芯片功能
0	×	×	×	×	
1	×	×	0	↑	
1	1	0	1	×	
1	0	1	1	×	
1	1	1	1	↑	

（2）按图 2.9.12 接线，CP 用手动脉冲输入，Q_D、D_C、Q_B、Q_A 接发光二极管显示。测出芯片的计数长度，并画出其状态转换图。

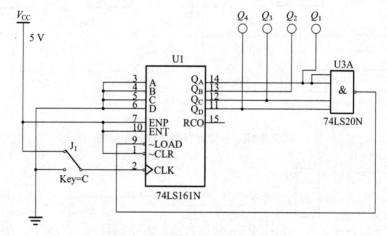

图 2.9.12　74LS161 组成电路图

（3）用两片 74LS160 芯片构成的同步 60 进制计数电路。按图 2.9.13 接线。用手动脉冲作为 CP 的输入，74LS160（1）、（2）的输出端 Q_D、D_C、Q_B、Q_A 分别接七段 LED 数码管输入端。观察手动脉冲作用下数码管显示的数字变化。

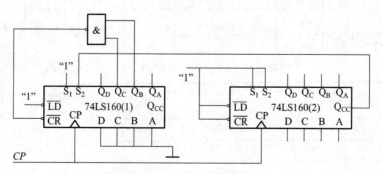

图 2.9.13　60 进制计数器电路

2.9.5 预习要求

（1）复习中规模计数器的功能及使用方法。

（2）根据实验内容的要求，设计实验表格，并用计算机仿真。

2.9.6 实验报告

（1）画出实验内容要求的波形及记录表格。

（2）整理实验数据，画出实验电路图和相关状态转换图。

（3）对实验中出现的问题进行讨论。

2.9.7 思考题

（1）如何构成异步减法计数器？

（2）用中规模计数器构成 N 进制计数器的方法有几种？

（3）除图 2.9.13 所示的 60 进制计数电路外，请用两个 74LS160 自行设计一个 60 进制的计数电路，并用仿真和实验验证之。

（4）若改用 74LS161 芯片实现 60 进制计数电路，则芯片又怎样连接？画出电路图，并用仿真和实验验证其功能。

（5）请用异步清零法和同步置零法实现 29 进制，比较电路的差异。

2.10 MSI 移位寄存器及其应用

2.10.1 实验目的

（1）掌握 MSI 移位寄存器的功能特性。

（2）能熟练阅读 MSI 移位寄存器的功能表。

（3）会用 MSI 移位寄存器实现各种逻辑电路。

2.10.2 实验原理

具有移位功能的寄存器称为移位寄存器。移位寄存器按移位功能来分，可分为单向移位寄存器和双向移位寄存器两种；按输入与输出信息的方式来分，有并行输入并行输出，并行输入串行输出、串行输入并行输出、串行输入串行输出及多功能方式五种。

使用 MSI 移位寄存器时，可根据任务要求，从器件手册或相关资料中选出合适器件，查出该器件功能表，掌握其器件功能特点，以便正确地使用。下面以四位双向移位寄存器 74194 为例介绍移位寄存器的功能及应用。

1. 74194 功能介绍

74194 的逻辑图和管脚图如图 2.10.1 所示，功能表如表 2.10.1 所示。

由逻辑图可以看出，该移位寄存器由四个触发器和与或非门及反相器组成。与或非门构成 3 选 1 的数据选择器，对左位串入数据、右位串入数据以及并入数据进行选择。状态控制端 S_0、S_1 分别通过两个反相门，再通过或非门对数据选择器进行通道选择。

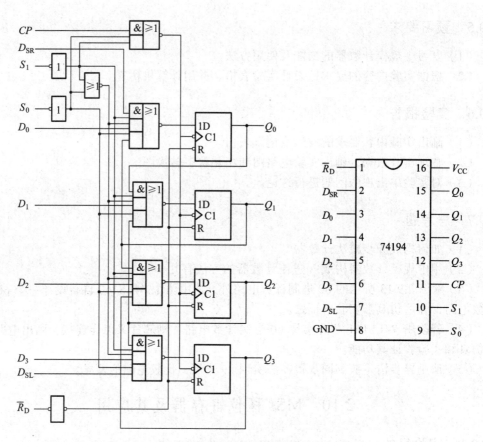

图 2.10.1　74194 四位双向移位寄存器逻辑图与管脚图

表 2.10.1　74194 功能表

清零 $\overline{R_D}$	输　入									输　出				功能
	控制信号		串行输入		时钟	并行输入				Q_0	Q_1	Q_2	Q_3	
	S_1	S_0	D_{SR}	D_{SL}	CP	D_0	D_1	D_2	D_3					
0	×	×	×	×	×	×	×	×	×	0	0	0	0	清零
1	×	×	×	×	1	×	×	×	×	Q_0^n	Q_1^n	Q_2^n	Q_3^n	保持
1	1	1	×	×	↑	D_0	D_1	D_2	D_3	D_0	D_1	D_2	D_3	置数
1	0	1	1	×	↑	×	×	×	×	1	Q_1^n	Q_2^n	Q_3^n	右移
1	0	1	0	×	↑	×	×	×	×	0	Q_1^n	Q_2^n	Q_3^n	右移
1	1	0	×	1	↑	×	×	×	×	Q_1^n	Q_2^n	Q_3^n	1	左移
1	1	0	×	0	↑	×	×	×	×	Q_1^n	Q_2^n	Q_3^n	0	左移
1	0	0	×	×	×	×	×	×	×	Q_0^n	Q_1^n	Q_2^n	Q_3^n	保持

由功能表可知，该移位器具有左移、右移、并行输入数据、保持及清零等五种功能。

当 $R_D = 0$ 时，无论其他输入信号为何状态，$Q_0 \sim Q_3$ 均为"0"，即在清零端加上有效"0"电平时，寄存器完成清零功能。

当 $R_\mathrm{D}=1$、$CP=1$（无时钟脉冲输入）时，寄存器保持原状态不变。

当 $R_\mathrm{D}=1$、$S_0=S_1=1$ 时，在时钟脉冲上升沿作用下，寄存器完成并行存入数据功能。

当 $R_\mathrm{D}=1$、$S_0=0$、$S_1=1$ 时，在时钟脉冲上升沿作用下，寄存器完成由高位向低位移位（左移）的功能，同时，D_SL 的数据移送入 Q_3。

当 $R_\mathrm{D}=1$、$S_0=1$、$S_1=0$ 时，在时钟脉冲上升沿作用下，寄存器完成由低位向高位移位（右移）的功能，同时，D_SR 的数据送入 Q_0。

当 $R_\mathrm{D}=1$、$S_0=S_1=0$ 时，由于时钟脉冲被封锁，CP 脉冲不能进入触发器，寄存器处于保持状态。

由此可见，74194 是一个功能很强的通用寄存器。灵活地使用它的功能端，不仅能完成左、右移位和送数的功能，还可以完成上述的功能。

2. 四位双向移位寄存器 74194 应用举例

1）移位寄存器的级联

为了增加移位寄存器的倍数，可在 CP 移位脉冲的驱动能力范围内，将多块移位寄存器级联扩展，以满足字长的要求。图 2.10.2 所示为四块移位寄存器 74194 的级联连接图。其功能与单个移位寄存器的功能类似。

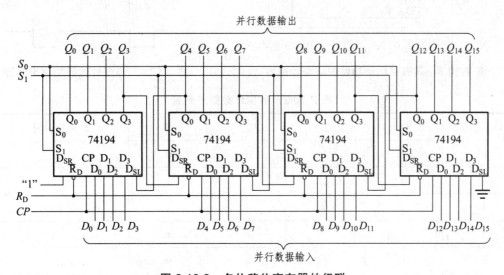

图 2.10.2　多位移位寄存器的级联

当 $S_0S_1=11$ 时，在 CP 脉冲正边沿作用下，$D_0 \sim D_{15}$ 的数据被送到 $Q_0 \sim Q_{15}$ 输出端，移位寄存器完成置数功能。

当 $S_0S_1=01$ 时，移位寄存器完成左移操作功能。当第 16 个 CP 脉冲到来时，$Q_{15} \sim Q_0$ 全部变为 "0"。

当 $S_0S_1=10$ 时，移位寄存器完成右移操作功能。当第 16 个 CP 脉冲到来时，$Q_0 \sim Q_{15}$ 全部变为 "1"。

当 $S_0S_1=00$ 时，移位寄存器处于保持状态。

2）用移位寄存器构成环型计数器

环型计数器实际上就是一个自循环的移位寄存器。根据初态设置的不同，这种电路的有效循环常常是循环移位一个"1"或一个"0"。

图 2.10.3 所示是由四位移位寄存器 74194 构成的能自启动的环型计数器的电路图。当启动信号输入一级电平脉冲时，使 G_2 输出为 1，从而 $S_1 = S_0 = 1$，寄存器执行并行输出功能，$Q_0Q_1Q_2Q_3 = D_0D_1D_2D_3 = 1110$。启动信号撤除后，由于计数器输出端 $Q_3 = 0$，与非门使 G_1 的输出为 1，G_2 输出为 0，$S_1S_0 = 01$，电路开始执行移位操作。在移位中，与非门 G_1 的输入端总有一个为 0，因此总能保持 G_1 的输出为 1、G_2 的输出为 0，维持 $S_1S_0 = 01$，使移位不断进行下去，其移位情况如表 2.10.2 所示，波形图如图 2.10.4 示。

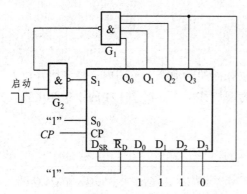

图 2.10.3　具有自启动功能的环型计数器

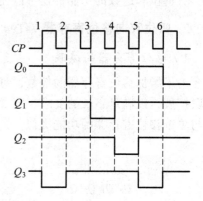

图 2.10.4　环型计数器的输出波形

表 2.10.2　环型计数器序列表

$D_{SR}(Q_3)$	Q_0	Q_1	Q_2	Q_3	移动脉冲序号
0	1	1	1	0	1
1	0	1	1	1	2
1	1	0	1	1	3
1	1	1	0	1	4
0	1	1	1	0	5
1	0	1	1	1	6

由表 2.10.2 可见，该环型计数器有效状态数为 4 个，因此触发器利用率低（即使用 n 个触发器仅有 n 个有效状态），但这种计数器中仅有 1 个 "0" 在其中循环，所以在使用时可省略译码器，而且输出无毛刺。由输出波形图可知，寄存器按照固定的时序输出低电平脉冲，因此这种电路又称为环型脉冲分配器。

3）四位并行累加器

用 74194 和 74283 构成四位并行累加器的电路如图 2.10.5 所示。

134

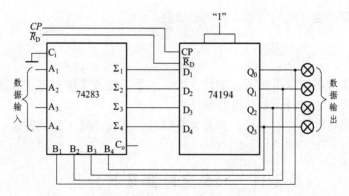

图 2.10.5 四位并行累加器

当 $\overline{R}_D = 0$ 时,移位寄存器 74194 被清零,即 $Q_0 = Q_1 = Q_2 = Q_3 = 0$。

当 $\overline{R}_D = 1$,$C_i = 0$,数据输入端 $A_1 = 1$,$A_2 = A_3 = A_4 = 0$ 时,来一个 CP 脉冲,数据输出即为 0001,那么 74283 的 B_1 端就立即变为 1;如果数据输入端保持原状态,来第二个 CP 脉冲时,数据输出为 0010;来十五个 CP 脉冲时,数据输出为 1111。由此可见,N 个数累加,就需要 N 个单次脉冲。

2.10.3 实验设备及器件

实验箱,计算机,器件包括 74194、74283、集成门。

2.10.4 实验内容与步骤

(1)验证 74194 的逻辑功能。

(2)用 74194 构成 16 位双向移为寄存器。

(3)用 74194 及集成门构成扭环型计数器,其有效状态转换图如图 2.10.6 所示,要求计数器能自启动。

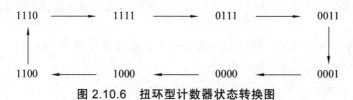

图 2.10.6 扭环型计数器状态转换图

(4*)设计一个可用两位数码管显示到 99 的四位并行累加器电路。

2.10.5 预习要求

(1)掌握 74194 的工作原理及管脚作用。

(2)按照实验内容要求,设计出逻辑电路,画出逻辑电路图并仿真。

2.10.6 实验报告

(1)用文字说明逻辑电路的设计过程。

（2）对在实验中遇到的问题加以分析和研究。

2.10.7 思考题

（1）使寄存器清零，除采用清零端输入低电平外，能否采用右移或左移的方法？能否使用并行送数法？若方法可行，如何进行操作？

（2）设计一彩灯循环控制电路，共有 8 只彩灯，使其 7 暗 1 亮，且这一亮灯循环右移。

2.11 555 定时器及其应用

2.11.1 实验目的

（1）熟悉 555 型集成时基电路的结构、工作原理及特点.

（2）掌握 555 型集成时基电路的基本应用。

2.11.2 实验原理

1. 555 定时器原理介绍

555 型集成时基电路又称为集成定时器，是一种数字、模拟混合型的中规模集成电路，应用十分广泛；由于其内部参考电压电路使用了三个 5 kΩ 电阻，故取名 555 电路。它可作为仪器、仪表、自动化装置、各种民用电器定时器、时间延迟器等电子控制电路的时间功能电路，也可用来构成自激多谐振荡器、施密特触发器、脉冲调制电路、脉冲相位调谐电路、脉冲丢失指示器、报警器以及单稳态触发器、双稳态触发器等。

555 电路的内部电路方框图如图 2.11.1 所示，图 2.11.2 是它的管脚排列图，它含有两个电压比较器，一个基本 RS 触发器，一个放电开关管 T_D。比较器的参考电压由三只 5 kΩ 的电阻器构成的分压器提供，它们分别使高电平比较器 C_1 的同相输入端和低电平比较器 C_2 的反相输入端的参考电平为 $\frac{2}{3}V_{CC}$ 和 $\frac{1}{3}V_{CC}$。C_1 与 C_2 的输出端控制 RS 触发器状态和放电管开关状态。当输入信号自 6 脚输入，即高电平触发输入并超过参考电平 $\frac{2}{3}V_{CC}$ 时，触发器复位，555

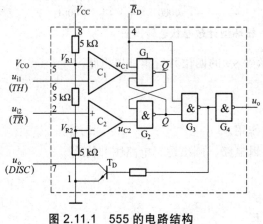

图 2.11.1 555 的电路结构　　　　图 2.11.2 555 管脚排列图

的输出端 3 脚输出低电平，同时放电开关管导通；当输入信号自 2 脚输入并低于 $\frac{1}{3}V_{CC}$ 时，触发器置位，555 的 3 脚输出高电平，同时放电开关管截止。$\overline{R}_D$ 是复位端（4 脚），当 $\overline{R}_D = 0$ 时，555 输出低电平。平时 $\overline{R}_D$ 端开路或接 V_{CC}。

V_{CO} 是控制电压端（5 脚），平时以 $\frac{2}{3}V_{CC}$ 作为比较器 C_1 的参考电平。当 5 脚外接一个输入电压时，即可改变比较器的参考电平，从而实现对输出的另一种控制；在不接外加电压时，通常接一个 $0.01\ \mu F$ 的电容器到地，起滤波作用，以消除外来的干扰，确保参考电平的稳定。

T_D 为放电管，当 T_D 导通时，将给接于 7 脚的电容器提供低阻放电通路。

555 定时器的功能如表 2.11.1 所示。

表 2.11.1　555 定时器的功能

输　　入			输　　出		备　　注
$\overline{R}_D$	U_{i1}	U_{i2}	U_0	T_D 状态	
0	×	×	0	导通	当控制电压输入端 V_{CO} 外接电压时，表中 $\frac{2}{3}V_{CC}$ 应该用 V_{CO} 代替，$\frac{1}{3}V_{CC}$ 应该用 $\frac{1}{2}V_{CO}$ 代替
1	$>\frac{2}{3}V_{CC}$	$>\frac{1}{3}V_{CC}$	0	导通	
1	$<\frac{2}{3}V_{CC}$	$>\frac{1}{3}V_{CC}$	不变	不变	
1	$>\frac{2}{3}V_{CC}$	$<\frac{1}{3}V_{CC}$	1	截止	
1	$<\frac{2}{3}V_{CC}$	$<\frac{1}{3}V_{CC}$	1	截止	

2. 555 定时器的典型应用

1）用 555 定时器组成施密特触发器

将 555 定时器的 u_{i1} 和 u_{i2} 两个输入端连在一起作为信号输入端，如图 2.11.3 所示，即可得到施密特触发器。

由于比较器 C_1 和 C_2 的参考电压不同，因而基本 RS 触发器的置"0"信号($u_{C1} = 0$)和置"1"信号($u_{C2} = 0$)必然发生在输入信号的不同电平。因此，输出电压 u_o 由高电平变为低电平和由低电平变为高电平所对应的 u_i 值也不同，这样就形成了施密特触发器，其电压传输特性如图 2.11.4 所示。

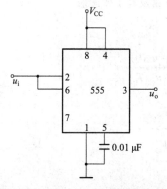

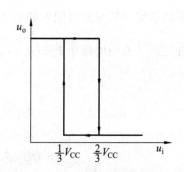

图 2.11.3　用 555 构成施密特触发器　　　图 2.11.4　施密特触发器的电压传输特性

根据 555 定时器的结构和功能可知：

当输入电压 $u_i = 0$ 时，$u_o =$ "1"；当 u_i 升高到 $\frac{2}{3}V_{CC}$ 时，u_o 由 "1" 变为 "0"。

当输入电压 u_i 从高于 $\frac{2}{3}V_{CC}$ 下降到 $\frac{1}{3}V_{CC}$ 时，u_o 由 "0" 变为 "1"。

由此得到 555 构成的施密触发器的正向阈值电压 $V_{T+} = \frac{2}{3}V_{CC}$，负向阈值电压 $V_{T-} = \frac{1}{3}V_{CC}$，回差电压 $\Delta V_T = \frac{1}{3}V_{CC}$。通过改变 V_{CC} 值可以调节回差电压的大小。

2）用 555 定时器构成多谐振荡器

先将 555 定时器接成施密特触发器，然后在施密特触发器的基础上改接成多谐振荡器，其电路及工作波形如图 2.11.5 所示。其工作原理如下：

当 555 定时器输出为高电平时，三极管 T_D 截止，电源 V_{CC} 经过 R_1、R_2 对电容 C 充电。随着充电的进行，电容电压 u_C 按指数规律上升。

当电容电压 u_C 上升到 $\frac{2}{3}V_{CC}$ 时，555 定时器输出变为低电平，三极管 T_D 导通，此时，电容 C 开始经过 R_2、T_D 放电。随着放电的进行，电容电压 u_C 按指数规律下降。

当电容电压 u_C 下降到 $\frac{1}{3}V_{CC}$ 时，555 定时器的输出又变为高电平，三极管 T_D 截止，电容 C 又开始充电。如此循环下去，就可输出幅度一定、周期一定的矩形脉冲波。

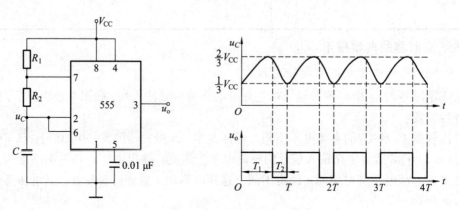

图 2.11.5　555 构成的多谐振荡器电路及其工作波形

多谐振荡器输出信号的时间参数如下：

正脉冲宽度（充电时间）$T_1 = (R_1 + R_2) \cdot C \cdot \ln \dfrac{u_C(\infty) - u_C(0)}{u_C(\infty) - u_C(T_1)}$

$$= (R_1 + R_2) \cdot C \cdot \ln \frac{V_{CC} - \frac{1}{3}V_{CC}}{V_{CC} - \frac{2}{3}V_{CC}}$$

$$= (R_1 + R_2) \cdot C \cdot \ln 2$$

$$\approx 0.695(R_1 + R_2)C$$

负脉冲宽度（放电时间）$T_2 = R_2 \cdot C \cdot \ln \dfrac{u_C(\infty) - u_C(0)}{u_C(\infty) - u_C(T_2)}$

$$= R_2 \cdot C \cdot \ln \dfrac{0 - \dfrac{2}{3} V_{CC}}{0 - \dfrac{1}{3} V_{CC}}$$

$$= R_2 C \ln 2 \approx 0.695 R_2 C$$

振荡周期

$$T = T_1 + T_2 = (R_1 + 2R_2)C\ln 2 \approx 0.695(R_1 + 2R_2)C \qquad （1）$$

占空比

$$q = \frac{T_1}{T} = \frac{R_1 + R_2}{R_1 + 2R_2} > 50\% \qquad （2）$$

由公式（1）和公式（2）可以看出，改变 R_1、R_2 既可以调整振荡周期，又可以调整占空比；改变 C 也可调整振荡周期，但不影响占空比。

如果参考电压由外接的电压 V_{CO} 供给，则

$$T_1 = (R_1 + R_2) \cdot C \cdot \ln \frac{V_{CO} - \dfrac{1}{2}V_{CO}}{V_{CO} - V_{CO}}$$

$$T_2 = R_2 C \ln \frac{0 - V_{CO}}{0 - \dfrac{1}{2}V_{CO}} = R_2 C \ln 2$$

由此可见，当 555 定时器的 5 管脚外接电源电压 V_{CO} 时，改变 V_{CO} 也可以改变振荡周期和占空比。

3）用 555 定时器构成单稳态触发器

若由低触发端输入触发信号 u_1，并且触发信号为负脉冲，则 555 定时器可构成单稳态触发器，其电路和工作波形如图 2.11.6 所示。

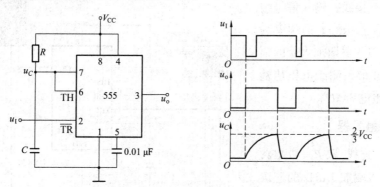

图 2.11.6　555 单稳触发器电路及其工作波形

接通电源后，V_{CC} 经 R 向 C 充电，当电容电压 u_C 上升到 $\dfrac{2}{3} V_{CC}$ 时，555 定时器输出变为低

电平，三极管 T_D 导通，此时，电容 C 开始经过 R、T_D 放电。随着放电的进行，电容电压 u_C 按指数规律下降。

当 u_I 没有触发信号时处于高电平，那么稳态时电路一定处于 $u_C = 0$ 状态，此时 T_D 导通，RS 触发器停在 $Q = 0$ 的状态。

当触发负脉冲到来时，$u_I < \frac{1}{3}V_{CC}$，使比较器 C_2 的输出 $u_{C2} = 0$，RS 触发器被置"1"，输出跳变为高电平 $u_O = 1$，电路进入暂稳态。与此同时 T_D 截止，V_{CC} 经 R 开始向电容 C 充电。

当电容充电至 $u_C = \frac{2}{3}V_{CC}$ 时，比较器 C_1 的输出变为 $u_{C1} = 0$。如果此时输入端的触发脉冲已消失，u_I 回到了高电平，则 RS 触发器被置"0"，于是输出跳变为低电平 $u_O = 0$，同时 T_D 又变为导通状态，电容 C 经 T_D 迅速放电，直至 $u_C \approx 0$，电路恢复到稳态。

单稳态触发器的周期与它的触发信号周期相等，输出脉冲带宽 T_W 取决外接电阻 R 和 C 的大小。由图 2.11.6 可知，T_W 等于在充电过程中电容电压从 0 上升到 $\frac{2}{3}V_{CC}$ 所需要的时间，因此得到

$$T_W = RC \ln \frac{u_C(\infty) - u_C(0)}{u_C(\infty) - u_C(T_W)} = RC \ln \frac{V_{CC} - 0}{V_{CC} - \frac{2}{3}V_{CC}} = RC \ln 3 \approx 1.1RC$$

注意：① 触发脉宽应小于输出脉宽，否则电路工作不正常。② 通常 R 的取值在几百欧姆到几兆欧姆之间，电容的取值范围为几百皮法到几百微法，T_W 的范围为几秒到几分钟。但必须注意，随着 T_W 的宽度增加它的精度和稳定也将下降。

2.11.3 实验设备及器件

实验箱，示波器，计算机，器件包括 555 定时器、电阻、电容、二极管及可调电位器。

2.11.4 实验内容与步骤

1. 施密特触发器

按图 2.11.7 接线，输入信号由信号源提供，预先调好 u_i 的频率为 1 kHz，接通电源，逐渐加大 u_i 的幅度，观测输出波形，测绘电压传输特性，算出回差电压 ΔU。

2. 单稳态触发器

按图 2.11.8 连线，取 $R = 47$ kΩ，$C = 0.1 \mu F$，输入端加 1 kHz 的连续脉冲，用双踪示波器观测 u_i，u_C，u_O 波形。测定稳态输出的幅度与暂稳时间。

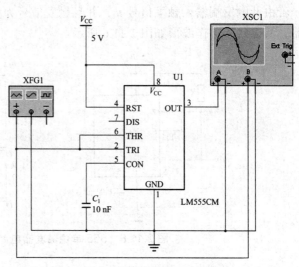

图 2.11.7　施密特触发器

3. 多谐振荡器

按图 2.11.9 接线，用双踪示波器观测 u_C 与 u_O 的波形，测定 u_O 的频率。

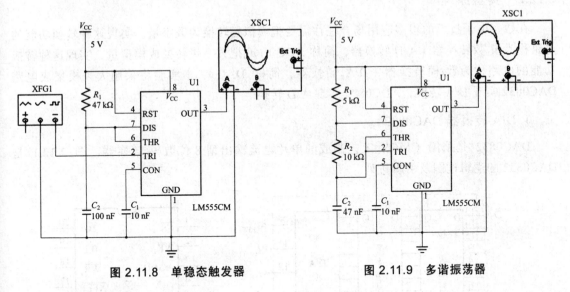

图 2.11.8　单稳态触发器　　　　　　　图 2.11.9　多谐振荡器

4. 占空比可调的方波发生器

用 555 定时器设计一个频率为 1 kHz、占空比可调的方波发生器，并用示波器观察其输出波形。

2.11.5　预习要求

（1）熟悉示波器的使用方法。

（2）熟悉 555 定时器的功能和管脚排列。

（3）设计并画出实验内容 4 的电路图并仿真。

2.11.6　实验报告

（1）绘出详细的实验线路图，定量绘出观测到的波形。

（2）整理实验数据，分析理论值与实验结果的差异并讨论。

2.11.7　思考题

（1）如何用示波器观察施密特触发器的电压传输特性？

（2）用 555 定时器构成的单稳态触发器要求触发脉冲宽度小于输出脉冲宽度，为什么？

2.12　D/A、A/D 转换器

2.12.1　实验目的

（1）了解 D/A 和 A/D 转换器的基本工作原理和基本结构。

（2）掌握大规模集成 D/A 和 A/D 转换器的功能及其典型应用。

2.12.2 实验原理

在数字电子技术的很多应用场合往往需要把模拟量转换为数字量，实现这种转换功能的电路称为模/数转换器（A/D 转换器，简称 ADC）；或把数字量转换成模拟量，实现这种转换功能的电路称为数/模转换器（D/A 转换器，简称 DAC）。本实验将采用大规模集成电路 DAC0832 实现 D/A 转换，ADC0809 实现 A/D 转换。

1. D/A 转换器 DAC0832

DAC0832 是采用 CMOS 工艺制成的单片电流输出型 8 位数/模转换器。图 2.12.1 是 DAC0832 的逻辑框图及引脚排列。

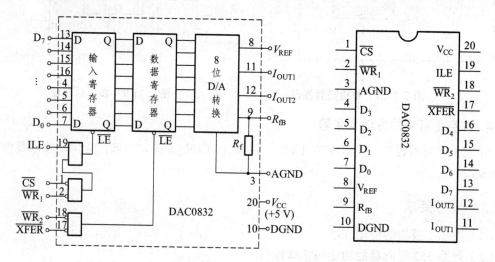

图 2.12.1　DAC0832 单片 D/A 转换器逻辑框图和引脚排列

器件的核心部分采用倒 T 形电阻网络的 8 位 D/A 转换器，如图 2.12.2 所示。它是由倒 T 形 $R-2R$ 电阻网络、模拟开关、运算放大器和参考电压 V_{REF} 四部分组成。

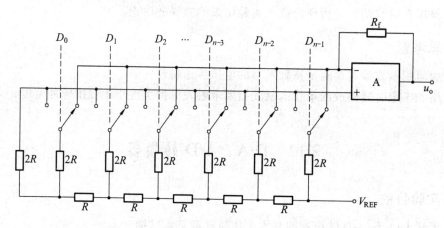

图 2.12.2　倒 T 形电阻网络 D/A 转换电路

运放的输出电压为

$$V_O = \frac{V_{REF} \cdot R_f}{2^n R}(D_{n-1} \cdot 2^{n-1} + D_{n-2} \cdot 2^{n-2} + \cdots + D_0 \cdot 2^0)$$

由上式可见,输出电压 V_O 与输入的数字量成正比,这就实现了从数字量到模拟量的转换。一个 8 位的 D/A 转换器,它有 8 个输入端,每个输入端是 8 位二进制数的一位,输入可有 $2^8 = 256$ 个不同的二进制组态,有一个模拟输出端,输出为 256 个电压之一,即输出电压不是整个电压范围内任意值,而只能是 256 个可能值。

DAC0832 的引脚功能说明如下:

$D_0 \sim D_7$:数字信号输入端。

ILE:输入寄存器允许,高电平有效。

$\overline{CS}$:片选信号,低电平有效。

$\overline{WR}_1$:写信号 1,低电平有效。

$\overline{WR}_2$:写信号 2,低电平有效。

$\overline{XFER}$:传送控制信号,低电平有效。

I_{OUT1},I_{OUT2}:DAC 电流输出端。

R_{fB}:反馈电阻,是集成在片内的外接运放的反馈电阻。

V_{REF}:基准电压 $(-10 \sim +10)V$。

V_{CC}:电源电压 $(+5 \sim +15)V$。

AGND:模拟地。

NGND:数字地,可接在一起使用。

DAC0832 输出的是电流,要转换为电压,还必须经过一个外接的运算放大器,实验线路如图 2.12.3 所示。

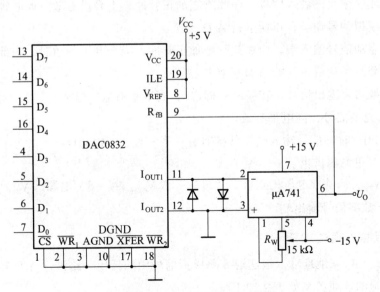

图 2.12.3 D/A 转换器实验线路

2. A/D 转换器 ADC0809

ADC0809 是采用 CMOS 工艺制成的单片 8 位 8 通道逐次渐近型模/数转换器，其逻辑框图及引脚排列如图 2.12.4 所示。

器件的核心部分是 8 位 A/D 转换器，它由比较器、逐次渐近寄存器、D/A 转换器及控制和定时 5 部分组成。

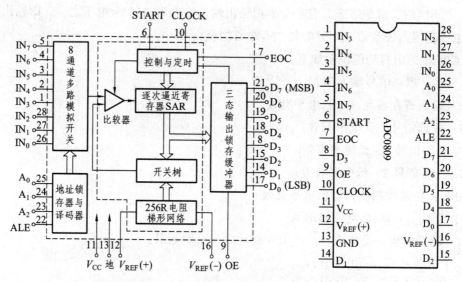

图 2.12.4　ADC0809 转换器逻辑框图及引脚排列

ADC0809 的引脚功能说明如下。

$IN_0 \sim IN_7$：8 路模拟信号输入端。

A_2、A_1、A_0：地址输入端。

ALE：地址锁存允许输入信号，在此脚施加正脉冲，上升沿有效，此时锁存地址码，从而选通相应的模拟信号通道，以便进行 A/D 转换。

START：启动信号输入端，应在此脚施加正脉冲，当上升沿到达时，内部逐次逼近寄存器复位，在下降沿到达后，开始 A/D 转换过程。

EOC：转换结束输出信号（转换结束标志），高电平有效。

OE：输入允许信号，高电平有效。

CLOCK(CP)：时钟信号输入端，外接时钟频率一般为 640 kHz。

V_{CC}：+5 V 单电源供电。

$V_{REF(+)}$、$V_{REF(-)}$：基准电压的正极、负极。一般 $V_{REF(+)}$ 接 +5 V 电源，$V_{REF(-)}$ 接地。

$D_7 \sim D_0$：数字信号输出端。

1）模拟量输入通道选择

由 A_2、A_1、A_0 三地址输入端选通 8 路模拟信号中的任何一路进行 A/D 转换，地址译码与模拟输入通道的选通关系如表 2.12.1 所示。

表 2.12.1　ADC0809 功能表

被选模拟通道		IN_0	IN_1	IN_2	IN_3	IN_4	IN_5	IN_6	IN_7
地址	A_2	0	0	0	0	1	1	1	1
	A_1	0	0	1	1	0	0	1	1
	A_0	0	1	0	1	0	1	0	1

2）D/A 转换过程

在启动端（START）加启动脉冲（正脉冲），D/A 转换即开始。如果将启动端（START）与转换结束端（EOC）直接相连，转换将是连续的。在用这种转换方式时，开始应在外部加启动脉冲。

2.12.3　实验设备及器件

实验箱，双踪示波器，直流数字电压表，器件包括 DAC0832、ADC0809、μA 741、电位器、电阻、电容若干。

2.12.4　实验内容与步骤

1. D/A 转换器—DAC0832

（1）按图 2.12.3 接线，电路接成直通方式，即 $\overline{CS}$、$\overline{WR_1}$、$\overline{WR_2}$、$\overline{XFER}$ 接地；ALE、V_{CC}、V_{REF} 接 +5 V 电源；运放电源接 ±5 V；$D_0 \sim D_7$ 接逻辑开关的输出插口，输出端 U_O 接直流数字电压表。

（2）调零，令 $D_0 \sim D_7$ 全置零，调节运放的电位器使 μA 741 输出为零。

（3）按表 2.12.2 所列的输入数字信号，用数字电压表测量运放的输出电压 U_O，并将测量结果填入表中，并与理论值进行比较。

表 2.12.2　DAC0832 功能表

输入数字量								输出模拟量 U_O(V)
D_7	D_6	D_5	D_4	D_3	D_2	D_1	D_0	$U_{CC} = +5$ V
0	0	0	0	0	0	0	0	
0	0	0	0	0	0	0	1	
0	0	0	0	0	0	1	0	
0	0	0	0	0	1	0	0	
0	0	0	0	1	0	0	0	
0	0	0	1	0	0	0	0	
0	0	1	0	0	0	0	0	
0	1	0	0	0	0	0	0	
1	0	0	0	0	0	0	0	
1	1	1	1	1	1	1	1	

2. A/D 转换器—ADC0809

（1）按图 2.12.5 接线，八路输入模拟信号为 1 ~ 4.5 V，由 +5 V 电源经电阻 R 分压得到；变换结果 $D_0 \sim D_7$ 接逻辑电平显示器输入插口，CP 时钟脉冲由计数脉冲源提供，取 $f = 100$ kHz；$A_0 \sim A_2$ 地址端接逻辑电平输出插口。

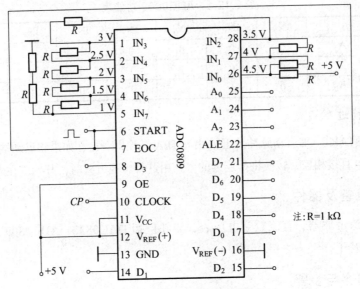

图 2.12.5　ADC0809 实验线路

（2）接通电源后，在启动端（START）加一正单次脉冲，下降沿一到即开始 A/D 转换。

（3）按表 2.12.3 的要求观察，记录 $IN_0 \sim IN_7$ 八路模拟信号的转换结果，并将转换结果换算成十进制数表示的电压值，并与数字电压表实测的各路输入电压值进行比较，分析误差原因。

表 2.12.3　ADC0809 功能表

被选模拟通道	输入模拟量	地　　址			输出数字量								
IN	U_i(V)	A_2	A_1	A_0	D_7	D_6	D_5	D_4	D_3	D_2	D_1	D_0	十进制
IN_0	4.5	0	0	0									
IN_1	4.0	0	0	1									
IN_2	3.5	0	1	0									
IN_3	3.0	0	1	1									
IN_4	2.5	1	0	0									
IN_5	2.0	1	0	1									
IN_6	1.5	1	1	0									
IN_7	1.0	1	1	1									

2.12.5　预习要求

（1）复习 A/D、D/A 转换的工作原理。

（2）熟悉 ADC0809、DAC0832 各引脚功能及使用方法。

（3）绘好完整的实验线路和所需的实验记录表格。

（4）拟订各个实验内容的具体实验方案。

2.12.6　实验报告

整理实验数据，分析实验结果与理论值的误差原因。

第3篇 模拟电路试验

3.1 常用电子仪器的使用方法

3.1.1 实验目的

（1）学习电子电路实验中常用的电子仪器——示波器、函数信号发生器、直流稳压电源、晶体管毫伏表等的主要技术指标、性能及正确使用方法。

（2）初步掌握用双踪示波器观察正弦信号波形、测量频率与电压的方法。

（3）培养阅读仪器说明书的能力、操作仪器的能力和观察能力。

3.1.2 实验原理

在电子技术实验中，经常使用示波器、函数信号发生器、直流稳压电源、晶体管毫伏表和万用表等设备，当实验中要对各种电子仪器进行综合使用时，可按照信号流向，以连线简捷、调节顺手、观察与读数方便等原则进行合理布局，各仪器与被测实验装置之间一般可按照图 3.1.1 所示布局与连接。接线时应注意，为防止外界干扰，各仪器的接地线应连接在一起，称共地。信号源和交流毫伏表的引线通常用屏蔽线或专用电缆线，示波器接线使用专用电缆线，直流电源接线使用普通导线。下面着重介绍几种电子技术实验中常用的仪器设备。

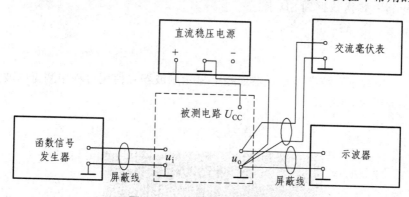

图 3.1.1 仪器之间的连接图

1. 示波器

示波器是一种用途很广的电子测量仪器，它既能直接显示电信号的波形，又能对电信号进行频率、幅度等参数的测量，下面以固纬 GDS-1022 型示波器为例进行介绍。

1）面板介绍

GDS-1022 型示波器是即时取样率为 250 MSa/s、等效取样率为 25 GSa/s 的数字存储示波器，图 3.1.2 所示是该示波器的面板，部分按键的主要功能已在图中注明。其中菜单键中主要按键的功能如下：

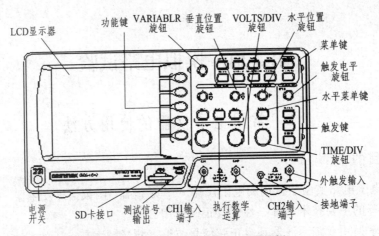

图 3.1.2　GDS-1022 型示波器面板

Acquire 键：设定撷取模式；

Display 键：显示器设定；

Utility 键：安装 Hardcopy、系统资料、目录语言、校正和测试棒补偿；

Help 键：按 Help 键后，再按其他相应的按键，在 LCD 显示器上显示该键的 Help 内容；

Autoset 键：自动寻找信号并设定适当的水平/垂直/触发设定；

Cursor 键：执行游标量测；

Measure 键：安装并执行自动量测；

Save/Recall 键：储存并读取影像、波形、面板设定；

Hardcopy 键：传送数据到 SD 卡；

Run/Stop 键：冻结信号。

2）显示器

GDS-1022 型数字示波器在显示器面板上显示示波器在使用过程中测得的波形的各种参数、状态等，如图 3.1.3 所示。

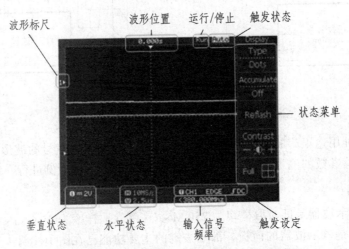

图 3.1.3　GDS-1022 型示波器的显示器面板

① 波形显示中通道 1 用黄色显示信号的波形，通道 2 用蓝色显示信号的波形。

② 触发状态：Trig'd —— 触发；

                     Trig? —— 没有触发，显示器没有更新；

                     Auto —— 没有触发，显示器已更新；

                     STOP —— 触发终止，也出现在 Run/Stop。

③ 触发设定：显示触发源、类型和斜率，视频触发则显示触发源和极性。

④ 通道状态：显示通道、耦合模式、垂直刻度和水平刻度。

3）设　定

仪器在使用前必须对相关的参数进行设定，主要包括：信号连接、刻度调整和测试探头补偿等。具体步骤如下：

① 连接电源，按下电源开关，开启显示器。

② 按 Save/Recall key 调出厂内预设值（Default Setup），重设系统。

③ 连接测试棒到通道 1 输入端和测试棒补偿信号输出端（2 $V_{p\text{-}p}$，1 kHz 方波）。

④ 设定测试棒衰减到 ×10。

⑤ 按 Autoset 键，屏幕中央出现方波。

⑥ 按 Display 键，然后按 Type 选择 Vector 波形。

⑦ 调整测棒的补偿点使方波的边缘平坦。

⑧ 继续其他操作步骤。

4）测　量

① 将被测波形通过探头连接到仪器上。

② 按 CH1（CH2）键，开启相应的测试通道，波形出现在显示器上（再次按下将关闭该通道，注意 Autoset 键不会自动开启信号通道）。

③ 按下 Autoset 键，仪器将对水平刻度、垂直刻度和触发通道等参数自动设定，并将波形显示在屏幕中央。按 Undo 解除 Autoset 功能（开启 Autoset 功能 5 s 后，就可利用这个功能）。Autoset 功能不适合测量频率小于 20 Hz、幅度小于 30 mV 的输入信号。

④ 按 Measure 键，功能选项出现在屏幕上，通过选择 Source、Voltage 项选择信号通道和电压值，并配合 Variable 旋钮，使测量参数结果显示在屏幕上；也可通过按 Cursor 键开启游标测量功能，通过按 Source 选择信号源通道、按 X↔Y 选择水平或垂直标尺，并通过 Variable 旋钮移动游标，从而实现游标测量。

2. 函数信号发生器

函数信号发生器可按需要输出正弦波、方波和三角波三种信号波形。输出电压最大峰-峰值 $V_{p\text{-}p}$ 可达 20 V（负载 1 MΩ）。通过输出衰减按钮（0 dB、20 dB、40 dB、60 dB 可选）和输出幅度调节旋钮，可使输出电压在毫伏级到伏特级范围内连续调节。函数信号发生器输出信号的频率可以通过频率分档按键进行调节。

3. 晶体管毫伏表

晶体管毫伏表是一种常用的电子测量仪器，主要用来测量正弦交流电压的有效值。正弦

交流电压有效值 U 和峰值 U_m 的关系是：$U_m = \sqrt{2}U$，当测量非正弦交流电压时，晶体管毫伏表的读数没有直接的意义。晶体管毫伏表不能用来测量直流电压。

3.1.3 实验仪器与设备

函数信号发生器，1 台；双踪示波器，1 台；晶体管毫伏表，1 台；数字万用表，1 块。

3.1.4 实验内容与步骤

1. 用机内校正信号对示波器进行自检

在通道 1（通道 2）的输入端和面板上测试信号补偿（校正信号）的输出端（2 $V_{p\text{-}p}$，1 kHz方波）连接探头测试棒，设定衰减到 ×10，分别按 Utility 键、ProbeComp 键、Wave type 键选择标准方波，然后按 Autoset 键，测试信号就会出现在显示器上。通过改变水平/垂直位置和水平/垂直刻度旋钮，读出波形的幅度和频率，记入表 3.1.1 中。

表 3.1.1 示波器自检测试

测试项目	标准值	实测值
幅度 $V_{p\text{-}p}$/V	2	
频率 f/Hz	1 000	

2. 用示波器、毫伏表测量函数信号发生器信号参数

从信号发生器输出信号，用示波器和晶体管毫伏表分别测量该信号的有关参数。方法如下：

① 根据所需波形，将相应"波形选择"开关按下（现为正弦波）。

② 根据所需频率，选择频率范围，再调"频率微调"旋钮，使输出的正弦波信号频率分别为 100 Hz、1 kHz、10 kHz 和 100 kHz。

③ 根据实验要求，选择输出电压，先调节"输出衰减"按钮（分为 0 dB、20 dB、40 dB、60 dB 四档，本实验要求有效值均为 1 V，故"输出衰减"可置 0 dB）的档位。从信号发生器输出端输出信号至示波器和交流毫伏表，分别测量其频率及峰-峰值，记入表 3.1.2 中。

表 3.1.2 不同信号的测量

信号电压频率/kHz	示波器测量值		电压毫伏表读数/V	示波器测量值/V	
	周期/ms	频率/Hz		峰-峰值	有效值
0.1					
1					
10					
100					

3.1.5 预习要求

（1）预习示波器、函数信号发生器和其他有关测量仪表的原理和使用说明。

（2）预习不同信号波形的有效值、平均值、峰-峰值之间的换算关系。

3.1.6　实验报告

（1）整理实验数据，并进行分析。

（2）如何操纵示波器有关旋钮，以便从示波器显示屏上观察到稳定、清晰的波形？

（3）函数信号发生器有哪几种输出波形？它的输出端能否短接？如用屏蔽线作为输出引线，则屏蔽层一端应该接在哪个接线柱上？

（4）晶体管毫伏表是用来测量正弦波电压还是非正弦波电压？它的表头指示值是被测信号的什么数值？它是否可以用来测量直流电压的大小？

3.2　单级放大电路

3.2.1　实验目的

（1）熟悉电子元器件和模拟电路实验箱。

（2）掌握放大器静态工作点的调试方法及其对放大器性能的影响。

（3）学习测量放大器 Q 点、A_u、R_i、R_o 的方法，了解共射极电路的特性。

（4）学习放大器的动态性能。

3.2.2　实验原理

图 3.2.1 所示为固定电阻分压式偏置单管放大器实验电路图。它的偏置电路采用 R_P、R_{b1} 和 R_{b2} 组成的分压电路，发射极电阻 R_{e1}、R_{e2} 用于稳定放大器的静态工作点。当在放大器的输入端加入输入信号 u_i 后，在放大器的输出端便可得到一个与 u_i 相位相反、幅值被放大了的输出信号 u_o，从而实现了电压放大。

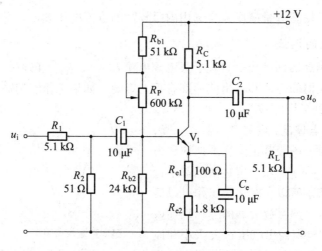

图 3.2.1　单级共射极放大电路

在电路中，当流过偏置电阻 $R_P + R_{b1}$ 和 R_{b2} 的电流远远大于（一般为 7～10 倍）晶体管 V_1 的基极电流 I_B 时，则它的静态工作点可用下式估算：

$$U_B \approx \frac{R_{b2}}{R_P + R_{b1} + R_{b2}} U_{CC}, \quad I_E \approx \frac{U_B - U_{BE}}{R_{e1} + R_{e2}} \approx I_C, \quad U_{CE} = U_{CC} - I_C(R_C + R_{e1} + R_{e2})$$

电压放大倍数

$$A_u = -\beta \frac{R_C /\!/ R_L}{r_{be}}$$

输入电阻 $\qquad R_i = (R_P + R_{b1}) /\!/ R_{b2} /\!/ r_{be}$

输出电阻 $\qquad R_o \approx R_C$

由于电子器件性能的分散性比较大，因此，在设计和制作晶体管放大电路时，离不开测量和调试技术。在设计前应测量所用元器件的参数，为电路设计提供必要的依据，在完成设计和装配以后，还必须测量和调试放大器的静态工作点和各项性能指标。

放大器的测量和调试一般包括：放大器静态工作点的测量与调试、放大器各项动态参数的测量与调试等。

1. 放大器静态工作点的测量与调试

1）静态工作点的测量

测量放大器的静态工作点，应在输入信号 $u_i = 0$ 的情况下进行，即将放大器输入端与地端短接，然后选用量程合适的直流毫安表和直流电压表，分别测量晶体管的集电极电流 I_C 以及各电极对地的电位 V_B、V_C 和 V_E。实验中，为了避免断开集电极，一般采用测量 V_E 或 V_C，然后算出 I_C 的方法，例如，只要测出 V_E，即可用

$$I_C \approx I_E = V_E / R_E$$

算出 I_C，也可根据 $I_C = \frac{U_{CC} - V_C}{R_C}$，由 V_C 确定 I_C。同时也能算出 $U_{BE} = V_B - V_E$，$U_{CE} = V_C - V_E$。

为了减小误差，提高测量精度，应选用内阻较高的直流电压表。

2）静态工作点的调试

放大器静态工作点的调试是指对管子集电极电流 I_C（或 U_{CE}）的调整与测试。静态工作点是否合适，对放大器的性能和输出波形都有很大影响。如果工作点偏高，放大器易产生饱和失真，此时 u_o 的负半周将被削底，如图 3.2.2（a）所示；如果工作点偏低，则易产生截止失真，即 u_o 的正半周被缩顶（一般截止失真不如饱和失真明显），如图 3.2.2（b）所示。这些情况都不符合不失真放大的要求。所以，在选定工作点以后还必须进行动态调试，即在放大器的输入端加入一定的输入电压 u_i，检查输出电压 u_o 的大小和波形是否满足要求。如不满足，则应调节静态工作点的位置。

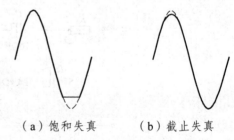

（a）饱和失真 　　（b）截止失真

图 3.2.2　输出波形的失真

改变电路参数 U_{CC}、R_C、R_B（R_P、R_{b1}、R_{b2}）都会引起静态工作点的变化，但通常多采用调节偏置电阻 R_P 的方法来改变静态工作点，如减小 R_P，则可使静态工作点提高。

最后还要说明的是，上面所说的工作点"偏高"或"偏低"不是绝对的，应该是相对信号的幅度而言。如果输入信号幅度很小，即使工作点较高或较低也不一定会出现失真。所以确切地说，产生波形失真是信号幅度与静态工作点设置配合不当所致。如果需满足较大信号幅度的要求，静态工作点应尽量靠近交流负载线的中点。

2. 放大器动态指标测试

放大器动态指标包括电压放大倍数、输入电阻、输出电阻、最大不失真输出电压（动态范围）和通频带等。

1）电压放大倍数 A_u 的测量

调整放大器到合适的静态工作点，然后加入输入电压 u_i，在输出电压 u_o 不失真的情况下，用交流毫伏表测出 u_i 和 u_o 的有效值 U_i 和 U_o，则

$$A_u = U_o / U_i$$

2）输入电阻 R_i 的测量

为了测量放大器的输入电阻，按图 3.2.3 所示电路在被测放大器的输入端与信号源之间串入一已知电阻 R，在放大器正常工作的情况下，用交流毫伏表测出 U_S 和 U_i，则根据输入电阻的定义可得

$$R_i = \frac{U_i}{I_i} = \frac{U_i}{U_R / R} = \frac{U_i}{U_S - U_i} R$$

测量时应注意下列几点：

① 由于电阻 R 两端没有电路公共接地点，所以测量 R 两端电压 U_R 时必须分别测出 U_S 和 U_i，然后按 $U_R = U_S - U_i$ 求出 U_R 值。

② 电阻 R 的值不宜取得过大或过小，以免产生较大的测量误差，通常取 R 与 R_i 为同一数量级为好，本实验可取 $R = 1 \sim 2 \text{ k}\Omega$。

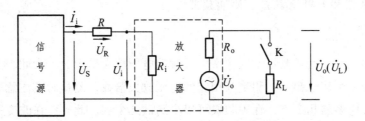

图 3.2.3　输入、输出电阻测量电路

3）输出电阻 R_o 的测量

按图 3.2.3 所示电路，在放大器正常工作情况下，测出输出端不接负载 R_L 的输出电压 U_o 和接入负载后的输出电压 U_L，根据

$$U_L = \frac{R_L}{R_o + R_L} U_o$$

即可求出

$$R_o = \left(\frac{U_o}{U_L} - 1\right) R_L$$

在测试中应注意，必须保持 R_L 接入前后输入信号的大小不变。

4）最大不失真输出电压 $U_{o, P-P}$，的测量（最大动态范围）

如上所述，为了得到最大不失真动态电压范围，应将静态工作点调节在交流负载线的中点。为此，在放大器正常工作情况下，逐步增大输入信号的幅度，并同时调节 R_p（改变静态工作点），用示波器观察 u_o，当输出波形同时出现削底和缩顶现象（见图 3.2.4）时，说明静态工作点已调节在交流负载线的中点。然后反复调节输入信号，使波形输出幅度最大，且

无明显失真时，用晶体管毫伏表测出 U_o（有效值），则动态范围等于 $2\sqrt{2}\, U_o$，或用示波器直接读出 $U_{o, P-P}$ 来。

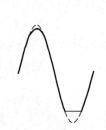

图 3.2.4　削底和缩顶失真

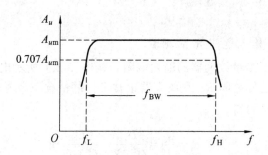

图 3.2.5　幅频特性曲线

5）放大器幅频特性的测量

放大器的幅频特性是指放大器的电压放大倍数 A_u 与输入信号频率 f 之间的关系曲线。单管阻容耦合放大电路的幅频特性曲线如图 3.2.5 所示，A_{um} 为中频电压放大倍数，通常规定电压放大倍数随频率变化下降到中频电压放大倍数的 $1/\sqrt{2}$ 倍，即 $0.707\, A_{um}$ 所对应的频率分别称为下限频率 f_L 和上限频率 f_H，则通频带为

$$f_{BW} = f_H - f_L$$

放大器的幅频特性就是测量不同频率信号时的电压放大倍数 A_u。为此，可采用前述测 A_u 的方法，每改变一个信号频率，测量其相应的电压放大倍数，测量时应注意取点要恰当，在低频段与高频段应多测几个点，在中频段可以少测试几个点。此外，在改变频率时，要保持输入信号的幅度不变，且输出波形不得失真。

3.2.3　实验仪器与设备

示波器信号发生器；数字万用表；交流毫伏表。

3.2.4　实验内容与步骤

1. 装接电路

（1）用万用表判断实验箱上三极管 V 和电解电容 C 的极性和好坏。

（2）按图 3.2.1 所示，连接电路（注意：接线前先测量 +12 V 电源，关断电源后再连线），将 R_P 的阻值调到最大位置。

2. 静态测试

（1）接线完毕仔细检查，确定无误后接通电源。改变 R_P，记录 I_C 分别为 0.5 mA、1 mA、1.5 mA 时三极管 V 的 β 值（注意：I_B 的测量和计算方法）。

（2）调整 R_P，使 $V_E = 2.2$ V，并将测试结果记入表 3.2.1 中。

表 3.2.1　静态工作点实验数据

实测值			实测值		计算值	
U_{BE}/V	U_{CE}/V	R_P/k	I_B/μA	I_E/mA	I_B/μA	I_E/mA

3. 动态研究

（1）将信号发生器调到 $f = 1$ kHz，幅值为 3 mV（一般采用加电阻衰减的办法，即信号源用一个较大的信号。例如，300 mV 在实验板上经 100 : 1 衰减电阻降为 3 mV），接到放大器输入端 u_i，观察 u_i 和 u_o 端波形，比较相位。

（2）信号源频率不变，逐渐加大幅度，用示波器观察 u_o 不失真时的最大值并将此时输入、输出值记入表 3.2.2 中。

表 3.2.2　电压放大倍数的测量数据

实　测		实测计算	估　算
U_i/mV	U_o/V	A_u	A_u

（3）保持 $U_i = 5$ mV 不变，放大器接入负载 R_L，在改变 R_C 数值的情况下测量 U_o，并将计算结果填入表 3.2.3 中。

表 3.2.3　不同 R_L、R_C 电压放大倍数的实验数据（U_i 不变）

给定参数		实　测		实测计算	估　算
R_C	R_L	U_i/mV	U_o/V	A_u	A_u
2 kΩ	2 kΩ				
2 kΩ	5.1 kΩ				
5.1 kΩ	2 kΩ				
5.1 kΩ	5.1 kΩ				

（4）保持 $U_i = 5$ mV 不变，增大和减小 R_P，观察 u_o 波形变化，测量并填入表 3.2.4 中。

表 3.2.4　R_P 对静态、动态影响的实验结果（U_i 不变）

R_P 值	V_B	V_E	V_C	输出波形情况
最大				
合适				
最小				

注：若失真观察不明显，可增大或减小 u_i 幅值重测。

4. 放大器输入、输出电阻测量

1）输入电阻测量

在输入端串接一个 5.1 kΩ 电阻 R_S，如图 3.2.6 所示，用示波器监测输出波形不失真的情况下，测量 U_S 与 U_i，即可计算 R_i。

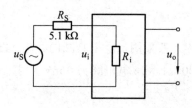 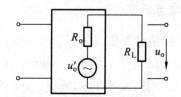

图 3.2.6　输入电阻测量　　　　图 3.2.7　输出电阻测量

2）输出电阻测量

在输出端接入合适的 R_L 值，如图 3.2.7 所示，使放大器输出不失真（接示波器监测），测量有负载时的输出电压 U_o 和空载时的 U_o'，即可计算 R_o。

将上述测量及计算结果填入表 3.2.5 中。

表 3.2.5　输入、输出电阻的测量数据

测输入电阻（$R_S = 5.1$ kΩ）				测输出电阻			
实　测		测　算	估　算	实　测		测　算	估　算
U_S/mV	U_i/mV	R_i	R_i	U_o/mV ($R_L = \infty$)	U_o/mV ($R_L = \underline{\quad}$)	R_o/kΩ	R_o/kΩ

3.2.5　仿真分析

1. 单管放大器仿真电路组成

图 3.2.8 所示电路为电阻分压式工作点稳定的单管放大器仿真电路图，偏置电路采用 $R_P + R_{b1}$ 和 R_{b2} 组成的分压电路，发射极接有 $R_{e1} + R_{e2}$ 电阻器，用于稳定放大器的静态工作点。当在放大器的输入端加入信号后，放大器的输出端便可得到一个与输入信号相位相反的输出信号。其中：R_P 为可变电阻，用来调节三极管的偏置电压；双踪示波器 XSC1 用来观察放大器的输入信号和输出信号电压波形。

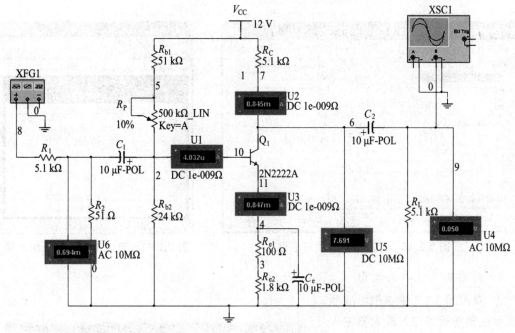

图 3.2.8　单管放大器

2. 仿真步骤

1）绘制仿真电路

在 Multisim 仿真软件工作平台上，绘制单管共射仿真放大电路，从指针元件库中，选择电流表、电压表（注意 DC 和 AC 的区别），从虚拟仪器库中选取示波器和函数信号发生器放入电路中适当的位置，如图 3.2.8 所示。函数信号发生器的设置如图 3.2.9 所示。按下仿真按钮，开始仿真。

2）测试静态工作点 Q

① 通过 A（shift+A）键调节 R_p 的阻值，自拟实验表格，等仿真过程稳定以后，记录图 3.2.8 中各电流表、电压表的读数，求得静态工作点 Q。把仿真实验数据与理论计算值相比较，分析误差原因。

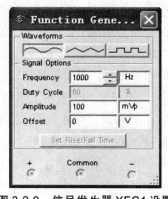

图 3.2.9　信号发生器 XFG1 设置

② 单击 Multisim 界面菜单"Simulate/Analyses/DC Operating Point…"按钮。在弹出的对话框中选择待分析的电路节点，如图 3.2.10 所示。单击"Simulate"按钮进行直流工作点仿真分析，所选节点的分析结果显示在"Analysis Graph"对话框中，如图 3.2.11 所示。注意比较实测结果与仿真结果。

3）测试电压放大倍数 A_u

调节图 3.2.8 中信号源使其输出频率为 1 kHz、有效值为 0.69 mV 的正弦波信号，按下仿真按钮。调节 R_p 的阻值，在保证输出波形不失真的情况下，记录放大电路输入、输出电压有效值。求出电压放大倍数 A_u。

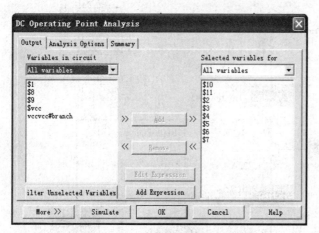

图 3.2.10 直流分析选项对话框

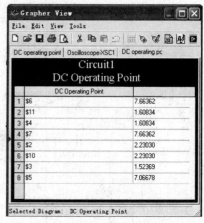

图 3.2.11 直流工作点分析结果图

4）观察输入、输出波形

① 双击图 3.2.8 中虚拟示波器，弹出示波器面板窗口，放大器输入交流信号送入示波器 A 通道，输出的交流信号送入 B 通道，调节 A、B 通道的输入耦合方式为 AC，调节 A、B 通道的 Scale 使 Y 轴每格代表的电压值分别为 2 mV、50 mV；X 轴每格代表的时间为 1 ms。从示波器上观察输入、输出波形（见图 3.2.12）以及它们的相位关系，得出什么结论？

② 测量输入、输出波形的幅度、周期。示波器上有两个游标，可用来直接读取每个游标处的数据。如图 3.2.12 中游标 1（红色）、游标 2（蓝色）所示的位置，可直接读出输入信号的周期。移动游标分别到输入、输出波形的波峰、波谷处，就可读出输入、输出波形的幅值，并求出电压放大倍数。

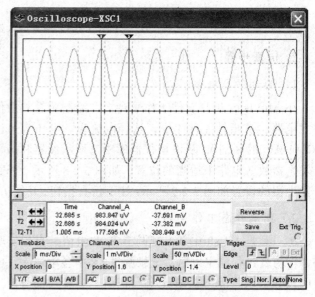

图 3.2.12 双踪示波器 XSC1 的波形

③ 加大放大电路的输入信号，观察输出波形的变化情况，直到输出波形出现失真为止，分析失真原因。

④ 单击 Multisim 界面菜单 "Simulate/Analyses/AC Analysis" 按钮，在弹出的对话框 "Output" 选项中，选择待分析的电路节点，如图 3.2.13 所示。在启动的频率特性分析参数设置对话框中设定相关参数，单击 "Simulate" 按钮进行交流仿真分析，即可得到该放大电路的幅频特性曲线和相频特性曲线，如图 3.2.14 所示。

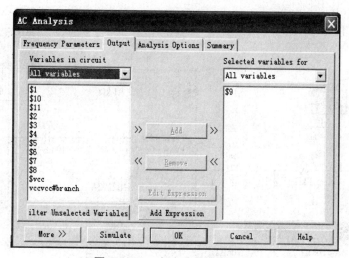

图 3.2.13　交流分析选项设置

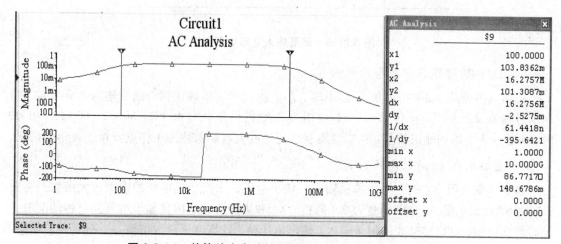

图 3.2.14　单管放大电路的幅频特性曲线和相频特性曲线

移动幅频特性曲线上的游标，可得中频段电压增益约为 80.1 dB。移动游标，减小 3 dB（约为 77.1 dB），如图 3.2.14 所示，可得到下限截止频率 f_L 和上限截止频率 f_H 分别为 1.83 kHz 和 4.99 MHz。由此可得到放大电路的通频带：

$$f_{BW} = f_H - f_L = (4.99 - 1.83 \times 10^{-3}) \text{ MHz} = 4.99 \text{ MHz}$$

5）输入电阻 R_i 的测量

① 测量输入电阻 R_i 的仿真电路如图 3.2.15 所示，$R_s = 5.1$ kΩ，信号源输入 $U_{p-p} = 1$ mV，观察示波器显示的输出波形。在保证输出波形不失真的情况下，用交流电压表 U1 测出信号源的输入电压 U_S，用 U2 测出放大电路输入信号的电压值 U_i，代入 $R_i = \dfrac{U_i}{U_S - U_i} R_s$，计算出输入电阻 R_i。

② 也可利用仿真软件，在仿真电路中直接用交流电压表和交流电流表测量放大电路输入端的电压 U_i 和电流 I_i，然后相除，即为输入电阻 R_i。

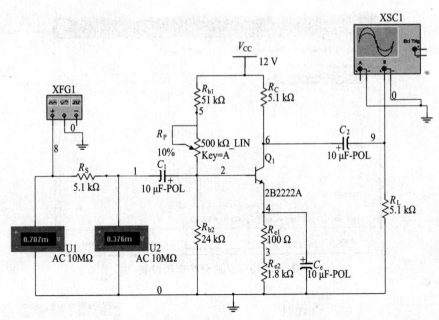

图 3.2.15   测量输入电阻仿真电路

6）$R_P + R_{b1}$ 对静态、动态的影响

将仿真电路图 3.2.8 中的负载电阻 R_L、R_1、R_2 去掉，即输出端开路、输入不衰减时，输入信号幅值设置为 $U_{P-P} = 10$ mV，调整电阻 $R_P + R_{b1}$ 的值分别为 40 kΩ、50 kΩ、60 kΩ、70 kΩ 时，观察放大电路的输出波形，自拟实验表格记录放大电路的静态工作点及输出波形的情况。

7）负载电阻 R_L 对动态的影响

改变负载电阻 R_L 的大小，测量输入、输出电压，求出相应电路的电压放大倍数。将图 3.2.8 中的负载电阻 R_L 分别调整为 5.1 kΩ、2 kΩ 和去掉负载电阻使输出端开路三种情况时，开启仿真按钮，自拟实验表格记录输入、输出电压值，计算电压放大倍数 A_u，分析实验结果，得出什么结论？

8）测量输出电阻 R_o

测量输出电阻 R_o 只要在保证输出波形不失真的条件下，负载电阻为 $R_L = 5.1$ kΩ时，记录输出电压 U_L 的值；当负载开路（空载）时，记录下输出电压 U_o 的值，代入 $R_o = \left(\dfrac{U_o}{U_L} - 1 \right) R_L$，就可计算出输出电阻 R_o。

9）C_e 对电压放大倍数的影响

在图 3.2.8 仿真电路中，去掉射极电容 C_e，保持负载不变，记录放大电路的输入电压 U_i、输出电压 U_o，求出电压放大倍数 A_u；比较这一放大倍数与射极电容存在时电路的放大倍数有何不同，分析射极电容 C_e 的作用。

3.2.6   预习要求

复习教材中三极管单管放大器工作原理以及放大器动态及静态测量方法。

3.2.7 实验报告

（1）报告中应包含本次实验内容及相应的基本原理，并完成思考题。

（2）选择在实验中感受最深的一个实验内容，写出较详细的报告，要求能够使一个懂得电子电路原理但没有看过本实验指导的人可以看懂你的实验报告，并相信你实验中得出的基本结论。

3.2.8 思考题

（1）如何选择正确的静态工作点？调试时应注意什么？

（2）如何利用测试的静态工作点估算三极管的电流放大倍数？

（3）放大电路的静态与动态测试有何区别？

（4）负载电阻对放大电路的静态工作点有无影响？对动态指标有无影响？

（5）试仿真分析 I_c 电流大小对整个放大电路带宽的影响：$I_c = 1\ \text{mA}$、$5\ \text{mA}$、$10\ \text{mA}$。

3.3　两级放大电路

3.3.1 实验目的

（1）掌握如何合理设置静态工作点。

（2）学会放大器频率特性的测试方法。

（3）了解放大器的失真及消除方法。

3.3.2 实验原理

单级放大电路的放大倍数一般都较低，往往不能满足实际电路的要求，这就需要将若干单级放大电路串联起来，将前级的输出加到后级的输入端，组成多级放大器，使信号经过多次放大，达到所需的值，如图 3.3.1 所示。多级放大器的连接称为耦合，其耦合方式有三种，即阻容耦合、直接耦合、变压器耦合。

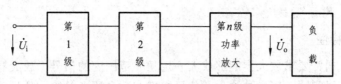

图 3.3.1　多级放大器的组成

本实验选用 RC 耦合两级放大电路来研究多级放大器的有关性能指标，如图 3.3.2 所示。

1. 电压放大倍数 A_u

在多级放大电路中，由于各级之间是串联起来的，后一级的输入电阻就是前一级的负载。所以多级放大器的总电压放大倍数等于各级放大倍数的乘积，即 $A_u = A_{u1}A_{u2}\cdots A_{uN}$。注意各级放大倍数应考虑前后级的相互影响。

两级 RC 耦合放大器中：

第一级　　　　　　$A_{u1} = -\beta \dfrac{R'_{L1}}{r_{be1}}$

第二级　　　　　　$A_{u2} = -\beta \dfrac{R'_{L2}}{r_{be2}}$

式中　　　　　　$R'_{L1} = R_{C1} \,//\, r_{i2}$，　$r_{i2} = R_{B21} \,//\, R_{B22} \,//\, r_{be2}$

　　　　　　　　$R'_{L2} = R_{C2} \,//\, R_{L}$

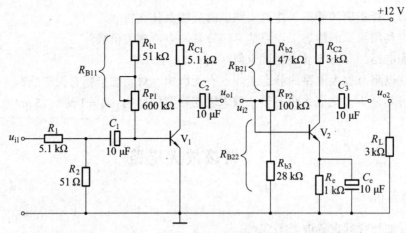

图 3.3.2　两级阻容耦合放大器

2. 输入、输出电阻

多级放大电路中后一级放大电路的输入电阻就是前一级放大电路的输出电阻，放大电路的输入电阻就是第一级的输入电阻。本实验中两级放大电路的输入电阻为

$$R_{i} = R_{i1} = R_{B11} \,//\, R_{be1}$$

多级放大电路的输出电阻就是末级（输出级）的输出电阻，即 $R_{o} = R_{oN}$；本实验中两级 RC 耦合放大电路的输出电阻为

$$R_{o} = R_{o2} = R_{C2}$$

3. 频率响应特性

在实际应用，通常要求放大器能够放大一定频率范围内的信号。放大器对不同频率的信号往往放大倍数不尽相同，这样被放大的信号幅度变化和原来的输入信号就会不完全相同，即出现所谓失真。例如，在低频或高频时，放大器对其放大的信号达不到预期的要求，因而造成放大器在低频或高频时放大性能变差。我们把放大器的放大倍数（幅值、相位）和工作信号频率有关联的特性称为频率特性，相应的曲线为频率特性曲线。多级放大电路的幅频特性曲线通频带比单级放大电路的通频带窄。

3.3.3　实验仪器与设备

两级放大电路；双踪示波器；数字万用表；信号发生器；交流毫伏表。

3.3.4 实验内容与步骤

实验电路如图 3.3.2 所示。

1. 设置静态工作点

（1）按图 3.3.2 接线，注意接线尽可能短。

（2）静态工作点设置：要求第二级在输出波形不失真的前提下幅值尽量大；第一级为增加信噪比 Q 点尽可能低。

（3）在输入端加上频率为 1 kHz、幅度为 0.3 mV 的交流信号，调整工作点使输出信号不失真。

注意：如发现有寄生振荡，可采用以下措施消除：

① 重新布线，走线尽可能短。

② 可在三极管基、射极间加几皮法到几百皮法的电容。

③ 信号源与放大器用屏蔽线连接。

2. 空载时的静态工作点测量

电路空载时，按表 3.3.1 要求测量并计算，注意测静态工作点时应断开输入信号。

表 3.3.1

测试条件	静态工作点						输入、输出电压/mV			电压放大倍数		
	第一级			第二级						第 1 级	第 2 级	整体
	V_{C1}	V_{B1}	V_{E1}	V_{C2}	V_{B2}	V_{E2}	U_i	U_{o1}	U_{o2}	A_{u1}	A_{u2}	A_u
$R_L = \infty$												
$R_L = 3\ \text{k}\Omega$												

3. 负载时的静态工作点测量

接入负载电阻 $R_L = 3$ kΩ，按表 3.3.1 测量并计算，并与空载时的结果比较。

4. 两级放大器的频率特性测量

（1）将放大器负载断开，先将输入信号频率调到 1 kHz，幅度调到使输出幅度最大而不失真。

（2）保持输入信号幅度不变，改变频率（选取频率时，在输出幅值变化大时可多取几个测试点），按表 3.3.2 测量并记录。

（3）接上负载、重复上述实验。

表 3.3.2

f/Hz		50	100	250	500	1 000	2 500	5 000	10 000	20 000
U_o/mV	$R_L = \infty$									
	$R_L = 3$ kΩ									

3.3.5 仿真分析

1. 两级阻容耦合放大器电路组成

图 3.3.3 所示电路为两级阻容耦合放大器仿真电路。前一级电路采用共射极放大电路，

163

后一级放大电路与实验二的单管放大电路一样，采用电阻分压式工作点稳定的单管放大器。双踪示波器 XSCl 用来观察一级和二级输出信号电压波形。

2. 参数设置

（1）在仿真软件中按图 3.3.3 连接电路，双击信号发生器 XFG1，按图 3.3.4 进行参数设置。

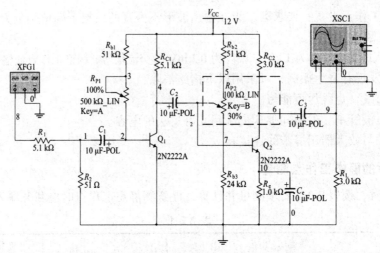

图 3.3.3　两级阻容耦合放大器仿真电路

（2）根据实验要求，在图 3.3.3 中加入直流电流表、电压表，调节 R_{P1}、R_{P2} 阻值，利用示波器观察两级放大电路的输出，在保证不失真的条件下，自拟实验表格，记录下两级放大电路的静态工作点，并通过改变 R_{P1}、R_{P2} 阻值观察波形的变化情况。同时也可以通过单击 Multisim 界面菜单"Simulate/Analyses/DC Operating Point…"按钮，得出直流工作点分析表格，对直流参数进行分析，得出什么结论？

（3）双击双踪示波器 XSC1，按图 3.3.5 设置可观察到两级电路放大后的波形。从图中读出两级放大器输出波形的幅值，计算出放大倍数，与实际测量进行比较，得出什么结论？去掉负载后再重复测量，分析实验结果。

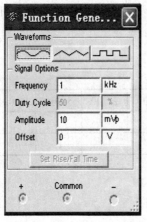

图 3.3.4　信号发生器 XFG1 设置

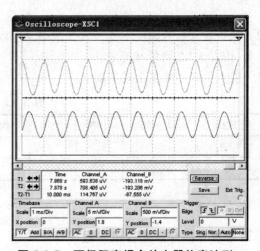

图 3.3.5　两级阻容耦合放大器仿真波形

（4）单击 Multisim 界面菜单"Simulate/Analyses/AC Analysis"按钮，在弹出的对话框"Output"选项中，选择待分析的电路节点 9。在启动的频率特性分析参数设置对话框中设定相关参数，单击"Simulate"按钮进行交流仿真分析，即可得到两级放大电路的幅频特性曲线和相频特性曲线，得出电路的上、下限频率和通频带宽度，如图 3.3.6 所示。

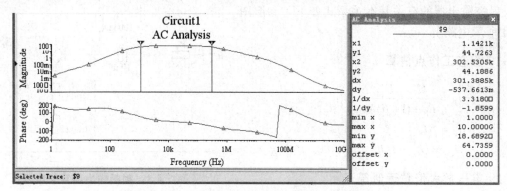

图 3.3.6　两级放大电路的幅频和相频曲线

3.3.6　预习要求

（1）复习教材中多级放大电路的内容及频率响应特性的测量方法。
（2）分析图 3.3.2 所示两级交流放大电路，初步估计测试内容的变化范围。

3.3.7　实验报告

（1）整理实验数据，与仿真数据比较，分析实验结果，找出误差原因。
（2）画出实验电路的频率特性简图，标出 f_L。
（3）写出增加频率范围的方法。

3.3.8　思考题

（1）静态工作点的变化对放大器的放大倍数和输出波形有何影响？
（2）分析两级放大电路级与级之间相互影响的原因？
（3）放大电路的上限频率和下限频率受哪些因素的影响？

3.4　射极跟随器（共集电极电路）

3.4.1　实验目的

（1）掌握射极跟随器的特性及测量方法。
（2）进一步学习放大器各项参数的测量方法。

3.4.2　实验原理

共集电极电路又名射极跟随器或射极输出器。射极输出器的输出取自发射极，它是一个电压串联负反馈放大电路，具有输入阻抗高、输出阻抗低，输出电压能够在较大范围内跟随输入电压作线性变化以及输入输出信号同相位等特点。图 3.4.1 所示为射极输出器实验电路。

射极输出器的有关基本关系式如下（参照图 3.4.1 所示电路）：

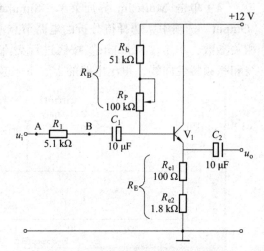

图 3.4.1　射极输出器实验电路

1. 静态工作点估算

$$I_B = \frac{U_{CC} - U_{BE}}{R_B + (1+\beta)R_E}$$

$$I_C = \beta I_B$$

$$U_{CE} = U_{CC} - I_E R_E$$

2. 电压放大倍数近似等于 1

$$A_u = \frac{\dot{U}_o}{\dot{U}_i} = \frac{(1+\beta)(R_E /\!/ R_L)}{r_{be} + (1+\beta)(R_E /\!/ R_L)} \approx 1$$

上式说明射极跟随器的电压放大倍数小于近于 1，且为正值，这是深度电压负反馈的结果。但它的射极电流仍比基极电流大 $(1+\beta)$ 倍，所以虽然没有电压放大作用，但是具有一定的电流和功率放大作用。可作为功率放大器输出级。

3. 输入电阻 R_i

$$R_i = R_B /\!/ [r_{be} + (1+\beta)(R_E /\!/ R_L')]$$

$$R_L' = R_L /\!/ R_E$$

输入电阻的测试方法同单管放大器。参照图 3.4.1，只要测得 A、B 两点的对地电位即可求出输入电阻。

$$R_i = \frac{U_i}{I_i} = \frac{U_i}{U_S - U_i} R$$

4. 输出电阻 R_o

$$R_o = \frac{r_{be} + (R_S /\!/ R_B)}{\beta} /\!/ R_E \approx \frac{r_{be} + (R_S /\!/ R_B)}{\beta}$$

由上式可知，射极跟随器的输出电阻 R_o 比共射极单管放大器的输出电阻（$R_o = R_C$）低得多。三极管的 β 值越高，输出电阻越小。

输出电阻 R_o 的测试方法也同单管放大器，即先测出空载输出电压 U_o，再测接入负载 R_L 后的输出电压 U_L，根据 $U_L = \frac{U_o}{R_o + R_L} R_L$，即可求出 $R_o = \left(\frac{U_o}{U_L} - 1 \right) R_L$。

射极输出器虽然没有电压放大作用，但它具有高输入电阻和低输出电阻的特点，因此在电子电路中应用非常广泛。具体表现在：

（1）射极输出器作为输入级。由于射极输出器具有很高的输入电阻，常用在多级放大电路中作为输入级，这对高内阻的信号源具有重要意义。

（2）射极输出器作为输出级。由于其输出电阻很低，当多级放大电路的负载变化时，其输出电压的变化很小，带负载能力很强。

（3）射极输出器作为中间级。在多级放大电路中，如果前一级的输出电阻较高，而后一级的输入电阻较低，则前后级之间就不能很好的配合。将射极输出器接入电路中，可起到阻抗变换的作用，使前后级匹配。

3.4.3　实验仪器与设备

共集电极放大电路；双踪示波器；数字万用表；信号发生器；交流毫伏表。

3.4.4　实验内容与步骤

1. 直流工作点的调整

按图 3.4.1 所示电路接线，将电源 + 12 V 接上，在 B 点加上频率 $f = 1$ kHz 的正弦波信号，输出端用示波器监视，反复调整 R_P 及信号源输出幅度，使示波器屏幕上得到一个幅度最大的不失真波形；然后断开输入信号，用万用表测量晶体管各极对地的电位，即为该放大器静态工作点。将所测数据填入表 3.4.1。

表 3.4.1　静态工作点测试数据

V_E/V	V_B/V	V_C/V	$I_E = V_E/R_E$

2. 测量电压放大倍数 A_u

接入负载 $R_L = 1$ kΩ，在 B 点加上频率 $f = 1$ kHz 的正弦波信号，调输入信号幅度（此时偏置电位器 R_P 不能再旋动），用示波器观察，在输出幅度最大且不失真的情况下测 U_i、U_L 值，将所测数据填入表 3.4.2 中。

表 3.4.2　电路放大倍数实验数据

U_i/V	U_L/V	$A_u = U_L/U_i$

3. 测量输出电阻 R_o

在 B 点加上频率 $f = 1$ kHz 正弦波信号，$U_i = 100$ mV 左右，接上负载 $R_L = 100$ Ω 时，用示波器观察输出波形，注意波形不出现失真。用毫伏表测量空载输出电压 $U_o(R = \infty)$ 及负载 $R_L = 100$ Ω 时的输出电压 U_L 的值（这两个测试数据数值比较接

表 3.4.3　输出电阻实验数据

U_o/mV	U_L/mV	$R_o = \left(\dfrac{U_o}{U_L} - 1\right)R_L$

近，注意观察它们的数值关系），则 $R_o = \left(\dfrac{U_o}{U_L} - 1\right)R_L$，将所测数据填入表 3.4.3 中。

4. 测量放大器输入电阻 R_i（采用换算法）

在输入端串入 $R = 5.1$ kΩ 电阻，A 点加入 $f = 1$ kHz 的正弦波信号，用示波器观察输出波形，用毫伏表分别测出 A、B 点对地电位 U_S、U_i，则 $R_i = \dfrac{U_i}{U_S - U_i} \cdot R = \dfrac{R}{U_S/U_i - 1}$。将测量数据填入表 3.4.4。

表 3.4.4　输入电阻实验数据

U_S/V	U_i/V	$R_i = \dfrac{R}{U_S/U_i - 1}$

5. 测射极跟随器的跟随特性和输出电压峰-峰值 $U_{o,P-P}$

接入负载 $R_L = 2 \text{ k}\Omega$，在 B 点加入 $f = 1 \text{ kHz}$ 的正弦信号，逐渐增大输入信号 U_i，用示波器监视输出端，在波形不失真时，测出所对应的 U_L 值，计算出 A_u，并用示波器测量输出电压的峰-峰值 $U_{o,P-P}$，与电压表读测的对应输出电压有效值相比较，将所测数据填入表 3.4.5。

表 3.4.5　射极跟随器输出特性测试

测量次数	U_i/mV	U_L/mV	$U_{o,P-P}$	A_u
1				
2				
3				
4				

3.4.5　仿真分析

在 Multisim 软件中，按图 3.4.2 所示搭建共集电极放大电路，依前述方法，进行仿真测量和仿真分析，得出仿真波形、静态/动态数据和频率响应曲线，如图 3.4.3 ~ 3.4.5 所示，自拟表格完成数据记录。

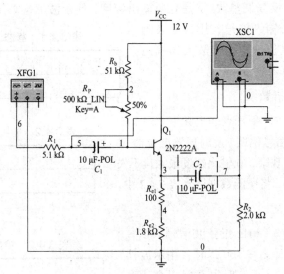

图 3.4.2　射极跟随器仿真电路

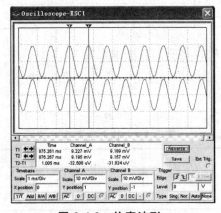

图 3.4.3　仿真波形

图 3.4.4　直流工作点分析表

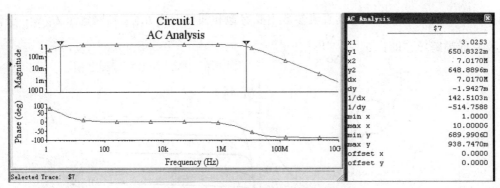

图 3.4.5　射极跟随器的频率特性曲线

3.4.6　预习要求

（1）参照教材有关章节内容，熟悉射极跟随器的原理及特点。

（2）根据图 3.4.1 中所示元器件参数，估算静态工作点，画交、直流负载线。

3.4.7　实验报告

（1）绘出实验原理电路图，标明实验的元件参数值。

（2）整理实验数据及说明实验中出现的各种现象，得出有关的结论；画出必要的波形及曲线。

（3）将实验数据、仿真结果与理论计算比较，分析产生误差的原因。

3.4.8　思考题

分析比较射极跟随器电路和共射极放大电路的性能和特点，两种电路分别适用于什么场合？

3.5　场效应管放大电路的测试

3.5.1　实验目的

（1）学习测量结型场效应管的参数及转移特性。

（2）了解共源极放大电路的组成及动态参数的测试方法。

3.5.2　实验原理

场效应管是一种电压控制型器件，按结构可分为结型和绝缘栅型两种类型。由于场效应管栅源之间处于绝缘或反向偏置状态，所以输入电阻很高（一般可达上百兆欧）；又由于场效应管是一种多数载流子控制器件，因此热稳定性好，抗辐射能力强，噪声系数小；加之制造工艺较简单，便于大规模集成，因此场效应管得到越来越广泛的应用。

1. 结型场效应管的特性和参数

场效应管的特性主要有输出特性和转移特性。图 3.5.1 所示为 N 沟道结型场效应管 3DJ6F

的输出特性和转移特性曲线。其直流参数主要有饱和漏极电流 I_{DSS}、夹断电压 U_P 等；交流参数主要有低频跨导，即：$g_m = \dfrac{\Delta I_D}{\Delta U_{GS}}\bigg|_{U_{DS}=\text{常数}}$。

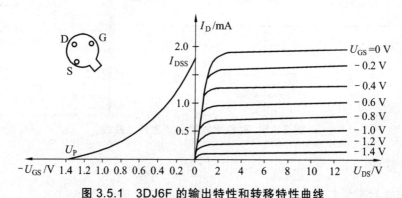

图 3.5.1　3DJ6F 的输出特性和转移特性曲线

表 3.5.1 列出了 3DJ6F 的典型参数值及测试条件。

表 3.5.1　3DJ6F 的典型参数值及测试条件

参数名称	饱和漏极电流 I_{DSS}/mA	夹断电压 U_P/V	跨导 gm/(μA·V^{-1})
测试条件	$U_{DS} = 0$ V $U_{GS} = 0$ V	$U_{DS} = 0$ V $I_{DS} = 0$ μA	$U_{DS} = 10$ V $I_{DS} = 3$ mA $f = 1$ kHz
参数值	1~3.5	<|−9|	>100

2. 场效应管放大器性能分析

图 3.5.2 所示为结型场效应管组成的共源极放大电路。其静态工作点电压、电阻为

$$U_{GS} = V_C - V_S$$
$$= \frac{R_{g1}}{R_{g1} + R_{g2}} U_{DD} - I_D R_S$$

$$I_D = I_{DSS}\left(1 - \frac{U_{GS}}{U_P}\right)^2$$

$$A_u = -g_m R_L' = -g_m R_D /\!/ R_L$$

$$R_i = R_G + R_{g1} /\!/ R_{g2}$$

$$R_o \approx R_D$$

式中，跨导 g_m 可由特性曲线用作图法求得，或用公式计算，即

$$g_m = -\frac{2I_{DSS}}{U_P}\left(1 - \frac{U_{GS}}{U_P}\right)$$

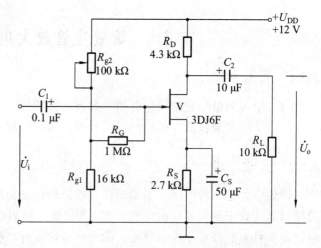

图 3.5.2　结型场效应管共源极放大电路

但要注意，计算时 U_{GS} 要用静态工作点处的数值。

3. 输入电阻的测量方法

场效应管放大器的静态工作点、电压放大倍数和输出电阻的测量方法，与实验二中晶体三极管放大器的测量方法相同。其输入电阻的测量，从原理上讲，也可采用实验二中所述方法，但由于场效应管的 R_i 比较大，如直接测量输入电压 U_S 和 U_i，则由于测量仪器的输入电阻有限，必然会带来较大的误差。因此，为了减小误差，常利用被测放大器的隔离作用，通过测量输出电压 U_o 来计算输入电阻。测量电路如图 3.5.3 所示。

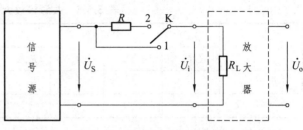

图 3.5.3　输入电阻测量电路

在放大器的输入端串入电阻 R，把开关 K 掷向位置 1（即使 $R=0$），测量放大器的输出电压 $U_{o1}=A_u U_S$；保持 U_S 不变，再把 K 掷向 2（即接入 R），测量放大器的输出电压 U_{o2}。由于两次测量中 A_u 和 U_S 保持不变，故

$$U_{o2} = A_u U_i = \frac{R_i}{R+R_i} U_S A_u$$

由此可以求出

$$R_i = \frac{U_{o2}}{U_{o1}-U_{o2}} R$$

式中，R 和 R_i 不要相差太大，本实验可取 $R=100\sim200\ \text{k}\Omega$。

3.5.3　实验仪器与设备

模拟电子技术实验箱，1 台；函数信号发生器，1 台；双踪示波器，1 台；晶体管毫伏表，1 台；数字万用表，1 块。

3.5.4　实验内容与步骤

1. 静态工作点的测量和调整

在实验箱中找出本实验所需的各种器件，并按图 3.5.2 所示连接电路，令 $u_i=0$，接通 +12 V 电源，用数字万用表直流电压档测量 V_G、V_S 和 V_D。检查静态工作点是否在管子输出特性曲线放大区的中部，若在，则静态工作点合适，测量相应参数并把结果记入表 3.5.2。

表 3.5.2　结型场效应管共源极放大器静态指标

测量值						计算值		
V_G/V	V_S/V	V_D/V	U_{DS}/V	U_{GS}/V	I_D/mA	U_{DS}/V	U_{GS}/V	I_D/mA

若不在，则静态工作点不合适，应适当调整 R_{g2} 和 R_S，使静态工作点处于管子输出特性曲线放大区的中部，调好后，再测量 V_G、V_S 和 V_D 并记入表 3.5.2。

2. 电压放大倍数 A_u、输入电阻 R_i 和输出电阻 R_o 的测量

1）A_u 和 R_o 的测量

在放大器的输入端加入 $f=1\ \text{kHz}$ 的正弦信号 U_i（$50\sim100\ \text{mV}$），并用示波器监视输出电

压 u_o 的波形。在输出电压 u_o 没有失真的情况下，用交流毫伏表分别测量 $R_L = \infty$ 和 $R_L = 10\ \mathrm{k}\Omega$ 时的输出电压 U_o，并记入表 3.5.3（注意：保持 U_i 幅值不变）。

用示波器同时观察 u_i 和 u_o 的波形，并绘于表 3.5.3 中，分析它们的相位关系。

表 3.5.3　共源极放大器交流指标

测试条件	测量值				计算值		u_i 和 u_o 波形
	U_i/V	U_o/V	A_u	R_o/k	A_u	$R_o/\mathrm{k}\Omega$	
$R_L = \infty$							
$R_L = 10\ \mathrm{k}\Omega$							

2）R_i 的测量

按图 3.5.3 改接实验电路，选择大小合适的输入电压 U_S（50～100 mV），将开关 K 掷向"1"，测量 $R = 0$ 时的输出电压 U_{o1}；然后将开关掷向"2"（接入 R），保持 U_S 不变，再测量 U_{o2}。根据公式 $R_i = \dfrac{U_{o2}}{U_{o1} - U_{o2}} R$ 求出 R_i，并记入表 3.5.4。

表 3.5.4　输入电阻的测量

测量值			计算值
U_{o1}/V	U_{o2}/V	R_i/k	$R_i/\mathrm{k}\Omega$

3.5.5　仿真分析

在 Multisim 软件中，按图 3.5.2 所示搭建场效应管共源极放大电路，依前述方法，开启仿真开关，进行仿真测量。仿真电路和输入、输出仿真波形如图 3.5.4 所示。依次从仪表库中调出 3 个测量笔分别放置在电路中场效应管三个电极 S、G、D 处，启动仿真开关，进行在路动态测量，如图 3.5.5 所示。

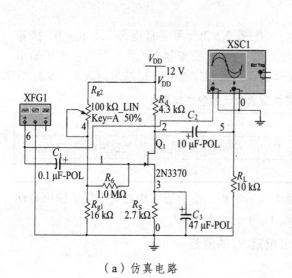

（a）仿真电路　　　　　　　　　　　（b）仿真波形

图 3.5.4　场效应管共源极放大电路仿真实验

（1）改变 R_{g2} 和 R_S 的阻值，记录静态和动态参数的变化，分析变化的原因。

（2）改变 R_L，分析带负载和开路时波形的变化情况。

（3）利用仿真电路测试 R_i，并与实验结果进行比较分析。

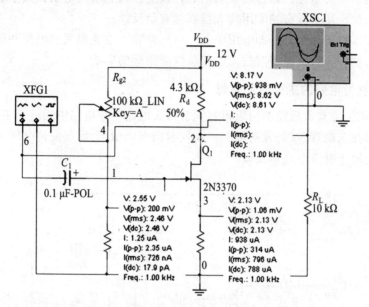

图 3.5.5　场效应管共源极放大电路在路动态仿真测量

3.5.6　预习要求

（1）复习教材中有关场效应管部分的内容，并分别用图解法与计算法估算管子的静态工作点（根据实验电路参数），求出工作点处的跨导 g_m。

（2）在测量场效应管静态工作电压 U_{GS} 时，能否用直流电压表直接并在 G、S 两端测量？为什么？

（3）为什么测量场效应管输入电阻时要用测量输出电压的方法？

3.5.7　实验报告

（1）整理实验数据，将测得的 A_u、R_i、R_o 和理论计算值进行比较。

（2）比较场效应管放大器与晶体管放大器，总结场效应管放大器的特点。

（3）分析测试中的问题，总结实验收获。

3.6　负反馈放大电路

3.6.1　实验目的

（1）研究负反馈对放大器性能的影响。

（2）掌握反馈放大器性能的测试方法。

173

3.6.2 实验原理

负反馈在电子电路中有着非常广泛的应用，虽然它使放大器的放大倍数降低，但能在多方面改善放大器的动态指标，如稳定放大倍数，改变输入、输出电阻，减小非线性失真和展宽通频带等。因此，几乎所有的实用放大器都带有负反馈。

负反馈放大器有四种组态，即电压串联、电压并联、电流串联和电流并联。本实验以电压串联负反馈为例，分析负反馈对放大器各项性能指标的影响。

1. 负反馈放大电路的主要性能指标

图 3.6.1 所示为带有负反馈的两级阻容耦合放大电路，在电路中通过 R_f 把输出电压 u_o 引回到输入端，加在三极管 V_1 的发射极上，在发射极电阻 R_6 上形成反馈电压 u_f。根据反馈的判断法可知，它属于电压串联负反馈。

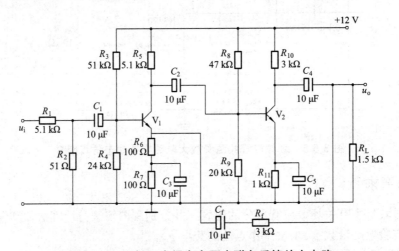

图 3.6.1 两级阻容耦合电压串联负反馈放大电路

负反馈放大电路的主要性能指标如下：

1）闭环电压放大倍数

$$A_{uf} = \frac{A_u}{1 + A_u F_u}$$

其中，$A_u = U_o/U_i$ 为基本放大器（无反馈）的电压放大倍数，即开环电压放大倍数。$1 + A_u F_u$ 为反馈深度，它的大小决定了负反馈对放大器性能改善的程度。

2）反馈系数

$$F_u = \frac{R_6}{R_f + R_6}$$

3）输入电阻

$$R_{if} = (1 + A_u F_u)R_i$$

其中，R_i 为基本放大器的输入电阻。

4）输出电阻

$$R_{of} = \frac{R_o}{1 + A_{uo}F_u}$$

其中，R_o 为基本放大器的输出电阻；A_{uo} 为基本放大器 $R_L = \infty$ 时的电压放大倍数。

2. 等效基本放大电路

本实验还需要测量基本放大器的动态参数。为了实现无反馈而得到基本放大器，不能简单地断开反馈支路，而是要去掉反馈作用，但又要把反馈网络的影响（负载效应）考虑到基本放大器中去。为此：

① 在画基本放大器的输入回路时，因为是电压负反馈，所以可将负反馈放大器的输出端交流短路，即令 $u_o = 0$，此时 R_f 相当于并联在 R_6 上。

② 在画基本放大器的输出回路时，由于输入端是串联负反馈，因此需将反馈放大器的输入端（V_1 管的射极）开路，此时 $(R_f + R_6)$ 相当于并接在输出端。可近似认为 R_f 并接在输出端。

根据上述规律，就可得到所要求的如图 3.6.2 所示的基本放大电路。

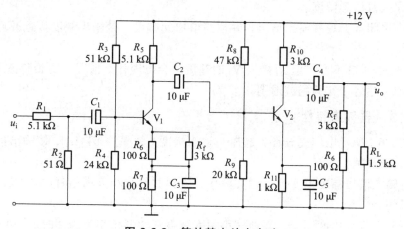

图 3.6.2　等效基本放大电路

3.6.3　实验仪器与设备

两级阻容耦合负反馈放大电路；双踪示波器；信号发生器；数字万用表；交流毫伏表。

3.6.4　实验内容与步骤

1. 负反馈放大器开环和闭环放大倍数的测试

1）开环电路

① 按图 3.6.1 接线，R_f 先不接入。

② 输入端接入 $U_i = 0.5\,\text{mV}$，$f = 1\,\text{kHz}$ 的正弦波（注意输入信号采用输入端衰减法），调整接线和参数，使输出不失真且无振荡（参考实验二方法）。

③ 按表 3.6.1 要求进行测量并填表。

④ 根据实测值计算开环放大倍数和输出电阻 R_o。

175

2）闭环电路

① 接通 R_f，按要求调整电路。

② 按表 3.6.1 要求测量并填表，计算 A_{uf}。

③ 根据实测结果，验证 A_{uf}，$A_{uf} \approx \dfrac{1}{F}$。

表 3.6.1 开环、闭环增益实验数据

	R_L/Ω	U_i/mV	U_o/mV	A_u/A_{uf}
开环	∞	0.5		
	$1.5\,k\Omega$	0.5		
闭环	∞	0.5		
	$1.5\,k\Omega$	0.5		

2. 负反馈对失真的改善作用

（1）将图 3.6.1 所示电路开环，逐步加大 u_i 的幅度，使输出信号出现失真（注意不要过分失真）记录失真波形幅度。

（2）将电路闭环，观察输出情况，并适当增加 u_i 幅度，使输出幅度接近开环时失真波形幅度。

（3）若 $R_f = 3\,k\Omega$ 不变，但 R_f 接入 V_1 的基极，会出现什么情况？实验验证之。

（4）画出上述各步实验的波形图。

3. 测试放大器频率特性

① 将图 3.6.1 所示电路先开环，选择 u_i 适当幅度（频率为 1 kHz），使输出信号在示波器上有满幅正弦波显示。

② 保持输入信号幅度不变逐步增加频率，直到波形减小为满幅时的 70%，此时信号频率即为放大器 f_H。

③ 保持输入信号幅度不变，逐渐减小频率，直到波形减小为满幅时的 70%，此时信号频率即为 f_L。

④ 将电路闭环，重复步骤①～③，并将结果填入表 3.6.2。

表 3.6.2 反馈电路的频率特性

测试条件	f_H/Hz	f_L/Hz
开环		
闭环		

3.6.5 仿真分析

1. 两级阻容耦合电压串联负反馈放大电路组成

图 3.6.3 所示电路为两级阻容耦合电压串联负反馈放大电路，偏置电路采用 R_{b1} 和 R_{b2} 组成的分压电路。通过 R_{10} 和 C_{e2} 将输出电压反馈到第一级的发射极端，根据反馈的判断法可知，它属于电压串联负反馈。双踪示波器 XSCl 用来观察放大器的输入信号和输出信号电压波形。

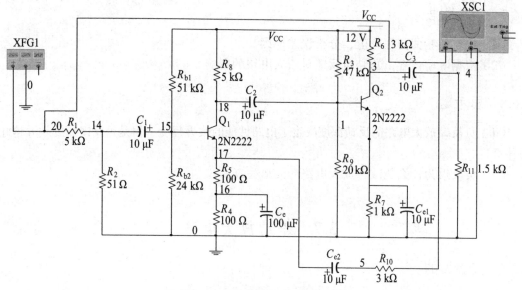

图 3.6.3　电压串联负反馈放大电路

2. 仿真测试

（1）测量空载时的开环增益 A_u、闭环增益 A_{uf}。

在仿真软件工作平台上按图 3.6.3 所示连接仿真电路，利用两个交流电压表分别测量输入端的电压 U_i 和输出端的电压 U_o，用示波器观察输出端的波形。启动仿真按钮，分别在开环和闭环的情况下，逐渐增大输入 u_i，观察示波器显示的输出波形的变化情况，在保证输出电压最大且不失真时（见图 3.6.4），分别记录交流电压表的读数，计算开环和闭环电压增益 A_u、A_{uf}。

（2）带上负载，重复以上步骤，测试带负载时开环和闭环增益。

（3）按实验二的方法，分别在开环和闭环情况下，测量输入、输出电阻和频率响应曲线，重点注意开环和闭环情况下频带宽度的变化。

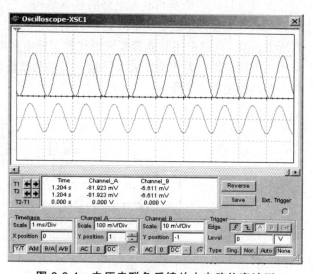

图 3.6.4　电压串联负反馈放大电路仿真波形

3.6.6　预习要求

（1）认真阅读实验内容要求，估算待测量内容的变化趋势。

（2）设图 3.6.1 所示电路中晶体管放大倍数为 120，试计算该放大器开环和闭环电压放大倍数。

3.6.7 实验报告

（1）比较实验值与理论值，分析误差原因。

（2）根据实验内容，总结负反馈对放大电路的影响。

3.6.8 思考题

（1）负反馈放大电路的反馈深度决定了电路性能的改善程度，但是否反馈深度越大越好？为什么？

（2）负反馈为什么能改善放大电路的波形失真？

3.7 差动放大电路

3.7.1 实验目的

（1）熟悉差动放大器的工作原理。

（2）掌握差动放大器的基本测试方法。

3.7.2 实验原理

图 3.7.1 所示是差动放大电路的基本结构。它由两个元件参数相同的基本共射放大电路组成。调零电位器 R_w 用来调节 V_1、V_2 管的静态工作点，使得输入信号 $U_i = 0$ 时，双端输出电压 $U_o = 0$。电路中用晶体管恒流源代替了原电路的发射极电阻 R_E，它对差模信号无负反馈作用，因而不影响差模电压放大倍数，但对共模信号有较强的负反馈作用，故可以有效地抑制零漂，稳定静态工作点。

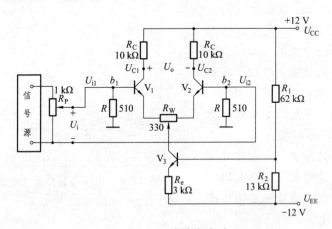

图 3.7.1　差动放大电路

1. 静态工作点的估算

在典型的差动放大电路中，有

$$I_E \approx \frac{|U_{EE}| - U_{BE}}{R_E} \quad (认为 U_{b1} = U_{b2} \approx 0)$$

在图 3.7.1 所示电路中，有

$$I_{C3} \approx I_{E3} \approx \frac{\dfrac{R_2}{R_1+R_2}(U_{CC}+|U_{EE}|)-U_{BE}}{R_e} \quad , \quad I_{C1} = I_{C2} = \frac{1}{2}I_{C3}$$

2. 差模电压放大倍数和共模电压放大倍数

当差动放大器的射极电阻 R_e 足够大，或采用恒流源电路时，差模电压放大倍数 A_d 由输出端方式决定，而与输入方式无关。

双端输出：$R_e = \infty$，R_W 在中心位置时，

$$A_d = \frac{\Delta U_o}{\Delta U_i} = -\frac{\beta R_C}{r_{be} + \dfrac{1}{2}(1+\beta)R_W}$$

单端输出：

$$A_{d1} = \frac{\Delta U_{C1}}{\Delta U_i} = \frac{1}{2}A_d \qquad A_{d2} = \frac{\Delta U_{C1}}{\Delta U_i} = -\frac{1}{2}A_d$$

当输入共模信号时，若为单端输出，则有

$$A_{c1} = A_{c2} = \frac{\Delta U_{C1}}{\Delta U_i} = \frac{-\beta R_C}{r_{be} + (1+\beta)\left(\dfrac{1}{2}R_W + 2R_e\right)} \approx -\frac{R_C}{2R_e}$$

若为双端输出，在理想情况下，则有

$$A_c = \frac{\Delta U_o}{\Delta U_i} = 0$$

实际上由于元件不可能完全对称，因此 A_c 也不会绝对等于零。

3. 共模抑制比 K_{CMR}

为了表征差动放大器对有用信号（差模信号）的放大作用和对共模信号的抑制能力，通常用一个综合指标来衡量，即共模抑制比

$$K_{CMR} = \left|\frac{A_d}{A_c}\right| \quad 或 \quad K_{CMR} = 20\lg\left|\frac{A_d}{A_c}\right| \text{dB}$$

式中，K_{CMR} 的单位为 dB。差动放大器的输入信号可采用直流信号也可采用交流信号。

本实验将进行直流分析和交流分析计算，交流信号由信号发生器提供频率 $f = 1$ kHz 的正弦信号作为输入信号。

3.7.3 实验仪器与设备

差动放大电路；双踪示波器；数字万用表；信号源；交流毫伏表。

3.7.4 实验内容与步骤

实验电路如图 3.7.1 所示。

1. 测量静态工作点

（1）调零：将输入端短路并接地，接通直流电源。调节电位器 R_W 使双端输出电压 $U_o = 0$。

（2）测量静态工作点：测量 V_1、V_2、V_3 各极对地电压，并填入表 3.7.1 中。

表 3.7.1　差动放大器静态工作点

对地电位	V_{C1}	V_{C2}	V_{C3}	V_{B1}	V_{B2}	V_{B3}	V_{E1}	V_{E2}	V_{E3}
测量值/V									

2. 测量差模电压放大倍数

在输入端加入直流电压信号 $U_{id} = \pm 0.1$ V，按表 3.7.2 要求测量并记录，由测量数据算出单端和双端输出的电压放大倍数。注意先调好 DC 信号源的输出电压 OUT_1 和 OUT_2，使其分别为 + 0.1 V 和 – 0.1 V，再接入 U_{i1} 和 U_{i2}。

3. 测量共模电压放大倍数

将输入端 b_1、b_2 短接，接到信号源的输入端，信号源另一端接地。DC 信号源分先后接 OUT_1 和 OUT_2，使它们分别为 + 1 V 和 – 1 V，分别测量相关参数并填入表 3.7.2。由测量数据算出单端和双端输出的电压放大倍数，进一步算出共模抑制比 $K_{CMR} = \left| \dfrac{A_d}{A_c} \right|$。

表 3.7.2　差动放大器动态实验数据

输入信号 U_i	差模输入						共模输入						共模抑制比
	测量值/V			计算值			测量值/V			计算值			计算值
	V_{C1}	V_{C2}	$U_o(双)$	A_{d1}	A_{d2}	$A_d(双)$	V_{C1}	V_{C2}	$U_o(双)$	A_{c1}	A_{c2}	$A_c(双)$	K_{CMR}
+ 0.1 V													
– 0.1 V													

4. 单端输入的差放电路实验

（1）在图 3.7.1 中将 b_2 接地，组成单端输入差动放大器；从 b_1 端输入直流信号 $U_i = \pm 0.1$ V，测量单端及双端输出电压，并填入表 3.7.3，计算单端输入时的单端及双端输出电压放大倍数，并与双端输入时的单端及双端差模电压放大倍数进行比较。

表 3.7.3　单端输入差动放大器动态实验数据

输入信号	电位值/V			电压放大倍数 A_u	
	V_{C1}	V_{C2}	U_o	单端	双端
直流 + 0.1 V					
直流 – 0.1 V					
正弦信号(50 mV，1 kHz)					

（2）从 b_1 端加入 $U_i = 50$ mV、$f = 1$ kHz 的正弦交流信号，分别测量、记录单端及双端输出电压，填入表 3.7.3，计算单端及双端的差模电压放大倍数。

（注意：输入交流信号时，用示波器监视 u_{C1}、u_{C2} 波形，若有失真现象，可减小输入电压值，直到 u_{C1}、u_{C2} 都不失真为止）

3.7.5 仿真分析

1. 测量双端输入双端输出电压放大倍数 A_d

在仿真软件中按图 3.7.2 所示电路连接，设置双端输入信号分别为 $U_1 = +0.1$ V，$U_2 = -0.1$ V，直流电压表接在 Q_1、Q_2 两管的集电极之间，启动仿真按钮，记录差动输出电压 U_{od}，并计算双端输入双端输出时差动电压倍数 A_d。

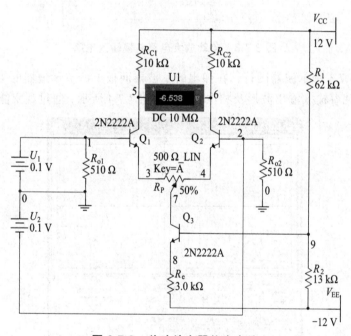

图 3.7.2　差动放大器仿真电路

2. 测量单端输入双端输出电压放大倍数 A_d

去掉图 3.7.2 中的信号源 U_2，留下信号源 U_1 作为单端输入信号，设置单端输入信号 $U_1 = +0.2$ V，启动仿真按钮，记录单端输入双端输出时电压表的读数，与双端输入双端输出时电压表的读数进行比较，可以得出什么结论？计算单端输入双端输出时的电压放大倍数 A_d。

3. 测试差模输入状态下输入输出特性及电压传输特性

① 在仿真软件平台上绘制如图 3.7.3 所示的差动放大电路差模输入仿真电路。双端输入信号幅值 $U_{P-P} = 0.1$ V，频率为 1 kHz，单端输出分别为 U_{od1}（Q_1 管集电极输出）或 U_{od2}（Q_2 管集电极输出），将示波器的 A 输入端接输入信号，两个示波器的 B 端分别接 U_{od1}、U_{od2}。

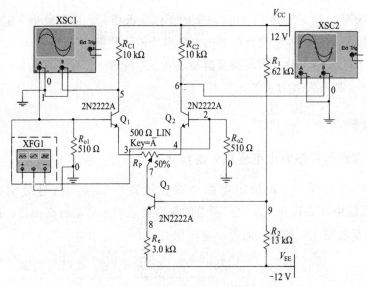

图 3.7.3　差动放大电路差模输入电路

② 双击图 3.7.3 中示波器图符，在弹出的示波器面板上调节示波器的工作方式为 Y/T，启动仿真按钮，观察输入输出波形及相位关系，如图 3.7.4 所示，通过观察能得出什么结论？

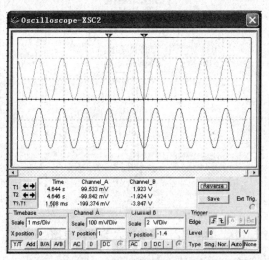

图 3.7.4　差动放大电路差模输入电路波形图

③ 调节仿真电路中示波器的工作方式为 A/B，启动仿真按钮，观察双端输入单端输出电压传输特性，此时水平扫描信号为输入信号 u_i，垂直扫描信号为输出信号 U_{od1}、U_{od2}。如果调节示波器的工作方式为 B/A，观察示波器所显示的传输特性，此时其水平轴和垂直轴各代表什么信号？

4. 测量共模放大倍数 A_c 和共模抑制比 K_{CMR}

在图 3.7.3 中，去掉差模输入信号 U_i，输入共模信号 $U_{ic} = 0.5$ V，测量双端输出共模电压 U_{oc} 的值，并计算共模放大倍数 A_c。由差模放大倍数 A_d 和共模放大倍数 A_c，计算共模抑制比 $K_{CMR} = A_d/A_c$。

3.7.6　预习要求

（1）计算图 3.7.1 所示电路的静态工作点（设 $r_{be} = 3\text{ k}\Omega$，$\beta = 100$）及电压放大倍数。
（2）在图 3.7.1 基础上画出单端输入和共模输入的电路。

3.7.7　实验报告

（1）根据实际测量数据计算图 3.7.1 所示电路的静态工作点，与预习计算结果相比较。
（2）整理实验数据，计算各种接法的 A_d，并与理论计算值相比较。
（3）计算实验步骤 3 中的 A_c 和 K_{CMR} 值。
（4）总结差放电路的性能和特点。

3.7.8　思考题

（1）差动放大电路中两管及元件的对称性对电路性能有何影响？
（2）为什么电路在工作前要进行零点调整？
（3）电路中反馈电阻 R_e 有什么作用？为什么要改用恒流源？

3.8　集成运算放大器性能指标的测试

3.8.1　实验目的

（1）掌握运算放大器主要指标的测试方法。
（2）通过对运算放大器 μA741 指标的测试，了解集成运算放大器组件的主要参数的定义和表示方法。

3.8.2　实验原理

集成运算放大器是一种线性集成电路，和其他半导体器件一样，需用一些性能指标来衡量其质量的优劣。为了正确使用集成运放，就必须了解它的主要参数指标。集成运放组件的各项指标通常是由专用仪器进行测试的，这里介绍的是一种简易测试方法。

本实验采用的集成运放型号为 μA741（或 F007），引脚排列如图 3.8.1 所示，它是 8 脚双列直插式组件，其 2 脚和 3 脚为反相和同相输入端，6 脚为输出端，7 脚和 4 脚为正、负电源端，1 脚和 5 脚为失调调零端，1 脚和 5 脚之间可接入一只几十千欧的电位器并将滑动触头接到负电源端，8 脚为空脚。

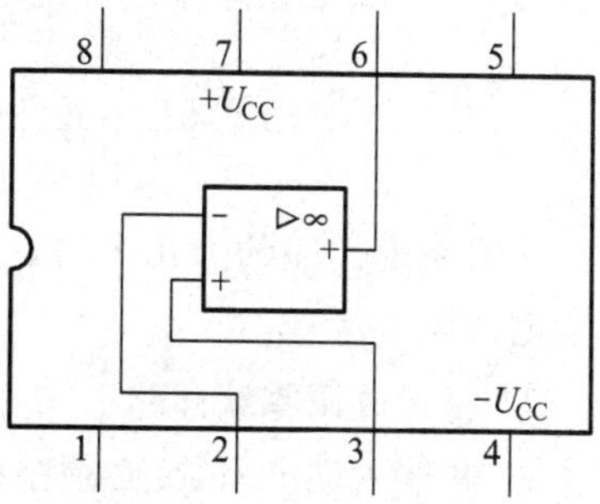

图 3.8.1　μA741 管脚图

1. μA741 主要指标测试

1）输入失调电压 U_{IO}

对于理想运放组件，当输入信号为零时，其输出也为零。但是即使是最优质的集成组件，

183

由于运放内部差动输入级参数的不完全对称，输出电压往往不为零。这种零输入时输出不为零的现象称为集成运放的失调。

输入失调电压 U_{I0} 是指输入信号为零时，输出端出现的电压折算到同相输入端的数值。

失调电压测试电路如图 3.8.2 所示。闭合开关 K_1 及 K_2，将电阻 R_B 短接，测量此时的输出电压 U_{I0} 即为输出失调电压（K_1、K_2 闭合时的电压），有

$$U_{I0} = \frac{R_1}{R_1 + R_F} U_{o1}$$

实际测出的 U_{I0}，可能为正，也可能为负，一般在 $1 \sim 5\,mV$ 之间。高质量的运放 U_{I0} 一般在 $1\,mV$ 以下。

测试中应注意：

① 将运放调零端开路。

② 要求电阻 R_1 和 R_2、R_3 和 R_F 的参数严格对称。

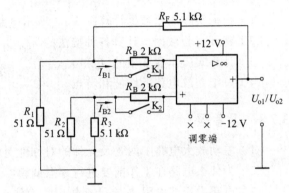

图 3.8.2　U_{I0}、I_{I0} 测试电路

2）输入失调电流 I_{I0}

输入失调电流 I_{I0} 是指当输入信号为零时，运放两个输入端的静态基极偏置电流之差，即

$$I_{I0} = I_{B1} - I_{B2}$$

输入失调电流 I_{I0} 的大小反映了运放内部差动输入级两个晶体管 β 的失配度，由于 I_{B1}、I_{B2} 本身的数值已很小（微安级），因此它们的差值通常不是直接测量的，测试电路如图 3.8.2 所示。

测试分两步进行：

① 闭合开关 K_1 及 K_2，在低输入电阻下，测出输出电压 U_{o1}；如前所述，这是由输入失调电压 U_{I0} 所引起的输出电压。

② 断开 K_1 及 K_2，两个输入电阻 R_B 接入；由于 R_B 阻值较大，流经它们的输入电流的差异，将变成输入电压的差异，因此也会影响输出电压的大小，测出两个电阻 R_B 接入时的输出电压 U_{o2}，再从中扣除输入失调电压 U_{I0} 的影响，则可得出输入失调电流 I_{I0} 为

$$I_{I0} = |I_{B1} - I_{B2}| = |U_{o2} - U_{o1}| \frac{R_1}{R_1 + R_F} \cdot \frac{1}{R_B}$$

一般来说，I_{I0} 约为几十纳安至几百纳安（$10^{-9}\,A$），高质量运放的 I_{I0} 则低于 $1\,nA$。

测试中应注意：

① 将运放调零端开路；

② 两输入端电阻 R_B 必须精确配对。

3）开环差模放大倍数 A_{ud}

集成运放在没有外部反馈时的直流差模放大倍数称为开环差模电压放大倍数，用 A_{ud} 表示。它定义为开环输出电压 U_o 与两个差分输入端之间所加信号电压 U_{id} 之比，即

$$A_{ud} = \frac{U_o}{U_{id}}$$

按定义，A_{ud} 应是信号频率为零时的直流电压放大倍数，但为了测试方便，通常采用低频（几十赫兹以下）正弦交流信号进行测量。由于集成运放的开环电压放大倍数很高，难以直接进行测量，故一般采用闭环测量方法。A_{ud} 的测试方法很多，现采用交、直流同时闭环的测试方法，测试电路如图 3.8.3 所示。

被测运放一方面通过 R_F、R_1、R_2 直流闭环，以抑制输出电压漂移；另一方面通过 R_F 和 R_S 实现交流闭环，外加信号 U_S 经 R_1、R_2 分压，使 U_{id} 足够小，以保证运放工作在线性区；同相输入端电阻 R_3 应与反相输入端电阻 R_2 相匹配，以减小输入偏置电流的影响；电容 C 为隔直电容。被测运放的开环电压放大倍数为

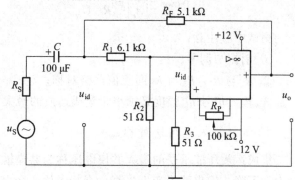

图 3.8.3　A_{ud} 测试电路

$$A_{ud} = \frac{U_o}{U_{id}} = \left(1 + \frac{R_1}{R_2}\right)\frac{U_o}{U_S}$$

通常低增益运放的 A_{ud} 为 60～70 dB，中增益运放的 A_{ud} 约为 80 dB，高增益运放的 A_{ud} 在 100 dB 以上，可逆运放的 A_{ud} 为 120～140 dB。

测试中应注意：

① 测试前电路应首先消振及调零；

② 被测运放要工作在线性区；

③ 输入信号频率应较低，一般用 50～100 Hz，输出信号幅度应较小，且无明显失真。

4）共模抑制比 K_{CMR}

集成运放的差模电压放大倍数 A_d 与共模电压放大倍数 A_c 之比称为共模抑制比，即

$$K_{CMR} = \left|\frac{A_d}{A_c}\right| \quad \text{或} \quad K_{CMR} = 20\lg\left|\frac{A_d}{A_c}\right| \text{(dB)}$$

共模抑制比在应用中是一个很重要的参数。理想运放在输入共模信号时其输出为零，但在实际的集成运放中，其输出不可能没有共模信号的成分。输出端共模信号愈小，说明电路对称性愈好，也就是说运放对共模干扰信号的抑制能力愈强，即 K_{CMR} 愈大。K_{CMR} 的测试电路如图 3.8.4 所示。

集成运放工作在闭环状态下的差模电压放大倍数为

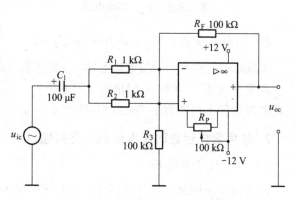

图 3.8.4　K_{CMR} 测试电路

$$A_d = -R_F / R_1$$

当接入共模输入信号 U_{ic} 时，测得 U_{oc}，则共模电压放大倍数为

$$A_c = U_{oc} / U_{ic}$$

得共模抑制比为

$$K_{CMR} = \left| \frac{A_d}{A_c} \right| = \frac{R_F}{R_1} \cdot \frac{U_{ic}}{U_{oc}}$$

测试中应注意：

① 消振与调零；

② R_1 与 R_2，R_3 与 R_F 间阻值严格对称；

③ 输入信号 u_{ic} 幅度必须小于集成运放的最大共模输入电压范围 U_{icm}。

5）共模输入电压范围 U_{icm}

集成运放所能承受的最大共模电压称为共模输入电压范围。超出这个范围，运放的 K_{CMR} 会大大下降，输出波形产生失真，有些运放还会出现"自锁"现象以及永久性的损坏。

U_{icm} 的测试电路如图 3.8.5 所示。

被测运放接成电压跟随器形式，输出端接示波器，观察最大不失真输出波形，从而确定 U_{icm} 值。

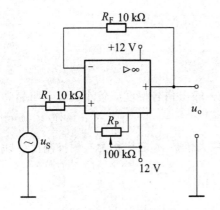 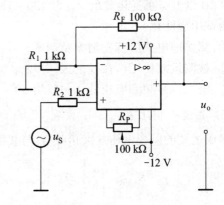

图 3.8.5　U_{icm} 测试电路　　　　　图 3.8.6　$U_{o,P-P}$ 测试电路

6）输出电压最大峰-峰动态范围 $U_{o, P-P}$

集成运放的动态范围与电源电压、外接负载及信号源频率有关，测试电路如图 3.8.6 所示。

改变 u_S 幅度，观察 u_o 削顶失真开始时刻，从而确定 u_o 的不失真范围，这就是运放在某一定电源电压下可能输出的电压峰-峰值 $U_{o, P-P}$。

2. 使用集成运放时应考虑的一些问题

1）输入信号的选择

输入信号选用交、直流量均可，但在选取信号的频率和幅度时，应考虑运放的频响特性和输出幅度的限制。

2）调　零

为了提高运算精度，在运算前，应先对直流输出电位进行调零，即保证输入为零时，输出也为零。当运放有外接调零端子时，可按组件要求接入调零电位器 R_P。调零时，将输入端接地，调零端接入电位器 R_P，用直流电压表测量输出电压 U_o，细心调节 R_P 使 U_o 为零（失调电压为零）。如果运放没有调零端子，若要调零，则可按图 3.8.7 和图 3.8.8 所示电路进行。

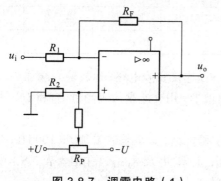 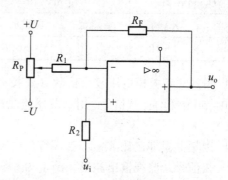

图 3.8.7　调零电路（1）　　　　　图 3.8.8　调零电路（2）

一个运放如不能调零，大致有如下原因：

① 组件正常，接线有错误。

② 组件正常，但负反馈不够强（R_F/R_1 太大），为此可将 R_F 短路，观察是否能调零。

③ 组件正常，但由于它所允许的共模输入电压太低，可能出现自锁现象，因而不能调零。为此可将电源断开后，再重新接通，如能恢复正常，则属于这种情况。

④ 组件正常，但电路有自激现象，应进行消振。

⑤ 组件内部损坏，应更换好的集成块。

3）消　振

一个集成运放自激时，即使输入信号为零，输出也不会为零，致使各种运算功能无法实现，严重时还会损坏器件。在实验中，可用示波器监视输出波形。为消除运放的自激，常采用如下措施：

① 若运放有相位补偿端子，可利用外接 RC 补偿电路；而产品手册中有补偿电路及元件参数提供。

② 合理布局元、器件，尽量缩短连线，以减少分布电容和导线电阻。

③ 在正、负电源进线与地之间加一电解电容（10～30 μF）防止低频干扰，加一独石电容（0.01～0.1 μF）防止高频干扰。

3.8.3　实验仪器与设备

函数信号发生器；双踪示波器；交流毫伏表；运放测试板；数字电压表。

3.8.4　实验内容与步骤

实验前看清运放引脚排列、电源电压极性及数值，切忌正、负极接反。

（1）测量输入失调电压 U_{IO}。按图 3.8.2 连接实验电路，闭合开关 K_1、K_2；用直流电压表

测量输出端电压 U_{o1}，计算 U_{IO}，并记入表 3.8.1 中。

（2）测量输入失调电流 I_{IO}。实验电路如图 3.8.2 所示，打开开关 K_1、K_2；用直流电压表测量 U_{o2}，并计算 I_{IO}，并记入表 3.8.1 中。

表 3.8.1　μA741 指标测试表

U_{IO}/mV		I_{IO}/mV		A_{ud}/dB		K_{CMR}/dB	
实测值	典型值	实测值	典型值	实测值	典型值	实测值	典型值
	2～10		50～100		100～106		80～86

（3）测量开环差模电压放大倍数 A_{ud}。按图 3.8.3 连接实验电路，运放输入端加 $f = 100$ Hz、$U_{id} = 30～50$ mV 的正弦信号，用示波器监视输出波形；用交流毫伏表测量 U_o 和 U_i，计算 A_{ud}，并记入表 3.8.1 中。

（4）测量共模抑制比 K_{CMR}。按图 3.8.4 连接实验电路，运放输入端加 $f = 100$ Hz、$U_{ic} = 1～2$ V 的正弦信号，监视输出波形。测量 U_{oc} 和 U_{ic}，计算 A_c 及 K_{CMR}，并记入表 3.8.1 中。

（5）测量共模输入电压范围 U_{icm} 及输出峰-峰电压最大动态范围 $U_{o,P-P}$。

3.8.5　预习要求

（1）查阅 μF 741 典型指标数据及引脚功能。

（2）测量输入失调参数时，为什么运放的反相及同相输入端的电阻要精选，以保证严格对称？

（3）测量输入失调参数时，为什么要将运放调零端开路，而在进行其他测试时，则要求输出电压进行调零？

（4）测试信号频率的选取原则是什么？

3.8.6　实验报告

（1）将所测得的数据与典型值进行比较。

（2）对实验结果及实验中碰到的问题进行分析和讨论。

3.9　比例求和运算电路

3.9.1　实验目的

（1）掌握用集成运算放大器组成比例、求和电路的特点及性能。

（2）学会上述电路的测试和分析方法。

3.9.2　实验原理

集成运算放大器是一种高电压放大倍数、输入电阻很大、输出电阻很小的直接耦合多级放大电路。当外部接入不同的线性或非线性元器件组成输入和负反馈电路时，可以灵活地实现各种特定的函数关系，如比例、加法、减法、积分、微分和对数等。

本实验采用的集成运放型号为 μF741，它是八脚双列直插式组件，②脚和③脚分别为反相输入端和同相输入端，⑥脚为输出端，⑦脚和④脚分别为正、负电源端，①脚和⑤脚分别为失调调零端，①、⑤脚之间可接入一只几十千欧的电位器并将滑动触头接到负电源端，⑧脚为空脚。

1. 理想运算放大器的特性

在大多数情况下，将运放视为理想运放，就是将运放的各项技术指标理想化。满足下列条件的运算放大器称为理想运放：

开环电压增益 $A_{ud} = \infty$，输入阻抗 $r_i = \infty$，输出阻抗 $r_o = 0$，带宽 $f_{BW} = \infty$，失调电压与漂移电压均为零等。

理想运放在线性应用时有两个重要特性：

（1）输出电压 U_o 与输入电压之间满足关系式为

$$U_o = A_{ud}(U_+ - U_-)$$

由于 $A_{ud} = \infty$，而 U_o 为有限值，因此，$U_+ - U_- \approx 0$，即 $U_+ \approx U_-$，称为"虚短"。

（2）由于 $r_i = \infty$，故流进运放两个输入端的电流可视为零，即 $I_N = I_P = 0$，称为"虚断"。这说明运放对其前级吸取电流极小。

上述两个特性是分析理想运放应用电路的基本原则，可简化运放电路的计算。

2. 基本运算电路

1）反相比例运算电路

电路如图 3.9.1 所示。对于理想运放，该电路的输出电压与输入电压之间的关系为

$$U_o = -\frac{R_F}{R_1} U_i$$

为了减小输入级偏置电流引起的运算误差，在同相输入端应接入平衡电阻 R_2。

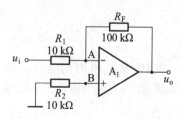

图 3.9.1　反相比例运算电路

2）反相加法电路

电路如图 3.9.2 所示，输出电压与输入电压之间的关系为

$$U_o = -\left(\frac{R_F}{R_1} U_{i1} + \frac{R_F}{R_2} U_{i2}\right),$$

$$R_3 = R_1 /\!/ R_2 /\!/ R_F$$

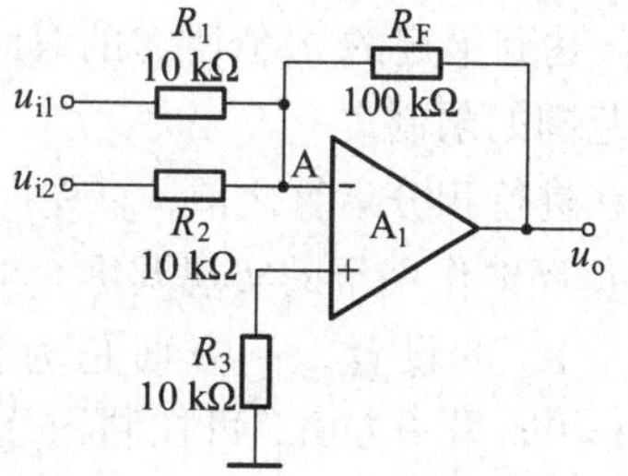

图 3.9.2　反相加法运算电路

3）同相比例运算电路

图 3.9.3 是同相比例运算电路，它的输出电压与输入电压之间的关系为

$$U_o = \left(1 + \frac{R_F}{R_1}\right)U_i, \quad R_2 = R_1 /\!/ R_F$$

当 $R_1 \to \infty$ 时，$U_o = U_i$，即得到如图 3.9.4 所示的电压跟随器。图中 $R_2 = R_F$，用以减小漂移和起保护作用。一般 R_F 取 10 kΩ，R_F 太小起不到保护作用，太大则影响跟随性。

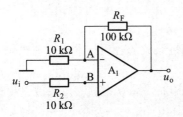

图 3.9.3 同相比例运算电路

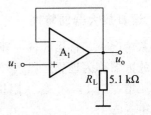

图 3.9.4 电压跟随器

4）差动放大电路（减法器）

对于图 3.9.5 所示的减法运算电路，当 $R_1 = R_2$，$R_3 = R_F$ 时有如下关系式

$$U_o = \frac{R_F}{R_1}(U_{i2} - U_{i1})$$

5）积分运算电路

反相积分电路如图 3.9.6 所示。在理想化条件下，输出电压 u_o 等于

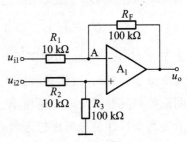

图 3.9.5 双端输入放大电路

$$u_o(t) = -\frac{1}{R_1C}\int_0^t u_i\mathrm{d}t + u_C(0)$$

式中，$u_C(0)$ 是 $t = 0$ 时刻电容 C 两端的电压值，即初始值。

如果 $u_i(t)$ 是幅值为 E 的阶跃电压，并设 $u_C(0) = 0$，则

$$u_o(t) = -\frac{1}{R_1C}\int_0^t E\mathrm{d}t = -\frac{E}{R_1C}t$$

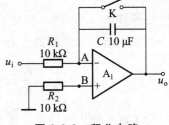

图 3.9.6 积分电路

即输出电压 $u_o(t)$ 随时间增长而线性下降。显然 RC 的数值越大，达到给定的 u_o 值所需的时间就越长。积分输出电压所能达到的最大值受集成运放最大输出范围的限制。

在进行积分运算之前，首先应对运放调零。为了便于调节，将图中 K_1 闭合，即通过电阻 R_2 的负反馈作用帮助实现调零。但在完成调零后，应将 K_1 断开，以免因 R_2 的接入造成积分误差。K_2 的设置，一方面是为积分电容放电提供通路，同时可实现积分电容初始电压 $u_C(0) = 0$；另一方面，可控制积分起始点，即在加入信号 u_i 后，只要 K_2 一断开，电容就将被恒流充电，电路也就开始进行积分运算。

6）微分电路

微分电路如图 3.9.7 所示，它和积分电路的区别是将 R 和 C 的位置进行了互换，在理想

情况下，输出电压与输入电压的关系为

$$u_o(t) = -R_1 C \frac{\mathrm{d}u_i}{\mathrm{d}t}$$

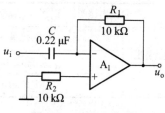

输出电压与输入电压的变化率成正比，当输入方波信号时，输出信号为尖顶波。RC 时间常数决定了脉冲的宽度。

图 3.9.7　微分电路

3.9.3　实验仪器与设备

运算放大器实验电路；数字万用表；示波器；信号发生器。

3.9.4　实验内容与步骤

1. 反相比例放大器实验

实验电路如图 3.9.1 所示，接线时注意正、负极的接入。

（1）将输入端接地，用示波器观察输出端是否存在自激振荡。若存在，应采取适当的措施加以消除（可根据集成电路使用说明加以消除）。

（2）将输入端接地，用直流电压表检测输出电压，检查输出是否为零；若不等于零，应调节调零电位器，保证输入为零时，输出为零。

（3）按表 3.9.1 所示内容测量并记录。

（4）测量图 3.9.1 所示电路的上限截止频率。

表 3.9.1　反相比例放大器实验数据

直流输入电压 U_i/mV		30	100	300	1 000	3 000
输出电压 U_o	理论估算/mV					
	实测值/mV					
	误差/mV					

2. 反相求和放大电路实验

实验电路如图 3.9.2 所示，实验步骤与"反相比例放大器"实验相同。

按表 3.9.2 所示内容进行实验测量，并与预习计算比较。

表 3.9.2　反相加法器实验数据

U_{i1}/V	0.3	− 0.3
U_{i2}/V	0.2	0.2
U_o/V		

3. 同相比例放大器实验

实验电路如图 3.9.3 所示，注意接线、调零。

（1）按表 3.9.3 所示内容进行测量并记录。

（2）测出电路的上限截止频率。

191

表 3.9.3　同相比例放大电路实验数据

直流输入电压 U_1/mV		30	100	300	1 000
输出电压 U_o	理论估算/mV				
	实测值/mV				
	误差/mV				

4. 电压跟随器实验

实验电路如图 3.9.4 所示。按表 3.9.4 所示内容测量并记录。

表 3.9.4　电压跟随器实验数据

U_i/V		− 2	− 0.5	0	+ 0.5	1
U_o/V	$R_L = \infty$					
	$R_L = 5.1$ kΩ					

5. 双端输入求和放大电路（差动放大电路）实验

实验电路如图 3.9.5 所示。按表 3.9.5 所示内容实验并测量记录。

表 3.9.5　差动输入实验数据

U_{i1}/V	1	2	0.2
U_{i2}/V	0.5	1.8	− 0.2
U_o/V			

6. 积分电路实验

实验电路如图 3.9.6 所示。

（1）取 U_i = − 1 V，断开开关 K（开关 K 可用一连线代替，拔出连线一端作为断开。）用示波器观察 u_o 变化。

（2）测量饱和输出电压及有效积分时间。

（3）将图 3.9.6 中积分电容改为 0.1 μF，断开开关 K，u_i 分别输入 100 Hz、幅值为 2 V 的方波和正弦波信号，观察 u_i 和 u_o 的大小及相位关系，并记录波形。为避免波形失真，可在 C 两端并联 100 kΩ 的电阻。

（4）改变图 3.9.6 所示电路的频率，观察 u_i 与 u_o 的相位及幅值关系。

7. 微分电路

实验电路如图 3.9.7 所示。

（1）输入频率 f = 160 Hz、有效值为 1 V 的正弦波信号，用示波器观察 u_i 与 u_o 波形并测量输出电压。

（2）改变正弦波频率（20 ~ 400 Hz），观察 u_i 与 u_o 的相位和幅值的变化情况并记录。

（3）输入频率 f = 200 Hz，幅值为 ±5 V 的方波信号，用示波器观察 u_o 波形。

（4）改变方波频率（20 ~ 400 Hz），观察 u_i 与 u_o 的相位和幅值的变化情况并记录。

3.9.5　仿真分析

1. 比例求和运算电路仿真

本实验的仿真都是基于集成芯片进行的，不同的外电路设置可以构成不同功能的电路，如同相比例放大电路、反相比例放大电路、加法运算电路和减法运算电路等，主要针对运算电路的线性运算，下面分别加以介绍。

1）同相比例放大电路

① 按图 3.9.8 所示在仿真软件中选择元件并连接，输入 $f = 1\ \text{kHz}$，$U_{\text{P-P}} = 100\ \text{mV}$ 的正弦波，在仪器库中调入示波器分别接在输入、输出端。

② 按下界面上的 ![icon] 图标进行仿真，再双击双踪示波器 XSC2，仿真的波形如图 3.9.9 所示。依据同相比例放大电路知识，分析波形的正确性。当然，我们还可以利用运算放大元件组成很多同相比例仿真电路。关于详细的仿真方法，请查阅相关参考书。

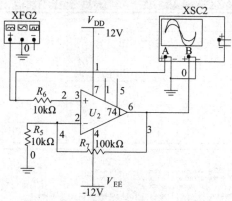

图 3.9.8　同相比例放大仿真电路

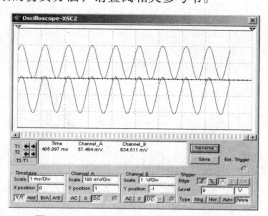

图 3.9.9　同相比例放大电路仿真波形

2）反相比例放大电路

反相比例放大仿真电路如图 3.9.10 所示，输入 $f = 1\ \text{kHz}$，$U_{\text{P-P}} = 100\ \text{mV}$ 的正弦波，仿真波形如图 3.9.11 所示。加法、减法电路可看成同相比例放大电路和反向比例放大电路的叠加，其仿真电路可自行设计。另外，比例放大电路、电压跟随器、加法和减法电路的仿真都可选用直流信号作为输入信号，输出可以用直流电压表测试。

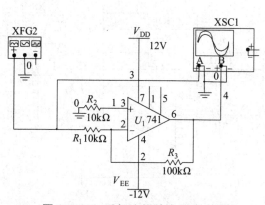

图 3.9.10　反相比例放大仿真电路

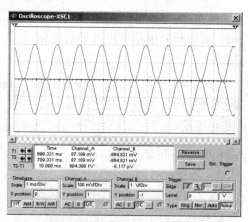

图 3.9.11　反相比例放大电路仿真波形

2. 积分运算电路仿真

1）基本积分运算电路

① 按图 3.9.12 所示在 Multisim 仿真软件平台中连接基本积分仿真电路，输入 12 V 的直流信号，开关 S 断开，积分电路便开始积分，利用示波器观察积分电路输出波形如图 3.9.13 所示，可以看出开关断开以后充电至饱和值的时间为 9.397 ms。自拟实验表格，记录积分时间和输出电压饱和值，比较与实际测量和理论值的误差。

改变电路输入电压，保持其他参数不变，重复以上实验内容。

改变电路中 R_1、R_2 的值（保证 $R_1 = R_2$），保持其他参数不变，重复以上实验内容。

改变电路中 C 为 10 μF 和 0.022 μF，保持其他参数不变，重复以上实验内容。

改变电路中集成运放的电源电压值，保持其他参数不变，重复以上实验内容。

通过以上实验内容仿真结果，分析积分时间与哪些参数有关、饱和电压与哪些参数有关。

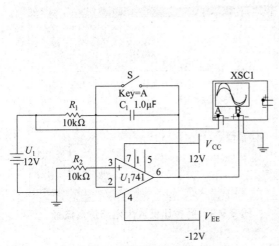

图 3.9.12　积分运算仿真电路

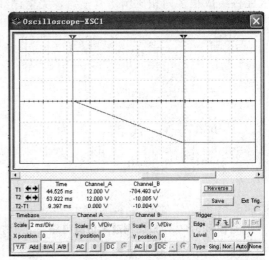

图 3.9.13　积分电路积分时间测试波形

② 在电路中输入端用函数信号发生器输入 $f = 50$ Hz、$U_{P-P} = 20$ V、占空比为 50%，偏移为 0 的方波信号，观察积分电路的输出波形。

改变方波信号的峰值，保持其他参数不变，观察积分电路输出波形的变化情况。

改变方波信号的频率，保持其他参数不变，观察积分电路输出波形的变化情况。

改变方波信号的占空比为 30%，保持其他参数不变，观察积分电路输出波形的变化情况。

2）改进型积分电路

① 按图 3.9.14 所示在 Multisim 仿真软件平台中连接改进型积分仿真电路，用函数信号发生器输入 $f = 500$ Hz、

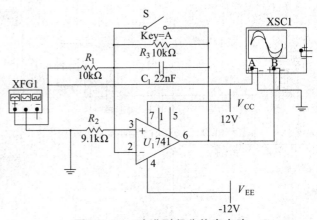

图 3.9.14　改进型积分仿真电路

$U_{\text{P-P}} = 2\ \text{V}$ 的正弦交流信号，调整示波器使其显示完整的输出波形，观察电路的输出波形，记录输入、输出波形的幅值。写出输出电压表达式。

改变输入正弦波信号的频率为 1 kHz、2 kHz，观察输出波形的变化情况。

改变输入正弦波信号的幅值分别为 4 V、6 V、8 V、10 V，保持频率为 500 Hz，观察输出波形的变化情况并分析原因。

② 用函数信号源输入 $f = 50\ \text{Hz}$、$U_{\text{P-P}} = 500\ \text{mV}$、占空比为 50% 的方波信号，用示波器观察波形。

调整输入方波信号的 $f = 1\ \text{kHz}$、$U_{\text{P-P}} = 1\ \text{V}$，观察输出波形变化情况。

调整输入方波信号的幅值分别为 2 V、3 V，频率为 1 kHz，观察输出波形变化情况。

③ 用函数信号发生器输入幅值为 2 V、频率为 500 Hz 的三角波时，观察输出波形。改变三角波信号的幅值与频率，观察输出波形的变化情况。

3.9.6　预习要求

（1）预习基本运算放大器的工作原理和分析方法。

（2）计算实验中相关的理论数据。

（3）实验时应如何避免集成电路的损坏？

3.9.7　实验报告

（1）总结本实验中各种运算电路的特点及性能。

（2）分析理论计算与实验结果误差的原因。

（3）为什么要预先进行调零？应如何调节？

（4）用实测数据说明"虚短"、"虚断"的概念，以及何时用"虚地"、"虚短"概念来处理问题。

3.9.8　思考题

（1）如果将输入对地短路，而输出电压不等于零，说明电路存在什么问题？应如何处理？

（2）积分电路中 R_1 的作用是什么？微分电路中 C 的作用是什么？

（3）实际应用中，积分器的误差与哪些因素有关？主要的有哪几项？

3.10　波形发生电路

3.10.1　实验目的

（1）掌握波形发生电路的特点和分析方法。

（2）熟悉波形发生器的设计方法。

3.10.2　实验原理

利用集成运算放大器构成的正弦波、方波、矩形波和三角波发生器有多种形式。本实验主要选用较常用的、线路比较简单的几种电路加以分析。

1. RC 桥式正弦波振荡电路（文氏电桥振荡器）

图 3.10.1 为 RC 桥式正弦波振荡器。其中 RC 串、并联电路构成正反馈支路，同时兼作选频网络，R_1、R_2、R_P 及二极管等元件构成负反馈和稳幅环节。调节电位器 R_P，可以改变负反馈深度，以满足振荡的振幅条件和改善波形。利用两个反向并联二极管 D_1、D_2 正向电阻的非线性特性来实现稳幅。D_1、D_2 采用硅管（温度稳定性好），且要求特性匹配，以保证输出波形正、负半周对称。R_2 的接入是为了削弱二极管非线性的影响，以减少波形失真。

电路的振荡频率为

$$f_0 = \frac{1}{2\pi RC}$$

起振的幅值条件为

$$A \geqslant 3 \quad 即：1 + \frac{R_F}{R_1} \geqslant 3$$

式中，$R_F = R_P + R_2 + (R_3 /\!/ r_D)$，$r_D$ 为二极管正向导通电阻。

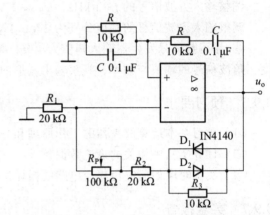

图 3.10.1　RC 桥式正弦波振荡器

调整反馈电阻 R_F（调 R_P），使电路起振，且波形失真最小。若不能起振，则说明负反馈太强，应适当加大 R_F。若波形失真严重，则应适当减小 R_F。

改变选频网络的参数 C 或 R，即可调节振荡频率。一般采用改变电容 C 作频率量程切换，而调节 R 作量程内的频率微调。

2. 方波发生电路

由集成运放构成的方波发生电路和三角波发生电路，一般均包括比较器和 RC 积分器两大部分。图 3.10.2 所示为由滞回比较器及简单 RC 积分电路组成的方波-三角波发生电路。它的特点是线路简单，但三角波的线性度较差。它主要用于产生方波，或对三角波要求不高的场合。

电路振荡频率为
$$f_0 = \frac{1}{2R_f C \ln\left(1 + \frac{2R_1}{R_2}\right)}$$

方波输出幅值为
$$U_{om} = U_z$$

三角波输出幅值为
$$U'_{om} = \frac{R_1}{R_1 + R_2} U_z$$

调节电位器 R_P（即改变 R_F），可以改变振荡频率。

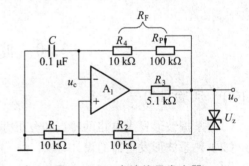

图 3.10.2　方波信号发生器

3. 三角波和方波发生器

如果把滞回比较器和积分器首尾相接形成正反馈闭环系统，如图 3.10.3 所示，则比较

A$_1$ 输出的方波经积分器 A$_2$ 积分后可得到三角波，三角波又触发比较器自动翻转形成方波，这样即可构成三角波、方波发生器。图 3.10.4 所示为方波、三角波发生器的输出波形图。由于采用了运放组成的积分电路，因此可实现恒流充电，从而使三角波线性特性大大改善。

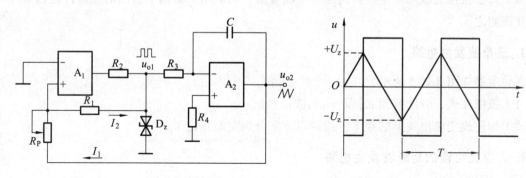

图 3.10.3　三角波与方波发生器　　　　图 3.10.4　方波与三角波发生电路的输出波形图

电路振荡频率为

$$f_0 = \frac{R_1}{4 R_P R_3 C}$$

方波幅值为

$$U_{om1} = \pm U_z$$

三角波幅值为

$$U_{om2} = \frac{R_P}{R_1} U_z$$

调节 R_P 可以改变振荡频率，改变 R_P/R_1 比值可调节三角波的幅值。

3.10.3　实验仪器与设备

波形发生器电路；双踪示波器；数字万用表；交流毫伏表。

3.10.4　实验内容与步骤

1. 正弦波信号发生电路

实验电路如图 3.10.1 所示，按图接线。

（1）接通电源，调节电位器 R_P，使输出波形从无到有，直到正弦波出现失真。描绘输出电压 u_o 的波形，并记下临界起振、正弦波输出及失真情况下的 R_P 值，分析负反馈强弱对起振条件及输出波形的影响。

（2）调节电位器 R_P，使输出电压幅值最大但不失真，用交流毫伏表分别测量输出电压 U_o、反馈电压 U_+ 和 U_-，分析研究振荡的幅值条件。

（3）用示波器或频率计测量振荡频率 f_0，然后在选频网络的两个电阻 R 上并联同一阻值电阻，观察、记录振荡频率的变化情况，并与理论值进行比较。

（4）断开二极管 D$_1$、D$_2$，重复（2）的内容，将测试结果与（2）进行比较，分析 D$_1$、D$_2$ 的稳幅作用。

2. 方波发生电路

实验电路如图 3.10.2 所示，双向稳压管稳压值一般为 5 ~ 6 V。

（1）按电路图接线，观察 u_C、u_o 的波形及频率，与预习情况相比较。

（2）分别测出 $R = 10\ \text{k}\Omega$、$R = 110\ \text{k}\Omega$ 时的振荡频率及输出幅值，与预习情况相比较。

（3）要想获得更低的频率应如何选择电路参数？试利用实验箱上给出的元器件进行条件实验并观测之。

3. 三角波发生电路

实验电路如图 3.10.3 所示。

（1）按图接线，分别观测 u_{o1} 及 u_{o2} 的波形并记录。

（2）如何改变输出波形的频率？按预习方案分别实验并记录。

4. 占空比可调的矩形波发生电路

实验电路如图 3.10.5 所示。

（1）按图接线，观察并测量电路的振荡频率、幅值及占空比。

（2）若要使占空比更大，应如何选择电路参数？用实验验证之。

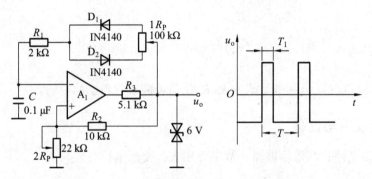

图 3.10.5　占空比可调的矩形波发生器

5. 锯齿波发生电路

实验电路如图 3.10.6 所示。

（1）按图接线，观测电路的输出波形及其频率。

（2）按预习时的方案改变锯齿波频率并测量变化范围。

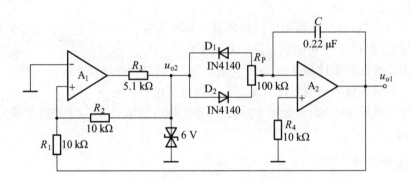

图 3.10.6　锯齿波波发生电路

3.10.5 仿真分析

1. RC 桥式（文氏）正弦波振荡器仿真实验

① 按图 3.10.7 所示在 Multisim 仿真软件中搭建 RC 桥式（文氏）正弦波振荡器仿真电路。电路中放大器为同相比例运算放大电路，正反馈选频网络由 RC 串、并联电路组成。D_1、D_2、R_3 并联后和 R_2、R_P 组成负反馈网络，以稳定和改善输出电压的波形，其中 D_1 和 D_2 具有自动稳幅的作用。

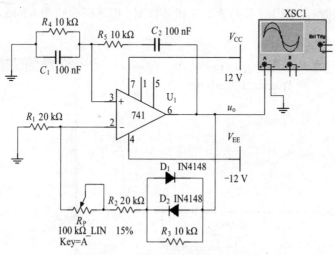

图 3.10.7　正弦信号振荡器仿真电路

② 起振前，电位器 R_P 的滑动头处于 50%的位置，图中设置键盘大写字母"A"用于控制电位器滑动头所处位置百分数增加，"shift+A"用于控制电位器滑动头所处位置百分数减少。

③ 按下仿真按钮后，观察示波器显示的输出波形，如图 3.10.8 所示。如果输出正弦波的幅度太大或太小，出现失真，可逐级调节电位器使电路输出最大且不失真的正弦波信号，记录输出正弦波的频率和幅值，这个频率即为电路的振荡频率。

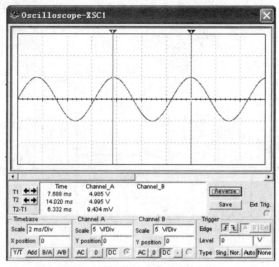

图 3.10.8　正弦信号波形图

199

④ 要改变 RC 正弦波振荡电路的振荡频率，应调整哪些参数？试分别调整这些参数，观察波形的变化情况，记录调整参数后正弦波的频率。

⑤ 瞬时分析。打开图 3.10.7 所示 RC 正弦波振荡器，单击"Simulate/Analyses/Transitent Analysis"（瞬态分析）按钮，在弹出的参数选项设置对话框 Analysis Parameters 选项卡 Initial Condition 区中，设置仿真开始时的初始条件为 Set zero（初始状态为零）；在 Parameters 区中，设置仿真起始时间和终止时间分别为 0 和 0.1Sec；在 Output（输出）选项中设置待分析的输出节点为 V[6]等参数；单击"Simulate"（仿真）按钮，即可观察到振荡器输出电压振幅从小到大然后稳定的过渡（起振）过程的波形及相关数据（振荡周期约为 6.846 8 ms），如图 3.10.9 所示。

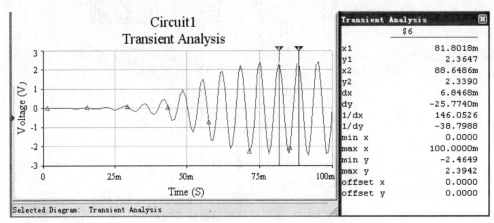

图 3.10.9　RC 正弦波振荡器输出电压瞬态仿真分析

2. 方波信号发生器仿真实验

① 由运算放大器组成方波信号发生器的仿真电路如图 3.1.10 所示，观察运放的 6 脚输出波形，如图 3.10.11 所示，记录波形的幅值和周期。

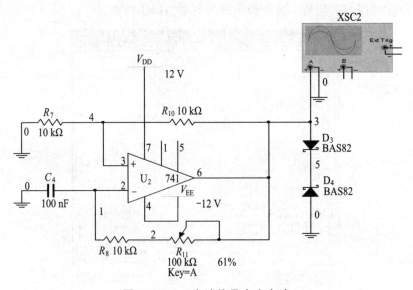

图 3.10.10　方波信号产生电路

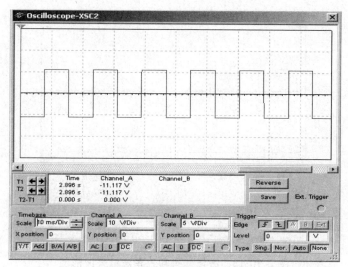

图 3.10.11　方波信号波形图

② 调节电位器 R_{11}，观察波形的变化，并分析变化原因。找出调节频率和幅值的元件并改变它们，观察波形的变化。

3. 方波信号和三角波信号发生器仿真实验

① 方波信号和三角波信号发生器由模拟乘法器、积分电路、比较器组成，其仿真电路与波形图如图 3.10.12 和图 3.10.13 所示，用示波器观察输出波形，记录三角波、方波的幅值和频率。

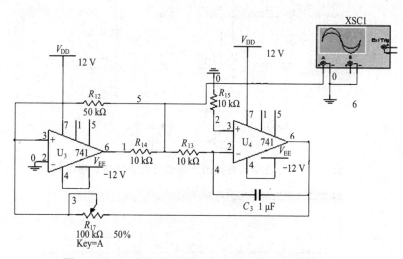

图 3.10.12　方波信号和三角波信号发生器仿真电路

② 若要减小图中三角波的输出幅度，应调整哪些参数？如何调节？通过示波器观察调整后的波形，记录输出幅值。

③ 若要改变图中三角波的输出频率，可以通过调整哪些参数来实现？试分别调节这些参数，观察调整后示波器的输出波形，记录输出频率。

④ 通过仿真推导出图 3.10.12 中三角波、方波的输出电压表达式，验证仿真实验的结论。

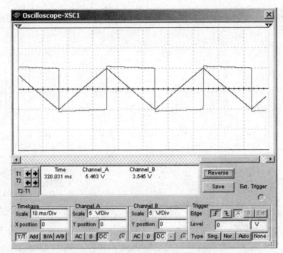

图 3.10.13 方波信号和三角波信号波形图

4. 占空比可调的矩形波发生器仿真实验

① 由运算放大器组成占空比可调的矩形波发生器如图 3.10.14 所示，观察电路节点 1 和输出节点 7 的波形（见图 3.10.15），记录矩形波的幅值和周期，测出占空比。

② 调节 R_{11} 滑动触头的位置，观察振荡电路的输出波形，测出占空比。

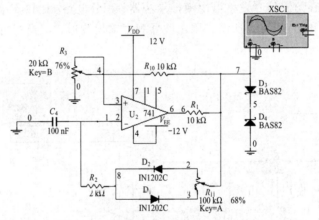

图 3.10.14 占空比可调的方波信号发生器仿真电路

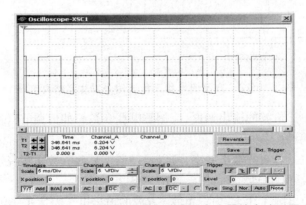

图 3.10.15 占空比可调的方波信号发生器输出波形图

202

③ 调节 R_3 滑动头触的位置，可以调节电路的振荡频率，观察振荡电路的输出波形，记录振荡周期。

④ 分析电路中 R_2、C_4、D_1、D_2、D_3、D_4 的作用。

3.10.6　预习要求

（1）分析 RC 正弦波振荡电路、三角波及方波发生电路的工作原理，定性画出输出波形。

（2）如何使图 3.10.4 所示电路的输出波形占空比变大？利用实验箱上所标元器件画出原理图。

（3）分析各实验原理电路调节输出信号幅度的原理，说明各实验电路中调节哪个元件可以改变 u_o 的幅度。

3.10.7　实验报告

（1）画出各实验波形图。

（2）画出各实验预习要求的设计方案、电路图，写出实验步骤及结果。

（3）总结波形发生电路的特点，并回答：

① 波形产生电路需要调零吗？

② 波形产生电路有没有输入端？

3.10.8　思考题

（1）为什么在 RC 正弦波振荡器电路中要引入负反馈支路？为什么要增加 D_1、D_2？

（2）方波发生器电路中，哪个元件决定方波的幅度？哪个元件影响方波的频率？运放工作在什么状态？

（3）三角波发生器中两个运放各起什么作用，工作在什么状态？

3.11　有源滤波器

3.11.1　实验目的

（1）熟悉有源滤波器的构成及特性。

（2）掌握有源滤波器幅频特性。

3.11.2　实验原理

由 RC 元件与运算放大器组成的滤波器称为 RC 有源滤波器，其功能是让一定频率范内的信号通过，抑制或急剧衰减此频率范围以外的信号。

RC 有源滤波器可用于信息处理、数据传输和抑制干扰等方面，但因受运算放大器频带限制，故主要用于低频范围。根据对频率范围的选择不同，可分为低通（LPF）、高通（HPF）、带通（BPF）与带阻（BEF）四种滤波器，其幅频特性如图 3.11.1 所示。

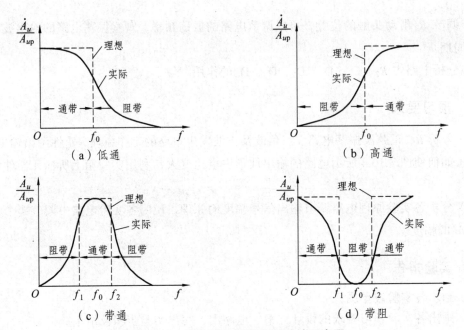

（a）低通

（b）高通

（c）带通

（d）带阻

图 3.11.1　四种滤波器的幅频特性示意图

　　具有理想幅频特性的滤波器是很难实现的，实际中只能使滤波器的幅频特性去逼近理想的幅频特性。一般来说，滤波器的幅频特性越好，其相频特性则越差；反之亦然。滤波器的阶数越高，幅频特性衰减的速率则越快，但 RC 网络的节数越多，元件参数计算越繁琐，电路调试越困难。任何高阶滤波器均可以用较低的二阶 RC 有源滤波器的级联来实现。

1. 低通滤波器（LPF）

低通滤波器的作用是通低频信号，衰减或抑制高频信号。

图 3.11.2（a）所示为典型的二阶有源低通滤波器。它由两级 RC 滤波环节与同相比例运算电路组成，其中第一级电容 C 接至输出端，引入适量的正反馈，以改善幅频特性。

图 3.11.2（b）为二阶低通滤波器的幅频特性曲线。

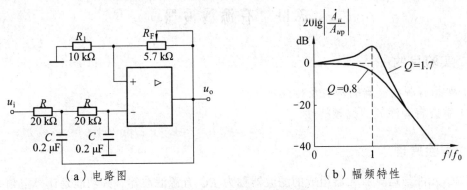

（a）电路图　　　　　　　　　　（b）幅频特性

图 3.11.2　二阶低通滤波器

该电路的性能参数如下：

$A_{up} = 1 + \dfrac{R_F}{R_1}$，是二阶低通滤波器的通带增益；

$f_0 = \dfrac{1}{2\pi RC}$ 为截止频率，是二阶低通滤波器通带与阻带的界限频率；

$Q = \dfrac{1}{3 - A_{up}}$ 为品质因数，其大小影响低通滤波器在截止频率处幅频特性的形状。

2. 高通滤波器（HPF）

与低通滤波器相反，高通滤波器用来通高频信号，衰减或抑制低频信号。只要将图 3.11.2 所示低通滤波电路中起滤波作用的电阻、电容互换，即可变成二阶有源高通滤波器，如图 3.11.3（a）所示。高通滤波器的性能与低通滤波器的相反，其幅频特性和低通滤波器的幅频特性是"镜像"关系，如图 3.11.3（b）所示。仿照 LPH 分析方法，不难求得 HPF 的幅频特性。

电路性能参数 A_{uP}、f_0、Q 的含义与二阶低通滤波器中相同。

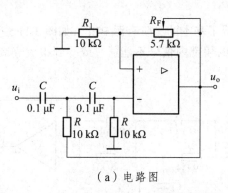
（a）电路图

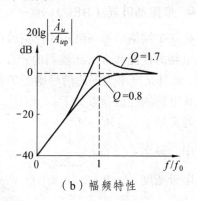
（b）幅频特性

图 3.11.3 二阶高通滤波器

3. 带通滤波器（BPF）

这种滤波器的作用是只允许某一个通频带范围内的信号通过，而对比通频带下限频率低或比上限频率高的信号均加以衰减或抑制。

典型的带通滤波器可以从二阶低通滤波器中将其中一级改成高通而得到，如图 3.11.4（a）所示。图 3.11.4（b）所示为二阶带通滤波器的幅频特性。

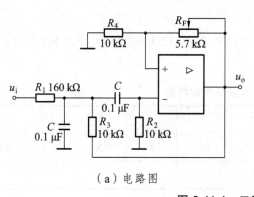
（a）电路图

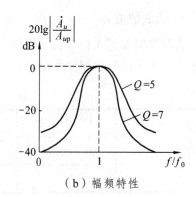
（b）幅频特性

图 3.11.4 二阶带通滤波器

该电路的性能参数如下：

通带增益 $\qquad A_{up} = \dfrac{R_4 + R_F}{R_4 R_1 C \cdot B}$

中心频率 $\qquad f_0 = \dfrac{1}{2\pi}\sqrt{\dfrac{1}{R_2 C^2}\left(\dfrac{1}{R_1} + \dfrac{1}{R_3}\right)}$

通带宽度 $\qquad B = \dfrac{1}{C}\left(\dfrac{1}{R_1} + \dfrac{2}{R_2} - \dfrac{R_F}{R_3 R_4}\right)$

品质因数 $\qquad Q = \dfrac{f_0}{B}$

此电路的优点是改变 R_F 和 R_4 的比例就可改变通频带宽度而不影响中心频率。

4. 带阻滤波器（BEF）

在双 T 网络后加一级同相比例运算电路就构成了基本的二阶有源 BEF，如图 3.11.5 所示。这种电路的性能和带通滤波器的相反，即在规定的频带内信号不能通过或受到很大衰减或被抑制，而其余频率范围的信号则能顺利通过。

该电路的性能参数如下：

通带增益 $\qquad A_{up} = 1$

中心频率 $\qquad f_0 = \dfrac{1}{2\pi RC}$

阻带宽度 $\qquad B = 2(2 - A_{up})f_0$

品质因数 $\qquad Q = \dfrac{1}{2(2 - A_{up})}$

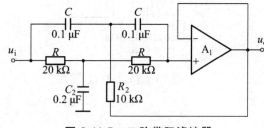

图 3.11.5　二阶带阻滤波器

3.11.3　实验仪器与设备

有源滤波器电路；示波器；信号发生器；交流毫伏表。

3.11.4　实验内容与步骤

1. 低通滤波器

实验电路如图 3.11.2（a）所示。其中：反馈电阻 R_F 选 22 kΩ 电位器，5.7 kΩ 为设定值。按表 3.11.1 所示内容测量并记录。

表 3.11.1　低通滤波器实验数据

U_i/V	1	1	1	1	1	1	1	1	1	1
f/Hz	5	10	15	30	60	100	150	200	300	400
U_o/V										

2. 高通滤波器

实验电路如图 3.11.3（a）所示，按表 3.11.2 内容测量并记录。

表 3.11.2　高通滤波器实验数据

U_i/V	1	1	1	1	1	1	1	1	1
f/Hz	10	16	50	100	130	160	200	300	400
U_o/V									

3. 带阻滤波器

实验电路如图 3.11.5 所示

（1）实测电路中心频率。

（2）以实测中心频率为中心，测出电路幅频特性。

3.11.5　仿真分析

1. 一阶低通滤波电路

① 在 Multisim 软件平台上绘制如图 3.11.6 所示的一阶低通滤波仿真电路。

② 在仪器库中调入波特扫频仪观察一阶低通滤波器的幅频特性、相频特性曲线，如图 3.11.7 所示，移动游标测得通带电压放大倍数为 6.02 dB，再将游标移至 A_u 下降 3 dB（约为 3.107 dB）的位置，测得上限频率约为 38.9 Hz；继续移动游标至十倍频程频率的位置（约为 375.23 Hz），测得 A_u 约为 – 13.519 dB，如图 3.11.8 所示。过渡段按 $-[3.107-(-13.519)] = -16.626$ dB 每十倍频的斜率下降。

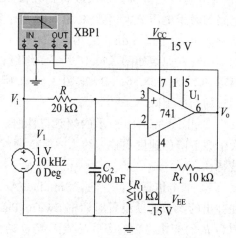

图 3.11.6　一阶低通滤波器仿真电路

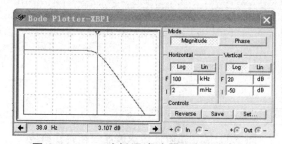

图 3.11.7　一阶低通滤波器幅频特性曲线

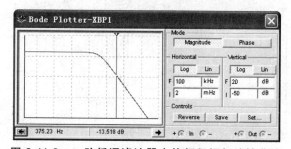

图 3.11.8　一阶低通滤波器十倍频程幅频特性曲线

2. 二阶低通滤波器

在一阶低通滤波器的基础上,使输入信号通过两级 RC 低通滤波网络后,再接到集成运放的同相输入端,并将第一级 RC 低通滤波网络中电容器的下端不接地,而是连接到集成运放的输出端,便可构成二阶电压源低通滤波电路,如图 3.11.9 所示。这种接法相当于引入了一个正反馈,从而使输出信号在高频端迅速下降,使滤波电路的幅频特性曲线趋于理想情况。

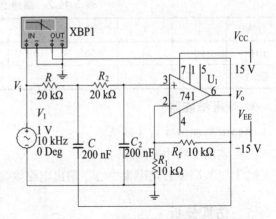

图 3.11.9　二阶低通滤波器仿真电路

① 打开仿真按钮,用波特扫频仪测出电路的通带电压放大倍数 A_u 为 6.02 dB,移动游标至 A_u 下降 3 dB(约为 3.324 dB)处的位置,测得上限截止频率约为 49.593 Hz,对应的幅频特性曲线如图 3.11.10 所示;继续移动游标至十倍频程频率的位置(约为 518.702 Hz),测得 A_u 约为 – 38.561 dB,如图 3.11.11 所示。过渡段按 $-[3.324-(-38.561)] = -41.885$ dB 每十倍频程的斜率下降。

② 由图 3.11.10 所示的幅频特性曲线可以看出,当输入频率大于截止频率时,其电压放大倍数下降的速度更快,约为一阶低通滤波电路的 2.52 倍,过渡带较窄,具有更好的低通滤波特性。

③ 单击仿真平台中的 "Simulate/Analyses/Parameter Sweep…"(参数扫描分析)按钮,在弹出的参数选项设置对话框 Sweep Parameters 区中,设置 Device Parameter 为参数模型;因为 R_f 的变化将影响等效品质因数 Q 的大小,故设置反馈电阻 R_f(rrf)为分析对象。

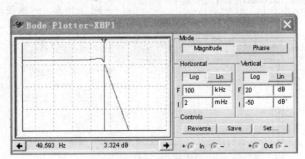

图 3.11.10　二阶低通滤波器幅频特性曲线

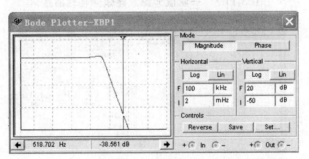

图 3.11.11　二阶低通滤波器十倍频程幅频特性曲线

④ 在 Points to Sweep 区中的 Sweep Variation Type 下拉列表中设置扫描方式为 Linear（线性）；设置扫描的初始值为 10 kΩ、终值为 20 kΩ、点数为 3、步进数为 5 kΩ；在 Output 选项中设置输出端 Vo 为分析点，在 More Opition 区中分析类型下拉列表栏中设置选项为 ACAnalysis（交流频率分析），分别如图 3.11.12 和图 3.11.13 所示。

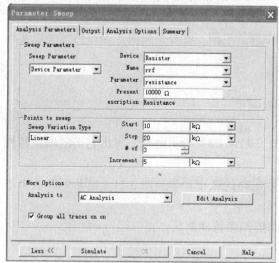

图 3.11.12　参数选项设置对话框

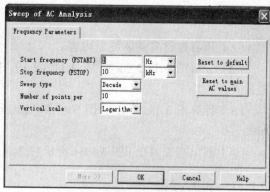

图 3.11.13　Edit Analysis 选项对话框

⑤ 单击"Simulate"（仿真按钮），即可得到当 R_f 分别为 10 kΩ、15 kΩ、20 kΩ 时，对应不同 Q 值的幅频特性曲线和相频特性曲线以及幅频特性曲线对应的参数，分别如图 3.11.14 和图 3.11.15 所示。

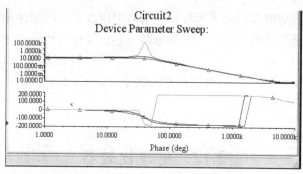

图 3.11.14　幅频、相频特性曲线

Device Parameter Sweep:	$6, rrf resistance=100	$6, rrf resistance=150	$6, rrf resistance=200
x1	8.1378	8.1378	8.1378
y1	2.0414	2.5948	3.1317
x2	40.8221	40.8221	40.8221
y2	1.9437	4.7906	1.8926k
dx	32.6843	32.6843	32.6843
dy	-97.6361m	2.1958	1.8894k
1/dx	30.5957m	30.5957m	30.5957m
1/dy	-10.2421	455.4211m	529.2605
min x	1.0000	1.0000	1.0000
max x	10.0000k	10.0000k	10.0000k
min y	49.0902	61.3816	73.6644
max y	2.2936	4.9959	2.0979k
offset x	0.0000	0.0000	0.0000
offset y	0.0000	0.0000	0.0000

图 3.11.15　幅频特性参数扫描分析结果

3. 带阻滤波器

① 在仿真软件平台上按图 3.11.5 所示连接仿真电路,用波特扫频仪测试幅频特性、相频特性,记录带阻滤波器的中心频率、上限截止频率、下限截止频率。

② 推导出带阻滤波器的传递函数表达式及中心频率理论值,仿真结果与中心频率理论值比较是否有差别? 分析误差原因。

③ 要求中心频率为 $f_0 = 160\ Hz$,如何调整电路的电阻、电容参数值? 通过仿真完成实验内容。

3.11.6　预习要求

(1) 预习教材有关滤波器内容。

(2) 分析图 3.11.2(a)、图 3.11.3(a)、图 3.11.4(a)所示电路,写出它们的增益特性表达式。

(3) 计算图 3.11.2(a)、图 3.11.3(a)所示电路的截止频率及图 3.11.5 所示电路的中心频率。

(4) 画出图 3.11.2 ~ 图 3.11.4 所示三个电路的幅频特性曲线。

3.11.7　实验报告

(1) 整理实验数据,画出各电路的幅频特性曲线,并与计算值对比,分析误差原因。

(2) 如何组成带通滤波器? 试设计一中心频率为 300 Hz、带宽 200 Hz 的带通滤波器。

3.11.8　思考题

(1) 如何提高有源滤波器的品质因数? 在电路中应改变哪些元件参数?

(2) 如何区别低通滤波器的一阶、二阶电路? 它们有什么相同点和不同点? 它们的幅频特性曲线有区别吗?

(3) 在幅频特性曲线的测量中,改变信号的频率时,信号的幅值是否也要做相应的改变? 为什么?

3.12　电压比较器

3.12.1　实验目的

(1) 掌握比较器的电路构成及特点;

(2) 学会测试比较器的方法。

3.12.2　实验原理

电压比较器是对集成运算放大器非线性应用的典型电路,它将一个模拟电压信号和一个参考电压相比较,在两者幅度近似相等时,输出电压将产生跃变,使输出为高电平或低电平。比较器可以组成非正弦波形变换电路,应用于模拟与数字信号转换等领域。

图 3.12.1（a）所示为一个最简单的电压比较器，U_R 为参考电压，加在运放的同相输入端，输入电压 u_i 加在反相输入端。

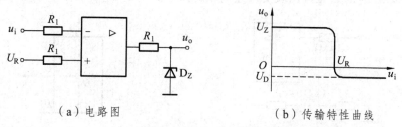

（a）电路图　　　　　　　　　（b）传输特性曲线

图 3.12.1　电压比较器

当 $u_i < U_R$ 时，运放输出高电平，稳压管 D_Z 进行反向稳压工作。输出端电位被其钳位在稳压管的稳定电压 U_Z，即 $u_o = U_Z$。

当 $u_i > U_R$ 时，运放输出低电平，D_Z 正向导通，输出电压等于稳压管的正向压降 U_D，即 $u_o = -U_D$。因此，以 U_R 为界，当输入电压 u_i 变化时，输出端反映出两种状态：高电位和低电位。表示输出电压与输入电压之间关系的特性曲线，称为传输特性。图 3.12.1（b）所示为比较器的传输特性曲线。

常用的电压比较器有过零比较器、具有滞回特性的过零比较器和双限比较器（又称窗口比较器）等。

1. 过零比较器

如图 3.12.2（a）所示为加限幅电路的过零比较器，D_Z 为限幅稳压管。信号从运放的反相输入端输入；参考电压为零，从同相端输入。当 $u_i > 0$ 时，输出 $u_o = -(U_Z + U_D)$；当 $u_i < 0$ 时，$u_o = +(U_Z + U_D)$，其电压传输特性如图 3.12.2（b）所示。

过零比较器的结构简单，灵敏度高，但抗干扰能力差。

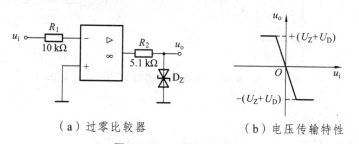

（a）过零比较器　　　　　　　（b）电压传输特性

图 3.12.2　过零比较器

2. 滞回比较器

图 3.12.3（a）所示为具有滞回特性的过零比较器。过零比较器在实际工作时，如果 u_i 恰好在过零值附近，则由于零点漂移的存在，u_o 将不断由一个极限值转换到另一个极限值，这在控制系统中，对执行机构将是很不利的。为此，就需要输出特性具有滞回现象。如图 3.12.3（a）所示，从输出端引一条电阻分压支路到同相输入端，形成正反馈。若 u_o 改变状态，A 点电位也随之改变，使过零点离开原来位置。当 u_o 为正（记作 U_+）时，$U_A = \dfrac{R_2}{R_F + R_2} U_+$，则当

$u_i > U_A$ 后，u_o 即由正变负（记作 U_-），此时 U_A 变为 $-U_A$。故只有当 u_i 下降到 $-U_A$ 以下，才能使 u_o 再度回升到 U_+，于是出现图 3.12.3（b）中所示的滞回特性。$-U_A$ 与 U_A 的差值称为回差电压。改变 R_2 的数值可以改变回差电压的大小。

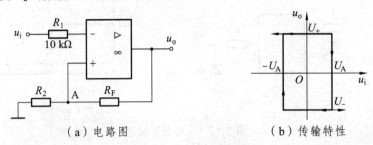

（a）电路图　　　　（b）传输特性

图 3.12.3　滞回比较器

3. 窗口（双限）比较器

简单的比较器仅能鉴别输入电压 u_i 比参考电压 U_R 高或低的情况，窗口比较电路是由两个简单比较器组成，如图 3.12.4（a）所示，它能指示出 u_i 的值是否处于 U_R^+ 和 U_R^- 之间。若 $U_R^- < u_i < U_R^+$，则窗口比较器的输出电压 u_o 等于运放的正饱和输出电压（$+U_{o,max}$）；若 $u_i < U_R^-$ 或 $u_i > U_R^+$，则输出电压 u_o 等于运放的负饱和输出电压（$-U_{o,max}$）。如图 3.12.4（b）所示。

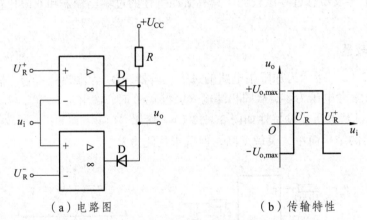

（a）电路图　　　　（b）传输特性

图 3.12.4　由两个简单比较器组成的窗口比较器

3.12.3　实验仪器与设备

电压比较电路；双踪示波器；信号发生器；数字万用表。

3.12.4　实验内容与步骤

1. 过零比较器

实验电路如图 3.12.2（a）所示。

（1）按图接线，u_i 悬空时测 u_o 的电压。

（2）u_i 输入频率为 500 Hz、有效值为 1 V 的正弦波，观察 u_o 波形并记录。

（3）改变 u_i 幅值，观察 u_o 变化。

2. 反向滞回比较器

实验电路如图 3.12.5 所示。

（1）按图接线，并将 R_F 调为 100 kΩ，u_i 接直流电压源。测出 u_o 由 $+U_\infty$ 变为 $-U_\infty$ 时 u_i 的临界值。

（2）同上，测 u_o 由 $-U_\infty$ 变为 $+U_\infty$ 时 u_i 的临界值。

（3）u_i 接频率为 500 Hz、有效值为 1 V 的正弦波。观察并记录 $u_i - u_o$ 波形。

（4）将电路中 R_F 调为 200 kΩ，重复上述实验（1）～（3）。

3. 同相滞回比较器

实验电路如图 3.12.6 所示。

（1）参照"反向滞回比较器"实验，自拟实验步骤及方法。

（2）将实验结果与"反向滞回比较器"实验结果相比较。

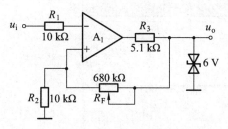
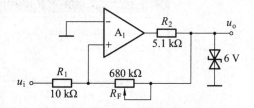

图 3.12.5　反向滞回电压比较器　　　　图 3.12.6　同相滞回比较器

3.12.5　仿真分析

1. 过零比较器电路的基本原理

图 3.12.7 所示为过零比较器仿真电路，它采用集成比较器和辅助电路构成，同相输入端接地，反相输入端接输入，可以设置输入电压进行仿真。

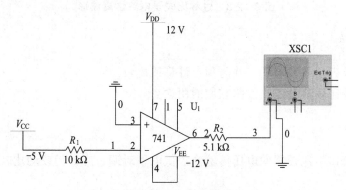

图 3.12.7　过零比较器仿真电路

2. 仿　真

按下界面上的　[图标]　图标进行仿真，再双击双踪示波器 XSC1，仿真的波形如图 3.12.8 所示。依据过零比较器电路知识，分析波形的正确性。当然，可以重新设置反相输入端进行仿真。关于详细的仿真知识，请查阅相关参考书。

213

3.12.6　预习要求

（1）分析图3.12.1（a）所示电路，弄清以下问题：

① 比较器是否要调零？原因何在？

② 比较器两个输入端电阻是否要求对称？为什么？

③ 运放两个输入端电位差如何估计？

（2）分析图3.12.2（a）所示电路，计算：

① 使 u_o 由 $+U_\infty$ 变为 $-U_\infty$ 时 u_i 的临界值。

② 使 u_o 由 $-U_\infty$ 变为 $+U_\infty$ 时 u_i 的临界值。

③ 若由 u_i 输入有效值为 1 V 正弦波，试画出 u_i-u_o 波形图。

（3）分析图3.12.3（a）所示电路，重复（2）的各步。

（4）按实习内容准备记录表格及记录波形的坐标纸。

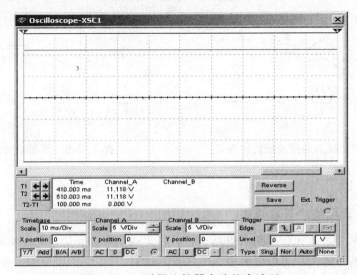

图 3.12.8　过零比较器电路仿真波形

3.12.7　实验报告

（1）整理实验数据及波形图，并与预习计算值比较。

（2）总结几种比较器特点，说明它们的用途。

3.12.8　思考题

若将双限（窗口）比较器的电压传输高、低电平对调，应如何改动比较器电路？

3.13　集成电路 RC 正弦波振荡器

3.13.1　实验目的

（1）掌握桥式 RC 正弦波振荡器的电路构成及工作原理。

（2）熟悉正弦波振荡器的调整、测试方法。

（3）观察 RC 参数对振荡频率的影响，学习振荡频率的测定方法。

3.13.2　实验原理

从结构上看，正弦波振荡器是没有输入信号的、带选频网络的正反馈放大器。若用 R、C 元件组成选频网络，就称为 RC 振荡器。RC 正弦波振荡器一般用来产生 1 Hz ~ 1 MHz 的低频信号。

1. RC 串并联网络（文氏电桥）振荡器

电路如图 3.13.1 所示。

振荡频率：$f_0 = \dfrac{1}{2\pi RC}$

起振条件：$|A| > 3$

电路特点：可方便地连续改变振荡频率，便于加负反馈稳幅，容易得到良好的振荡波形。

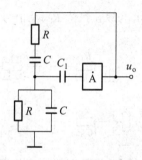 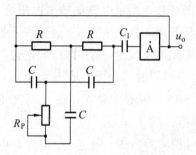

图 3.13.1　RC 串并联网络振荡器电路　　　图 3.13.2　双 T 形选频网络振荡器电路

2. 双 T 形选频网络振荡器

电路如图 3.13.2 所示。

振荡频率：$f_0 = \dfrac{1}{5RC}$

起振条件：$|\dot{A}\dot{F}| > 1$，$R' < \dfrac{R}{2}$（R' 为 R_P 的值）

电路特点：选频特性好，调频困难，适用于产生单一频率的振荡的场合。

3.13.3　实验仪器与设备

RC 正弦振荡电路；双踪示波器；低频信号发生器；频率计。

3.13.4　实验内容与步骤

（1）按图 3.13.3 所示接线，注意电阻 $R_{P1} = R_1$ 需预先调好再接入。

（2）用示波器观察输出波形。

（3）用频率计测上述电路输出频率；若无频率计，可按图 3.13.4 所示接线，用李沙育图形法测定。将测出的频率 f_0 与计算值比较。

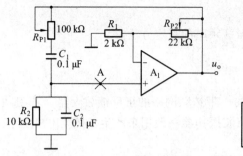

图 3.13.3　RC 正弦波振荡器

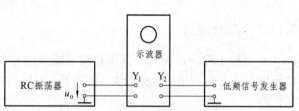

图 3.13.4　李沙育图形法测频率

（4）改变振荡频率。在实验箱上设法使文氏桥电阻 $R = 10\ \text{k}\Omega + 20\ \text{k}\Omega$ ，先将 R_{P1} 调到 $30\ \text{k}\Omega$ ，然后在 R_1 与地端串入 1 个 $20\ \text{k}\Omega$ 电阻即可。

注意：改变参数前，必须先关掉实验箱电源开关，检查无误后再接通电源。测 f_0 之前应适当调节 R_{P2} ，使 u_o 无明显失真后再测频率。

（5）测定运算放大器放大电路的闭环电压放大倍数 A_{uf} 。

测出图 3.13.3 所示电路的输出电压值 U_o 后，关断实验箱电源，保持 R_{P2} 及信号发生器频率不变，断开图 3.13.3 中"A"点接线，把低频信号发生器的输出电压接至一个 $1\ \text{k}\Omega$ 的电位器上，再从这个 $1\ \text{k}\Omega$ 电位器的滑动接点取 u_i 接至运放同相输入端，如图 3.13.5 所示。调节 u_i 使 u_o 等于原值，测出此时的 U_i 值，则 $A_{uf} = U_o/U_i$ 。

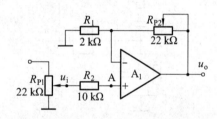

图 3.13.5　闭环电压放大倍数测试电路

（6）自拟实验步骤，测定 RC 串并联网络的幅频特性。

3.13.5　预习要求

（1）复习 RC 桥式振荡器的工作原理。

（2）完成下列填空题：

① 图 3.13.3 中，正反馈支路是由＿＿＿＿＿＿组成，这个网络具有＿＿＿＿＿特性；要改变振荡频率，只要改变＿＿＿＿＿或＿＿＿＿＿的数值即可。

② 图 3.13.3 中，R_{P1} 和 R_1 组成＿＿＿＿＿反馈，其中＿＿＿＿＿是用来调节放大器的放大倍数的。

3.13.6　实验报告

（1）电路中哪些参数与振荡频率有关？将振荡频率的实测值与理论估算值比较，分析产生误差的原因。

（2）总结改变负反馈深度对振荡器起振的幅值条件及输出波形的影响。

（3）作出 RC 串并联网络的幅频特性曲线。

3.13.7　思考题

（1）在图 3.13.3 所示电路中，若元件完好，接线正确，电源电压正常，而 $u_o = 0$，原因何在？应怎么办？

（2）正弦振荡电路有输出但出现明显失真，应如何解决？

3.14　集成电路 LC 正弦波振荡器

3.14.1　实验目的

（1）掌握变压器反馈式 LC 正弦波振荡电路的调整和测试方法。

（2）研究电路参数对 LC 振荡电路起振条件及输出波形的影响。

3.14.2　实验原理

LC 正弦波振荡电路是用 L、C 元件组成选频网络的振荡器，一般用来产生 1 MHz 以上的高频正弦信号。根据 LC 调谐回路的不同连接方式，LC 正弦波振荡器又可分为变压器反馈式、电感三点式和电容三点式三种。图 3.14.1 所示为变压器反馈式 LC 正弦波振荡器的实验电路。其中晶体三极管 V_1 组成共射极放大电路；变压器 T 的原绕组 L_1（振荡线圈）与电容 C 组成调谐回路，它既作为放大器的负载，又起选频作用；副绕组 L_2 为反馈线圈，L_3 为输出线圈。

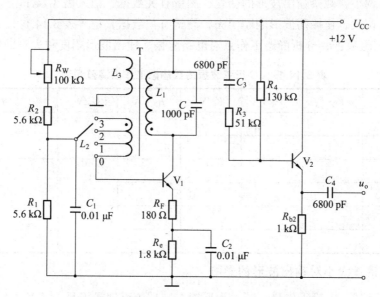

图 3.14.1　变压器反馈式 LC 正弦波振荡器

该电路是靠变压器原、副绕组同名端的恰当连接（如图中所示），来满足自激振荡的相位条件，即满足正反馈条件的。在实际调试中，可以通过把振荡线圈 L_1 或反馈线圈 L_2 的首、末端对调，来改变反馈的极性。而振幅条件的满足，一是靠合理选择电路参数，使放大器建立合适的静态工作点；二是靠改变线圈 L_2 的匝数，或它与 L_1 之间的耦合程度，以得到足够强的反馈量。稳幅作用是利用晶体管的非线性特性来实现的。LC 并联谐振回路具有良好的选频作用，因此输出电压波形一般失真不大。

振荡器的振荡频率由谐振回路的电感和电容决定：

$$f_0 = \frac{1}{2\pi\sqrt{LC}}$$

式中，L 为并联谐振回路的等效电感（即考虑其他绕组的影响）。

振荡器的输出端增加一级射极跟随器，用以提高电路的带负载能力。

3.14.3　实验仪器与设备

模拟电子技术实验装置 1 台；双踪示波器 1 台；晶体管毫伏表 1 台；数字万用表 1 块。

3.14.4　实验内容与步骤

按图 3.14.1 连接实验电路。电位器 R_W 调到最大位置，振荡电路的输出端接示波器。

1. 静态工作点的调整

（1）接通 $U_{CC} = +12\ V$ 电源，调节电位器 R_W，使输出端得到不失真的正弦波形。如不起振，可改变 L_2 的首、末端位置，使之起振。测量两管的静态工作点及正弦波的有效值 U_0，记入表 3.14.1。

（2）把 R_W 调小，观察输出波形的变化，测量有关数据，记入表 3.14.1。

（3）把 R_W 调大，使振荡波形刚刚消失，测量有关数据，记入表 3.14.1。

根据以上三组数据，分析静态工作点对电路起振、输出波形幅度和失真的影响。

表 3.14.1　LC 正弦波振荡器静态工作点调整测试

待测量		V_B/V	V_E/V	V_C/V	I_C/mA	U_0/V	u_0 波形
R_W 居中	V_1						
	V_2						
R_W 小	V_1						
	V_2						
R_W 大	V_1						
	V_2						

2. 观察反馈量大小对输出波形的影响

分别将反馈线圈 L_2 置于位置"0"（无反馈）、"1"（反馈量不足）、"2"（反馈量合适）、"3"（反馈量过强），测量相应的输出电压波形，记入表 3.14.2。

表 3.14.2　不同反馈情况时 LC 正弦波振荡器的输出波形

L_2 位置	"0"	"1"	"2"	"3"
u_0 波形				

3. 验证相位条件

（1）改变线圈 L_2 的首、末端位置，观察停振现象。

（2）恢复 L_2 的正反馈接法，改变 L_1 的首末端位置，观察停振现象。

4. 测量振荡频率

调节 R_W 使电路正常起振，同时用示波器和频率计测量 $C = 1\,000\ \text{pF}$ 和 $C = 100\ \text{pF}$ 两种情况下的振荡频率 f_0，并记入表 3.14.3。

表 3.14.3　振荡频率测试

C/pF	1 000	100
f_0/kHz		

5. 观察谐振回路 Q 值对电路工作的影响

在谐振回路两端并入 $R = 5.1\ \text{k}\Omega$ 的电阻，观察 R 并入前后振荡波形的变化情况。

3.14.5　预习要求

（1）复习教材中 LC 振荡器的相关内容。

（2）LC 振荡器是怎样进行稳幅的？在不影响起振的条件下，晶体管的集电极电流是大一些好，还是小一些好？

（3）为什么可以用测量停振和起振两种情况下晶体管的 U_{BE} 变化，来判断振荡器是否起振？

3.14.6　实验报告

（1）整理实验数据，并分析讨论：

① LC 正弦波振荡器起振的相位条件和幅值条件。

② 电路参数对 LC 振荡器起振条件及输出波形的影响。

（2）讨论实验中发现的问题及解决办法。

3.15　互补对称功率放大器

3.15.1　实验目的

（1）了解 OTL 功率放大器的组成和工作原理；

（2）掌握 OTL 功率放大器的性能指标和测试方法；

（3）了解克服交越失真的办法。

3.15.2　实验原理

图 3.15.1 所示为 OTL 低频功率放大器。其中由晶体三极管 V_1 组成推动级（也称前置放大级），V_2、V_3 是一对参数对称的 NPN 和 PNP 型晶体三极管，它们组成互补推挽 OTL 功放

电路。由于每一个管子都接成射极输出器形式，因此具有输出电阻低、负载能力强等优点，适合于作功率输出级。

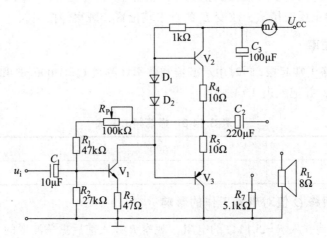

图 3.15.1　OTL 功率放大器电路

V_1 管工作于甲类状态，它的集电极电流为 I_{C1}，由电位器 R_P 进行调节。I_{C1} 的一部分流过二极管 D_1、D_2，给 V_2、V_3 提供偏压，可以使 V_2、V_3 得到合适的静态电流而工作于甲乙类状态，以克服交越失真。静态时要求输出端中点 A 的电位 $V_A = U_{CC}/2$，这可以通过调节 R_P 来实现。又由于 R_P 的一端接在 A 点，因此在电路中引入交、直流电压并联负反馈，一方面能够稳定放大器的静态工作点，另一方面也能减少非线性失真。

输入的正弦交流信号 u_i，经 V_1 放大、倒相后同时作用于 V_2、V_3 的基极，u_i 的负半周使 V_2 管导通（V_3 管截止），此时有电流通过负载 R_7，同时向电容 C_2 充电；在 u_i 的正半周，V_3 导通（V_2 截止），则已充好电的电容器 C_2 起电源的作用，通过负载 R_7 放电，这样在 R_7 上就得到了完整的正弦波。

OTL 电路的主要性能指标如下：

1）最大不失真输出功率 P_{om}

理想情况下，$P_{om} = \dfrac{U_{CC}^2}{2R_L}$。在实验中，可通过测量 R_L 两端的电压有效值来求得实际的输出功率，即 $P_{om} = \dfrac{U_o^2}{R_L}$。

2）效率 η

$\eta = \dfrac{P_o}{P_E} \times 100\%$，$P_E$ 为直流电源供给的平均功率。

理想情况下，$\eta_{max} = 78.5\%$。在实验中，可通过测量电源供给的平均电流 I_{dc}，从而求得 $P_E = U_{CC} \cdot I_{dc}$。负载上的交流功率已用上述方法求出，因而也就可以计算实际效率。

3）频率响应

频率响应是指电路对不同输入频率的响应。高保真功率放大器在 2 Hz ~ 20 kHz 频率范围内应保证输出平坦。

4）输入灵敏度

输入灵敏度是指输出最大不失真功率时，输入信号 U_i 之值。

3.15.3 实验仪器与设备

OTL 功率放大电路；信号发生器；示波器；交流毫伏表。

3.15.4 实验内容与步骤

1. 静态工作点的测试

按图 3.15.1 所示连接电路，将输入信号置零（$U_i = 0$），通电，注意观察电路有无异常现象（注意电流表读数），然后开始调试。

（1）调整直流工作点。调节电位器 R_P，使 A 点电压为 $0.5U_{CC}$。

（2）输入幅值为 5 mV，频率为 1 kHz 的正弦交流信号，接入负载 R_L，观察电路有无交越失真。

（3）测量各管的静态工作点，并记入表 3.15.1。

表 3.15.1　静态工作点实验数据

三极管	V_B/V	V_C/V	V_E/V
V_1			
V_2			
V_3			

2. 测量最大不失真输出功率 P_{om} 与效率 η

（1）测量 P_{om}。输入端接入频率 $f = 1$ kHz 的正弦信号 u_i，用示波器观察输出电压 u_o 的波形，逐渐加大 u_i 幅度，使输出电压达到最大但不失真，用毫伏表测出负载 R_L 上的电压 U_{om}，则

$$P_{om} = \frac{U_{om}^2}{R_L}$$

（2）测量 η。当输出电压为最大不失真输出时，读出直流毫安表中的电流值，此电流即为直流电源供给电路的总直流电流 I_{dc}，由此可近似求得 $P_E = U_{CC} \cdot I_{dc}$，再根据上面测得的 P_{om}，即可求得 $\eta = \frac{P_{om}}{P_E} \times 100\%$。

3. 测量输入灵敏度

根据输入灵敏度的定义，测出输出功率 $P_o = P_{om}$ 时的输入电压值 U_i 即可。

4. 频率响应测试

使输入电压 $U_i = 5$ mV，改变信号源频率，逐点测出相应的输出电压 U_o 并记入表 3.15.2。

表 3.15.2　频率响应测试数据

f/Hz	50	100	250	500	1 000	2 500	5 000	10 000	20 000
U_o/V									

5. 改变电源电压（例如由+12 V 变为+6 V），测量并比较输出功率和效率

6. 比较放大器在带 5.1 kΩ 和 8 Ω 负载（扬声器）时的功耗和效率

3.15.5 仿真分析

1. 乙类互补对称功率放大电路仿真

① 在 Multisim 仿真软件平台中搭接如图 3.15.2 所示的电路，设置信号源输出频率为 1 kHz，幅度分别为 0 V、2 V、6 V、9 V，启动仿真开关，进行仿真测量，并同时利用电流表、功率表测量静态电流和输出功率。

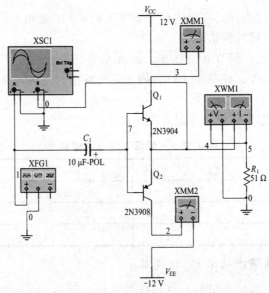

图 3.15.2　乙类 OCL 功率放大电路仿真测量

② 单击 "Simulate/Analyses/DC Operating Point Analysis"（直流工作点分析），在弹出的参数选项设置对话框 Output（输出）选项中设置待分析节点，如图 3.15.3（a）所示，单击 "Simulate"（仿真）按钮，即可得到实验电路的直流工作点分析测量数据，如图 3.15.3（b）所示。

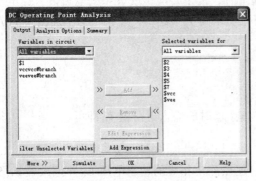

	乙类OCL DC Operating Point	
	DC Operating Point	
1	$7	245.21773 m
2	$3	12.00000
3	$vcc	12.00000
4	$2	-12.00000
5	$4	5.56359 n
6	$vee	-12.00000
7	$5	5.56359 n

（a）直流分析选项对话框　　　　　　　（b）直流工作点分析数据

图 3.15.3　乙类 OCL 功率放大电路直流工作点仿真分析

③ 当输入正弦信号幅值为 2 V 时，用示波器测得的输入、输出电压波形以及电流、功

率数据如图 3.15.4 所示，波形存在明显的交越失真；电源消耗功率 $P_E = 5.957 \times 12 + 6.049 \times 12 = 144.072\ \text{(mW)}$，效率 $\eta = \dfrac{P_o}{P_E} = \dfrac{11.699}{144.072} = 0.081$。而输入信号幅值为 9 V 时，用示波器测得的输入、输出电压波形以及电流、功率数据如图 3.15.5 所示，波形也存在明显的交越失真；电源消耗功率 $P_E = 48.087 \times 12 + 47.572 \times 12 = 1.148\ \text{(mW)}$，效率 $\eta = \dfrac{P_o}{P_E} = \dfrac{0.619}{1.148} = 0.54$。对比测试数据与理论计算结果，自拟表格记录，并进行分析。

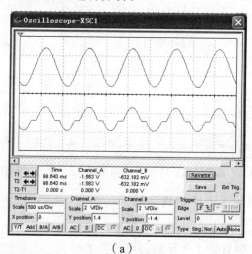

（a）

（b）

（c）
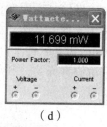
（d）

图 3.15.4　输入信号幅值为 2 V 时的波形与数据

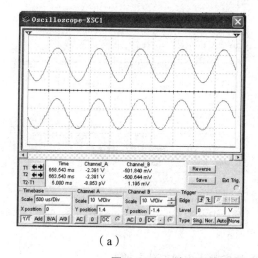

（a）

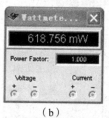
（b）

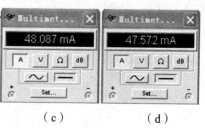
（c）　　　　　（d）

图 3.15.5　输入信号幅值为 9 V 时的波形与数据

④ 单击"Simulate/Analyses/Transient Analysis···"（瞬态分析）按钮，在弹出的参数选项设置对话框 Analysis Parameters 选项卡 Initial Conditions 区中，设置仿真开始时的初始条件为 Automatically determine initial condition（初始状态为静态工作点）；在 Parameters 区中，设置仿真起始时间和终止时间分别为 0 Sec 和 0.002 Sec（2 个周期）；在 Output（输出）选项中设置待分析的输入、输出节点为 V7、V4 等参数，单击"Simulate"（仿真）按钮，即可得到实验电路输入、输出电压的瞬态分析波形和测量数据，如图 3.15.6 所示。

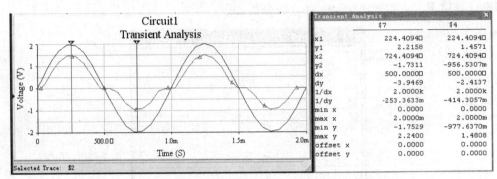

图 3.15.6　乙类 OCL 功率放大电路输入、输出瞬态仿真分析

2. 甲乙类 OCL 功率放大电路仿真实验

为了克服交越失真，一般在电路的两管基极之间加一个正向偏置电压，其值约为两管的死区电压之和。静态时，两管处于微导通的甲乙类工作状态，虽然都有静态电流，但两者等值反向，不产生输出信号。而在正弦信号作用下，输出为一个完整的不失真的正弦波信号，这样既消除了交越失真，又使功放工作在接近乙类的甲乙类状态，效率仍然很高。

① 在 Multisim 仿真软件平台中搭接如图 3.15.7 所示电路，设置信号源输出频率为 1 kHz、幅度为 2 V。启动仿真开关，利用示波器观察输出波形；并同时利用电流表、功率表测量静态电流和输出功率。

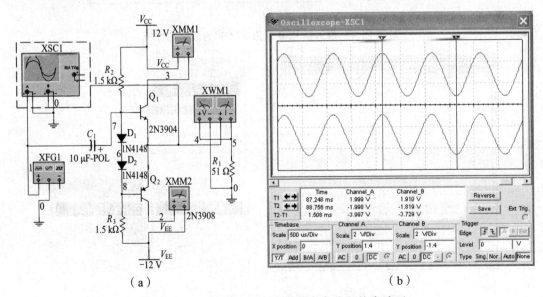

（a）　　　　　　　　　　　　　　　　（b）

图 3.15.7　甲乙类 OCL 功率放大电路及仿真波形

② 单击"Simulate/Analyses/DC Operating Point Analysis"（直流工作点分析），在弹出的参数选项设置对话框 Output（输出）选项中设置待分析节点，单击"Simulate"（仿真）按钮，即可得到甲乙类 OCL 功率放大电路的直流工作点数据，如图 3.15.8 所示。

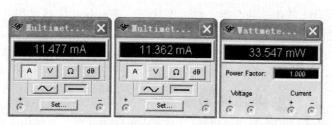

图 3.15.8　甲乙类 OCL 功率放大电路静态测量

③ 单击"Simulate/Analyses/Transient Analysis…"（瞬态分析）按钮，按上例设置进行瞬态测试，得到实验电路输入、输出电压的瞬态分析波形和测量数据，如图 3.15.9 所示。

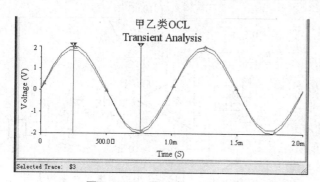
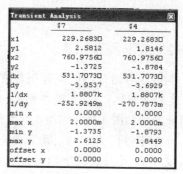

图 3.15.9　甲乙类 OCL 功率放大电路输入、输出瞬态仿真分析

3. 单电源甲乙类 OCL 功率放大电路仿真实验

① 在 Multisim 仿真软件平台中搭接如图 3.15.1 所示的仿真电路，设置信号源输出频率为 1 kHz、幅度为 2 V，启动仿真开关，利用示波器观察输出波形；并同时利用电流表、功率表测量静态电流和输出功率，并与双电源的电路进行比较。

② 对电路进行直流分析，并进行比较。

③ 调整信号发生器输出的正弦波信号，使其幅度逐渐增大，观察示波器的输出波形，直到出现失真；测出最大不失真时的波形，并记录下电流表和功率表的数据，计算最大不失真功率、直流电源平均功率、电源效率。

3.15.6　预习要求

（1）分析图 3.15.1 所示电路中各三极管的工作状态及交越失真情况。

（2）电路中若不加输入信号，V_2、V_3 管的功耗是多少？

（3）电阻 R_4，R_5 的作用是什么？

（4）根据实验内容自拟实验步骤及记录表格。

3.15.7　实验报告

（1）分析实验结果，计算实验内容要求的参数。

（2）总结功率放大电路的特点及测量方法。

3.15.8　思考题

（1）如何区分功率放大器的甲类、乙类、甲乙类三种工作状态？各有什么特点？图 3.15.1 所示电路中 V_1、V_2、V_3 各工作在什么状态？

（2）若图 3.15.1 所示电路中 D_1、D_2 有一个反接或开路，A 点电位是否会发生变化？

3.16　集成功率放大器

3.16.1　实验目的

（1）熟悉集成功率放大器的特点。

（2）掌握集成功率放大器的主要性能指标及测量方法。

3.16.2　实验原理

本实验电路采用低压音频集成功率放大电路 LM386，其实验电路和内部电路组成分别如图 3.16.1 和图 3.16.2 所示。

该电路包括 $V_1 \sim V_6$ 等组成的前置放大级、V_7 等组成的推动级、$V_8 \sim V_{10}$ 等组成的甲乙类准互补功率输出级。它

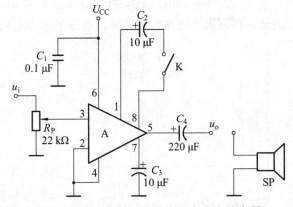

图 3.16.1　LM386 组成的集成功率放大器

的电压增益为 26 dB。若在增益端子 1、8 间并联一只电容，则可使电压增益提高到 40 dB；若在端子 1、5 之间并联一个电阻，则可改变电路的反馈深度。该电路没有自举电路，因而不能实现自举功能。主要技术指标可参照 OTL 分立功率放大器。

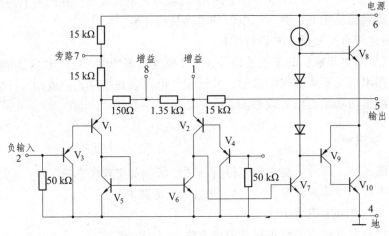

图 3.16.2　LM386 内部电路图

3.16.3　实验仪器与设备

集成功率放大电路；示波器；信号发生器；万用表。

3.16.4　实验内容与步骤

（1）按图 3.16.1 所示连接电路，不加信号时测静态工作点，完成表 3.16.1。

表 3.16.1

管脚	1	2	3	4	5	6	7	8
U/V								

（2）在输入端接入频率 $f = 1\ kHz$ 的正弦信号，用示波器观察输出波形；逐渐加大输入电压幅度，直至输出出现失真为止，记录此时输入电压、输出电压幅值，并记录波形。

（3）去掉 1、8 脚间的 10 μF 电容，重复上述实验。

（4）改变电源电压（选 5 V，9 V 两档），重复上述实验。

（5）改变输入信号频率，测量该电路的上限截止频率和下限截止频率。

3.16.5　预习要求

（1）复习集成功率放大器工作原理，对照图 3.16.2 分析电路工作原理。

（2）在图 3.16.1 所示电路中，若 $U_{CC} = 12\ V$、$R_L = 8\ \Omega$，估算该电路的 P_{om}、P_E 值。

（3）阅读实验内容，准备记录表格。

3.16.6　实验报告

（1）根据实验测量值，计算各种情况下的 P_{om}、P_E 及 η。

（2）作出电源电压与输出电压、输出功率的关系曲线。

3.16.7　思考题

在芯片允许的功率范围内，加大输出功率的措施有哪些？

3.17　串联型直流稳压电路

3.17.1　实验目的

（1）研究稳压电源的主要特性，掌握串联型稳压电路的工作原理；

（2）学会稳压电源的调试及测量方法。

3.17.2　实验原理

图 3.17.1 是由分立元件组成的串联型稳压电源的电路图。它由调整元件（晶体管 V_1、V_2），比较放大器 V_3、R_1，取样电路 R_4、R_5、R_P，基准电路 D、R_3 和保护电阻 R_2 组成。整个

稳压电路是一个具有电压串联负反馈的闭环系统。其稳压过程为：当电网电压波动或负载变动引起输出直流电压发生变化时，取样电路取出输出电压的一部分送入比较放大器，并与基准电压进行比较，产生的误差信号经 V_3 放大后送至调整管 V_2 的基极，使调整管 V_1 改变其管压降，以补偿输出电压的变化，从而达到稳定输出电压的目的。

由于在稳压电路中，调整管与负载串联，因此流过它的电流与负载电流一样大。当输出电流过大或发生短路时，调整管会因电流过大或电压过高而损坏，所以需要对调整管加以保护，在电路中，电阻 R_2 起保护作用。

稳压电源的主要性能指标如下：

（1）输出电压 U_O 和输出电压调节范围。

$$U_O = \frac{R_1' + R_2'}{R_2'}(U_Z + U_{BE3}) = \frac{R_4 + R_P + R_5}{R_2'}(U_Z + U_{BE3})$$

调节 R_P 可以改变输出电压 U_O。当 R_P 滑动在最上端时，输出电压最小

$$U_{Omin} = \frac{R_4 + R_P + R_5}{R_5 + R_P}(U_Z + U_{BE3})$$

当 R_P 滑动端在最下端时，输出电压最大

$$U_{Omax} = \frac{R_4 + R_P + R_5}{R_5}(U_Z + U_{BE3})$$

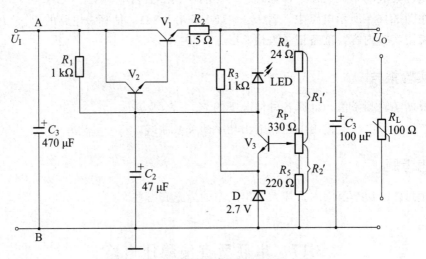

图 3.17.1　串联型直流稳压电源电路

（2）输出电阻 R_O：当输入电压 U_I（指稳压电路输入电压）保持不变时，由于负载变化而引起的输出电压变化量与输出电流变化量之比。即

$$R_O = \frac{\Delta U_O}{\Delta I_O}\bigg|_{U_I=常数}$$

（3）稳压系数 S（电压调整率）：当负载保持不变时，输出电压相对变化量与输入电压相对变化量之比。即

$$S = \left.\frac{\Delta U_O / U_O}{\Delta U_I / U_I}\right|_{R_L=常数}$$

由于工程上常把电网电压波动 ±10% 作为极限条件，因此也可将此时输出电压的相对变化 U_O / U_O 作为衡量指标，称为电压调整率。

（4）纹波电压：在额定条件下，输出电压中所含交流分量的有效值（或峰值）。

3.17.3 实验仪器与设备

串联型直流稳压电路；示波器；数字万用表；交流毫伏表。

3.17.4 实验内容与步骤

1. 静态调试

（1）按图 3.17.1 接线，负载 R_L 开路，即稳压电源空载。

（2）将电源调到 9 V 接到 U_I 端，再调电位器 R_P，使 $U_O = 6$ V。测量各三极管的 Q 点。

（3）调试输出电压的调节范围：调节 R_P 观察输出电压 U_O 的变化情况，记录 U_O 的最大和最小值。

2. 动态测量

（1）测量电源稳压特性。使稳压电源处于空载状态，调节电位器，使电源模拟电网电压波动 ±10%，即 U_I 由 8 V 变到 10 V。测量相应的 ΔU_O。根据 $S = \left.\dfrac{\Delta U_O / U_O}{\Delta U_I / U_I}\right|_{R_L=常数}$ 计算稳压系数。

（2）测量稳压电源输出电阻。稳压电源的负载电流由空载变化到额定值 $I_L = 100$ mA 时，测量输出电压 U_O 的变化量，即可求出电源输出电阻 $R_O = \dfrac{\Delta U_O}{\Delta I_L}$。测量过程中应保持 $U_I = 9$ V 不变。

（3）测试输出纹波电压。将图 3.17.1 所示电路的电压输入端接到图 3.17.2 所示的整流滤波电路的输出端（即接通 A—a，B—b），在负载电流 $I_L = 100$ mA 条件下，用示波器观察稳压电源输出中的交流分量 u_o，描绘其波形。用晶体管毫伏表测量交流分量的大小。

3. 输出保护

（1）在电源输出端接上负载 R_L，同时串接电流表，并用电压表监视输出电压。逐渐减小 R_L 值直到短路，注意 LED 发光二极管逐渐变亮，记录此时的电压、电流值。

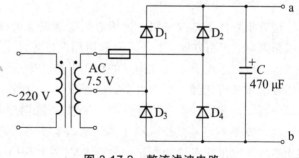

图 3.17.2 整流滤波电路

（2）逐渐加大 R_L 值，观察并记录输出电压、电流值。注意：此实验内容短路时间应尽量短（不超过 5 s），以防元器件过热而损坏。

3.17.5 预习要求

（1）估算图 3.17.1 所示电路中各三极管的 Q 点（设各管的 $\beta = 100$，电位器 R_P 滑动端处于中间位置）。

（2）分析图 3.17.1 所示电路中电阻 R_2 和发光二极管 LED 的作用。

（3）拟好实验数据记录表格。

3.17.6 实验报告

（1）对静态调试及动态测试进行总结。

（2）计算稳压电源输出电阻 R_O 及稳压系数 S。

（3）对部分思考题进行讨论。

3.17.7 思考题

（1）如果把图 3.17.1 所示电路中电位器的滑动端往上（或是往下）调，各三极管的 Q 点将如何变化？在实验中加以验证。

（2）调节 R_L 时，V_3 的发射极电位如何变化？电阻 R_L 两端电压如何变化？

（3）如果把 C_3 去掉（开路），输出电压将如何？

（4）这个稳压电源哪个三极管消耗的功率最大？

（5）如何改变电源保护值？

3.18　集成稳压器

3.18.1 实验目的

（1）了解集成稳压器的特性和使用方法；

（2）掌握直流稳压电源的主要参数测试方法。

3.18.2 实验原理

随着半导体工艺的发展，稳压电路也制成了集成器件。集成稳压器由于具有体积小、外接线路简单、使用方便、工作可靠和通用性好等优点，因此在各种电子设备中应用十分普遍，并基本上取代了由分立元件构成的稳压电路。集成稳压器的种类很多，应根据设备对直流电源的要求来进行选择。对于大多数电子仪器、设备和电子电路来说，通常是选用串联线性集成稳压器。而在这种类型的器件中，又以三端式稳压器应用最为广泛。

78、79 系列三端式集成稳压器的输出电压是固定的，在使用中不能进行调整。78 系列三端式稳压器输出正极性电压，一般有 5 V、6 V、9 V、12 V、15 V、18 V、24 V 共 7 个档次，输出电流最大可达 1.5 A（加散热片）。同类型 78 M 系列稳压器的输出电流为 0.5 A，78 L 系列稳压器的输出电流为 0.1 A。若要求负极性输出电压，可选用 79 系列稳压器。

图 3.18.1 所示为 W7800 系列稳压器的外形和接线图，它有三个引出端：

① 输入端 IN（不稳定电压输入端），标以"1"；

② 输出端 OUT（稳定电压输出端），标以"3"；

③ 公共端 GND，标以"2"。

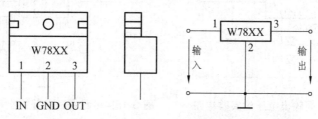

图 3.18.1　W78XX 系列移民压器的外形及接线图

除固定输出三端稳压器外，还有可调式三端稳压器，后者可通过外接元器件对输出电压进行调整，以适应不同的需要。如 LM317L 配合一定的外接电阻、电位器等元件就可以实现输出电压可调功能。

稳压电源的主要性能指标有输出电压 U_O、最大负载电流 I_{Om}、输出电阻 R_O、稳压系数（电压调整率）S，纹波电压等。

本实验所用集成稳压器为三端固定正稳压器 78L05，它的主要参数有：输出直流电压 $U_O = 5$ V，输出电流 I_O 为 0.1 A，电压调整率 10 mV/V，输出电阻 $R_O = 0.15\ \Omega$，输入电压 U_I 的范围 8 ~ 15 V。一般 U_I 要比 U_O 大 3 ~ 5 V，才能保证集成稳压器工作在线性区。

3.18.3　实验仪器与设备

集成稳压电路，示波器，数字万用表。

3.18.4　实验内容与步骤

1. 稳压器的测试

实验电路如图 3.18.2 所示。

测试内容：

（1）稳定输出电压；

（2）电压调整率；

（3）电流调整率；

（4）纹波电压（有效值或峰值）。

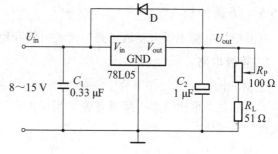

图 3.18.2　三端稳压器参数测试

2. 稳压器性能测试

仍用图 3.18.2 所示的电路，测试直流稳压电源性能，包括：

（1）保持稳定输出电压的最小输入电压。

（2）输出电流最大值及过流保护性能。

3. 三端稳压器的灵活应用

（1）改变输出电压实验电路如图 3.18.3 和 3.18.4 所示，测量这两图所示电路的输出电压及变化范围。

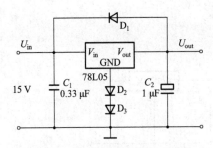

图 3.18.3　不同输出电压的实验电路

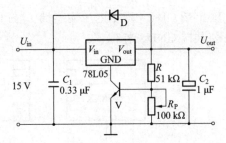

图 3.18.4　利用三极管输出不同电压的电路

（2）利用稳压器组成恒流源。实验电路如图 3.18.5 所示，按图接线，并测试电路的恒流作用。

（3）可调稳压器。实验电路如图 3.18.6 所示。LM317L 最大输入电压 40 V（本实验只加 15 V 输入电压），输出 25 ~ 37 V 可调，最大输出电流 100 mA。

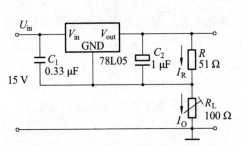

图 3.18.5　78L05 组成的恒流源电路

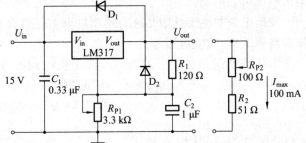

图 3.18.6　可调稳压电源输出电路

测试内容如下：

① 电压输出范围；

② 按实验内容 1 测试各项指标。测试时将输出电压调到最高输出电压。

3.18.5　仿真分析

直流稳压电源主要由整流电路、滤波电路和稳压电路三部分组成。

1. 整流电路

在 Multisim 仿真软件平台中搭建如图 3.18.7 所示的电源桥式整流电路。启动仿真开关，利用示波器观察输出波形；接通开关 J_1 后，观察波形的变化，分析原因。带上不同的负载以后又有什么变化？

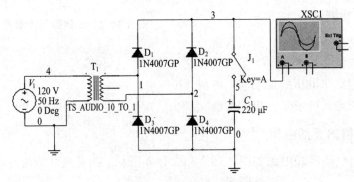

图 3.18.7　桥式整流仿真电路

2. 集成稳压电路

① 在 Multisim 仿真软件平台搭建如图 3.18.8 所示的集成稳压仿真电路，通过示波器观察经过桥式整流、电容滤波后的输出波形。

② 用示波器观察经过集成稳压电路稳压后的输出波形。调节示波器的输入选择为 DC 档，观察稳压电路的输出波形；再调节示波器的输入选择为 AC 档，观察输出波形。DC 档、AC 档看到的波形有什么不同？说明原因。

③ 在图 3.18.8 所示集成稳压电路中，分别设置键盘上的字母 A 和 B 来调节电位器 R_1 和 R_2 的滑动头位置，通过调节电位器 R_1 和 R_2 可调节输出电压值，使稳压电路输出的电压在一定范围内变化。

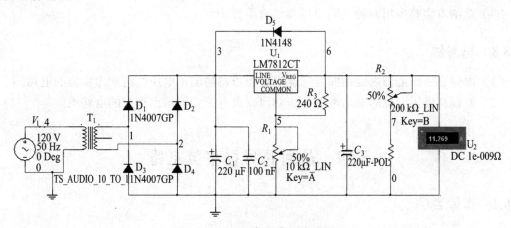

图 3.18.8　集成稳压仿真电路

3. 可调式三端集成直流稳压电源电路

可调式三端稳压器是指输出电压可调节的稳压器，该集成稳压器分为正、负电压稳压器，正电压稳压器为 CW117 系列，负电压稳压器为 CW137 系列。

图 3.18.9 是用 LM117H 构成的可调式稳压电路，调节 R_1 即可改变输出电压的大小。根据电路可以测试稳压系数 S_U、电流调整率 S_I，并可利用参数扫描分析工具分析 R_1 对电路的影响。

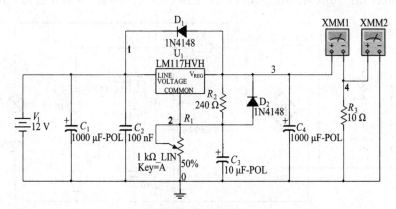

图 3.18.9　可调式三端集成稳压电源仿真电路

3.18.6　预习要求

（1）复习教材中直流稳压电源主要参数及测试方法的相关内容。
（2）查阅手册，了解本实验所用稳压器的技术参数。
（3）计算图 3.18.6 所示电路中 R_{P1} 的值。估算图 3.18.4 所示电路的输出电压范围。
（4）拟订实验步骤及记录表格。

3.18.7　实验报告

（1）整理实验报告，计算实验内容 1 的各项参数。
（2）画出实验内容 2 的输出保护特性曲线。
（3）总结本实验所用两种三端稳压器的应用方法。

3.18.8　思考题

（1）如何在一定范围内提高固定三端集成稳压器的输出电压？请画出实施的电路图。
（2）要提高稳压电源的输出电流，应如何改进电路？请画出相应的电路图。

3.19　晶闸管可控整流电路

3.19.1　实验目的

（1）学习单结晶体管和晶闸管的简易测试方法；
（2）熟悉单结晶体管触发电路（阻容移相桥触发电路）的工作原理及调试方法；
（3）熟悉用单结晶体管触发电路控制晶闸管调压电路的方法。

3.19.2　实验原理

　　可控整流电路的作用是把交流电变换为电压值可以调节的直流电。图 3.19.1 所示为单相半控桥式整流实验电路。主电路由负载 R_L（灯泡）和晶闸管 V_1 组成，触发电路为单结晶体管 V_2 及一些阻容元件构成的阻容移相桥触发电路。改变晶闸管 V_1 的导通角，便可调节主电

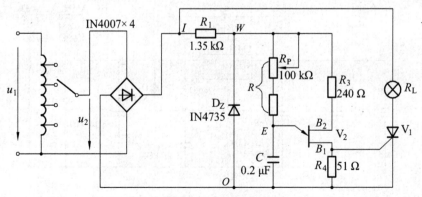

图 3.19.1　单相半控桥式整流实验电路

234

路的可控输出整流电压（或电流）的数值，这点可由灯泡负载的亮度变化看出。晶闸管导通角的大小取决于触发脉冲的频率。由公式 $f = \dfrac{1}{RC}\ln\left(\dfrac{1}{1-\eta}\right)$ 可知，当单结晶体管的分压比 η（一般在 0.5～0.8 之间）及电容 C 值固定时，频率 f 的大小由 R 决定。因此，调节电位器 R_P，可以改变触发脉冲频率，使主电路的输出电压随之改变，从而达到可控调压的目的。

用万用电表的电阻档（或用数字万用表二极管档）可以对单结晶体管和晶闸管进行简易测试。

图 3.19.2 所示为单结晶体管 BT33 的引脚排列、结构图及电路符号。好的单结晶体管，其 PN 结正向电阻 R_{EB1}、R_{EB2} 均较小，且 R_{EB1} 稍大于 R_{EB2}；而 PN 结的反向电阻 R_{B1E}、R_{B2E} 均应很大。根据所测阻值，即可判断出各引脚及管子的质量优劣。

图 3.19.3 所示为晶闸管 3CT3A 的引脚排列、结构图及电路符号。晶闸管阳极（A)-阴极(K)及阳极（A)-控制极(G)之间的正、反向电阻 R_{AK}、R_{KA}、R_{AG}、R_{GA} 均应很大，而 G-K 之间为一个 PN 结，PN 结正向电阻应较小，反向电阻应很大。

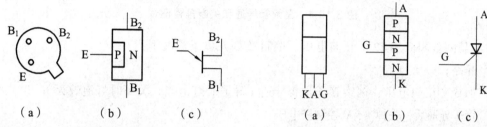

图 3.19.2　单结晶体管 BT33 的引脚排列、
结构图及电路符号

图 3.19.3　晶闸管 3CT3A 的引脚排列、
结构图及电路符号

3.19.3　实验仪器与设备

±5 V、±12 V 直流电源；可调工频电源；万用电表；双踪示波器；交流毫伏表；直流电压表；晶闸管 3CT3A，单结晶体管 BT33，二极管 IN4007X4，稳压管 IN4735，灯泡 12 V/0.1 A。

3.19.4　实验内容与步骤

1. 单结晶体管的简易测试

用万用电表 R×10 Ω 档分别测量 E-B_1、E-B_2 间正、反向电阻，并记入表 3.19.1 中。

表 3.19.1　单结晶体管的测试数据

$R_{E,\,B1}$/Ω	$R_{E,\,B2}$/Ω	$R_{B1,\,E}$/kΩ	$R_{B2,\,E}$/kΩ	结　　论

2. 晶闸管的简易测试

用万用表 R×1K 档分别测量 A-K、A-G 间正、反向电阻，用 R×10 Ω 档测量 G-K 间正、反向电阻，并记入表 3.19.2 中。

表 3.19.2　晶闸管好坏的测试

$R_{AK}/k\Omega$	$R_{KA}/k\Omega$	$R_{AG}/k\Omega$	$R_{GA}/k\Omega$	$R_{GK}/k\Omega$	$R_{KG}/k\Omega$	结　论

3. 晶闸管导通和关断条件测试

断开 ± 12 V、± 5 V 直流电源，按图 3.19.4 连接实验电路。

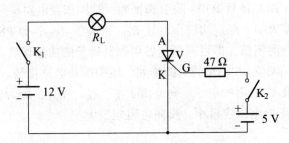

图 3.19.4　晶闸管导通和关断条件测试

（1）晶闸管阳极加 12 V 正向电压，控制极 G 在以下情况下：

① 开路；

② 加 5 V 正向电压，观察管子是否导通（导通时灯泡亮，关断时灯泡熄灭）；

③ 管子导通后，去掉 + 5 V 控制极电压；

④ 反接控制极电压（接 – 5 V），观察管子是否继续导通。

（2）晶闸管导通后，阳极在以下情况下：

① 去掉 + 12 V 阳极电压；

② 反接阳极电压（接 – 12 V），观察管子是否关断，并记录之。

4. 晶闸管可控整流电路

按图 3.19.1 连接实验电路，整流电路输入电压 U_2 取可调工频电源电压 14 V，电位器 R_P 置中间位置。

1）单结晶体管触发电路

① 断开主电路（把灯泡取下），接通工频电源，测量 U_2 值。用示波器依次观察并记录交流电压 u_2、整流输出电压 u_I、削波电压 u_W、锯齿波电压 u_E、触发输出电压 u_{B1}。记录波形时，注意各波形间对应关系，并标出电压幅度及时间，最后记入表 3.19.3 中。

② 改变移相电位器 R_P 阻值，观察 u_E 及 u_{B1} 的波形变化及 u_{B1} 的移相范围，并记入表 3.19.3 中。

表 3.19.3　晶闸管可控整流电路测试

u_2	u_I	u_W	u_E	u_{B1}	移相范围

2）可控整流电路

断开工频电源，接入负载灯泡 R_L；再接通工频电源，调节电位器 R_P，使电灯由暗到中等亮度再到最亮；用示波器观察晶闸管的 A、K 两端电压 u_T 及负载两端电压 u_L 的波形，并测量负载直流电压及工频电源电压的有效值 U_L、U_2，记入表 3.19.4 中。

表 3.19.4 可控整流电路测试

测试项目	暗	较亮	最亮
u_L 波形			
u_T 波形			
导通角 θ			
U_L/V			
U_2/V			

3.19.5 预习要求

（1）复习晶闸管可控整流部分的相关内容。

（2）可否用万用电表的 R×10 kΩ 档测试管子？为什么？

（3）为什么必须保证可控整流电路的触发电路与主电路同步？本实验是如何实现同步的？

（4）可以采取哪些措施改变触发信号的幅度和移相范围？

（5）能否用双踪示波器同时观察 u_2 和 u_L 或 u_L 和 u_T 波形？为什么？

3.19.6 实验报告

（1）总结晶闸管导通和关断的基本条件。

（2）画出实验中记录的波形（注意各波形间对应关系），并进行讨论。

（3）比较实验数据 U_L 与理论计算数据 $U_L = 0.9U_2(1+\cos\alpha)/2$，并分析产生误差的原因。

（4）分析实验中出现的异常现象。

第 4 篇　综合创新设计实验

4.1　基本运算电路设计

4.1.1　实验目的

（1）熟悉运放的基本特性，掌握基本运算放大器应用的设计方法。

（2）了解一些经典的运算放大器电路的作用。

4.1.2　实验仪器

实验电路板、线性稳压电源、信号发生器、双通道数字示波器。

4.1.3　实验内容和要求

1. 运算放大器的求和电路

测试原理图如图 4.1.1 所示。

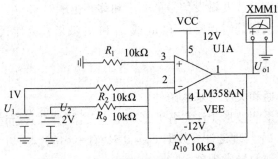

图 4.1.1

将测试数据填入表 4.1.1 中。

表 4.1.1

U_1/V	U_2/V	U_{o1}/V
1	1	
1	2	
2	1	

（1）根据所测试的数据，推导出电路转换公式。

（2）设计电路中的参数，使得输出电压满足下面的公式：

$$U_{o1} = -(2U_1 + U_2)$$

238

2. 运算放大器的差分电路

测试原理图如图 4.1.2 所示。

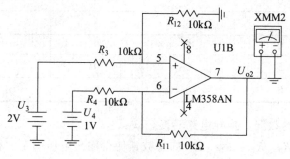

图 4.1.2

将测试数据填入表 4.1.2 中。

表 4.1.2

U_3/V	U_4/V	U_{o2}/V
1	1	
1	2	
2	1	

（1）根据所测试的数据，推导电路转换公式。

（2）设计电路中的参数，使得输出电压满足下面的公式：

$$U_{o2} = 2U_3 - U_4$$

3. 简易 D/A 转换器设计

测试原理图如图 4.1.3 所示。

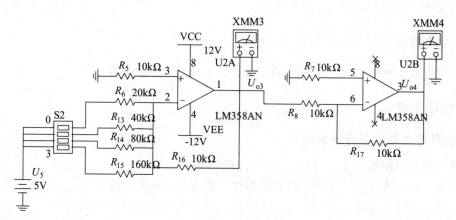

图 4.1.3

将测试数据填入表 4.1.3 中。

表 4.1.3

U_3/V	U_2/V	U_1/V	U_o/V	$U_{\text{o}3}/\text{V}$	$U_{\text{o}4}/\text{V}$
0	0	0	0		
0	0	0	5		
0	0	5	0		
0	5	0	0		
5	0	0	0		

（1）根据所测试的数据，推导电路转换公式：

（2）设计电路中 R_6、R_{13}、R_{14}、R_{15} 的参数，使得输出电压满足表格 4.1.3 中数据。

U_3/V	U_2/V	U_1/V	U_o/V	$U_{\text{o}3}/\text{V}$
0	0	0	0	0
0	0	0	5	1
0	0	5	0	2
0	5	0	0	4
5	0	0	0	8

4.2 积分电路与微分电路设计与应用

4.2.1 实验目的

（1）熟悉积分电路与微分电路的基本工作特性。

（2）掌握正积分电路和反积分电路的设计方法。

（3）了解一些经典的积分、微分电路。

4.2.2 实验仪器

实验电路板、线性稳压电源、信号发生器、双通道数字示波器。

4.2.3 实验原理

1. 运算放大器的积分应用电路

测试电路原理图如图 4.2.1 所示，输出波形如图 4.2.2 所示。

（1）输入信号为 $2V_{\text{PP}}$、1 kHz 的方波信号，观察并记录输出的结果。

（2）输入信号为 $4V_{\text{PP}}$、1 kHz 的方波信号，观察并记录输出的结果。

（3）通过对比上述两种输出信号的波形，设计并验证将 $4V_{\text{PP}}$、1 kHz 的方波信号转化为 $6V_{\text{PP}}$、1 kHz 的三角波信号，并给出 R_2、C_1 的设计参数。

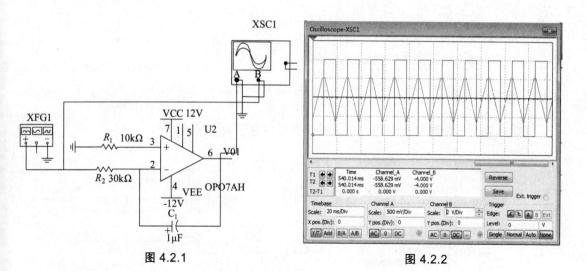

图 4.2.1   图 4.2.2

2. 运算放大器的微分电路原理图及输出波形

测试电路原理图如图 4.2.3 所示，输出波形如图 4.2.4 所示。

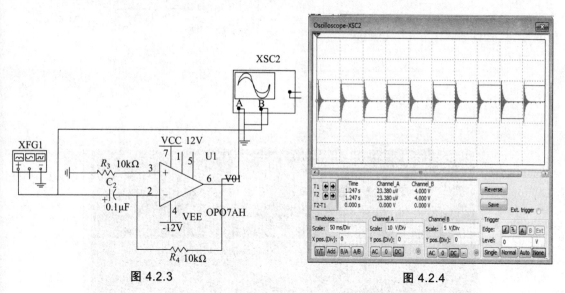

图 4.2.3   图 4.2.4

（1）输入信号为 $2V_{PP}$、100 Hz 的方波信号，观察并记录输出的结果。

（2）输入信号为 $4V_{PP}$、100 Hz 的方波信号，观察并记录输出的结果。

（3）通过对比上述两种输出信号的波形，设计并验证将 $4V_{PP}$、100 Hz 的方波信号转化为 $5V_{PP}$、100 Hz 的尖峰信号，并给出修改后的电路设计参数和设计草图。

4.3 精密整流电路的研究

4.3.1 实验目的

（1）熟悉运算放大器的基本特性。

（2）掌握基本运算放大器应用的设计方法。

（3）了解精密整流与二极管整流的区别。

4.3.2 实验仪器

实验电路板、线性稳压电源、信号发生器、双通道数字示波器。

4.3.3 实验原理

（1）精密整流应用电路测试电路图（图 4.3.1）及仿真输出波形（图 4.3.2）。

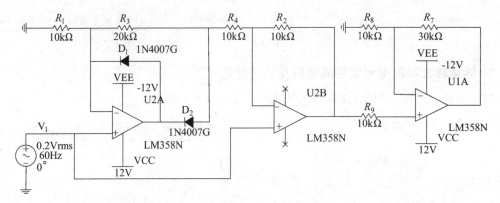

图 4.3.1

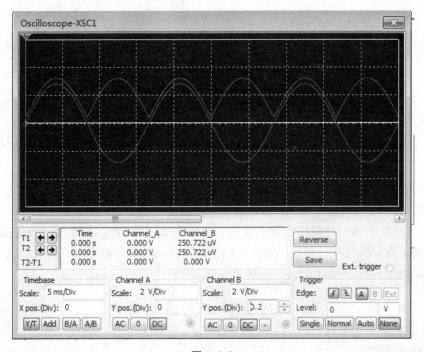

图 4.3.2

（2）二极管整流电路测试电路图（图 4.3.3）及仿真输出波形（图 4.3.4）。

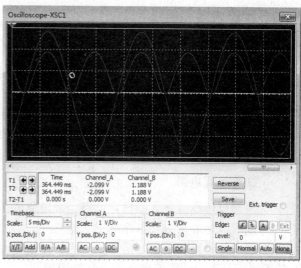

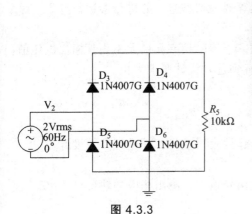

图 4.3.3

图 4.3.4

（3）对比两种输入、输出信号的波形，记录两种整流电路的特点。

项 目	精密整流电路	二极管整流电路
优 点		
缺 点		
应用范围		

（4）修改精密整流电路参数，使得输出幅值为输入的 2 倍。画出修改后的电路和输出波形。

4.4 比例、求和运算电路设计

4.4.1 实验目的

（1）掌握比例、求和电路的设计方法。

（2）通过实验，了解影响比例、求和运算精度的因素，进一步熟悉电路的特点和功能。

4.4.2 设计指标

（1）设计一个由两个集成运算放大器组成的交流放大器，设计指标如下：

输入阻抗：10 kΩ；

电压增益：10^3 倍；

频率响应：20 ~ 100 Hz；

最大不失真电压：10 V。

（2）设计一个能实现下列运算关系的电路：

$$U_o = 10U_{11} - 5U_{12}$$

$$U_{11} = U_{12} = 0.1 \sim 1 \text{ V}$$

4.4.3　实验内容和要求

1. 交流放大电路

① 根据设计题目要求，选定电路，确定集成运算放大器型号，并进行参数设计。

② 按照设计方案组装电路。

③ 测量放大器的输入阻抗、电压增益、上限频率、下限频率和最大不失真输出电压值。如果测量值不满足设计要求，要进行相应的调整，直到达到设计要求为止。

④ 写出设计总结报告。

2. 数学运算电路

① 根据设计题目要求，选定电路，确定集成运算放大器型号，并进行参数设计。

② 按照设计方案组装电路。

③ 在设计题目所给输入信号范围内，任选几组信号输入，测出相应的输出电压 U_o，将 U_o 的实测值与理论计算值作比较，计算误差。

④ 研究运算放大器非理想特性对运算精度的影响，在其他参数不变的情况下，换用开环增益较高的集成运算放大器，重复内容③，试比较运算误差，作出正确结论。

⑤ 写出设计总结报告。

4.5　方波和三角波发生器设计

4.5.1　实验目的

通过积分运算电路设计性实验，学会简单积分电路的设计及调试方法，了解引起积分器运算误差的因素，初步掌握减小误差的方法。

4.5.2　设计指标

设计一个方波和三角波发生器，设计指标如下：

① 输出为方波和三角波两种波形；

② 输出信号幅值设计为 0~1 V 可调；

③ 输出信号的频率为 100 Hz~1 kHz；

④ 可用波段开关扩大电压与频率的调节范围。

4.5.3　实验内容和要求

（1）根据要求选择总体方案，画出设计框图。

（2）根据设计框图进行单元电路设计。

（3）画出总体电路原理图。

（4）组装调试所设计的电路，使其正常工作。

（5）测量方波的幅值和频率，测量三角波的频率、幅值及调节范围，检验电路是否满足设计指标。在调整三角波幅值时，注意波形的变化，并简单说明变化的原因。

（6）用双踪示波器观察并测绘方波和三角波波形。

4.6 有源滤波电路设计

4.6.1 实验目的

通过实验，学习有源滤波器的设计方法，体会调试方法在电路设计中的重要性，了解品质因数 Q 对滤波器特性的影响。

4.6.2 设计指标

（1）设计一个有源二阶低通滤波器，设计指标如下：

截止频率：$f_H = 5\text{ Hz}$；

通带增益：$A_{up} = 1$；

品质因数：$Q = 0.707$。

（2）设计一个有源二阶高通滤波器，设计指标如下：

截止频率：$f_H = 100\text{ Hz}$；

通带增益：$A_{up} = 10$；

品质因数：$Q = 0.707$。

4.6.3 实验内容和要求

（1）写出设计报告，包括设计原理、设计电路及选择电路元件参数。

（2）组装和调试所设计的电路，检验该电路是否满足设计指标。若不满足，改变电路参数值，使其满足设计题目要求。

（3）测量电路的幅频特性曲线，研究品质因数对滤波器频率特性的影响（提示：改变电路参数，使品质因数变化，重复测量电路的频率特性曲线，进行比较得出结论）。

（4）写出实验总结报告。

4.7 信号变换电路的研究

4.7.1 实验目的

（1）熟悉运算放大器的基本特性和电流采样方法。

（2）掌握电压-电流变换电路、频率-电压变换电路的设计方法。

（3）了解一些经典的运算放大器电路的作用。

4.7.2 实验仪器

实验电路板、线性稳压电源、信号发生器、双通道数字示波器。

4.7.3　实验原理

1. 电压-电流变换电路（见图 4.7.1）

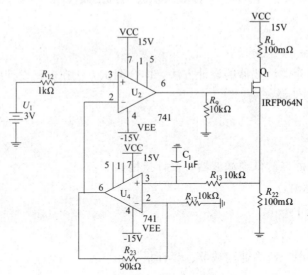

图 4.7.1　电压-电流变换电路

（1）测试 U_1 与 I_{RL} 的关系，填入表 4.7.1。

表 4.7.1　电压-电流变换电路测试数据

U_1/V	0	0.1	0.2	0.3	0.4	0.5
I_{RL}						

（2）推导 U_1 与 I_{RL} 的关系。

2. 电压-频率变换电路

（1）NE555 电压-频率变换电路如图 4.7.2 所示。

（2）测试 NE555 的输出频率，并计算出与电压 U_2 的关系。

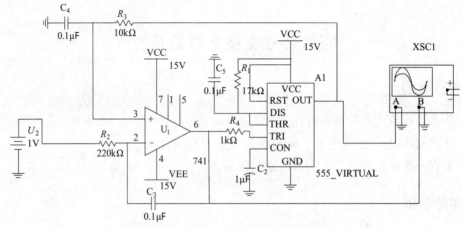

图 4.7.2　NE555 电压-频率变换电路

（3）LM331 电压-频率变换电路如图 4.7.3 所示。

（4）测试输出频率与输入电压的关系，并验证公式的正确性。改变电路参数，使得 $f = 200 \times V_{in}$。

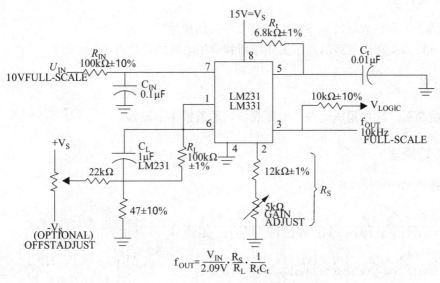

$$f_{OUT} = \frac{V_{IN}}{2.09V} \cdot \frac{R_S}{R_L} \cdot \frac{1}{R_t C_t}$$

图 4.7.3　LM331 电压-频率变换电路

3. 频率-电压变换电路

LM331 频率-电压变换电路如图 4.7.4 所示。

（1）测试输出电压与输入频率的关系，并验证公式的正确性。

（2）改变电路参数，使得 $V_{OUT} = -f_{IN} \times 10^{-3}$。

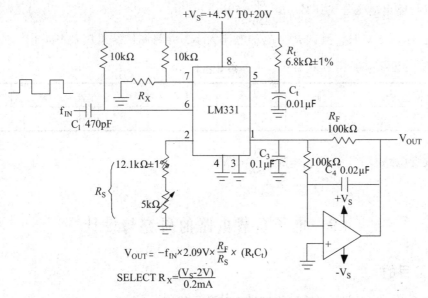

$$V_{OUT} = -f_{IN} \times 2.09V \times \frac{R_F}{R_S} \times (R_t C_t)$$

$$SELECT\ R_X = \frac{(V_S - 2V)}{0.2mA}$$

图 4.7.4　LM331 频率-电压变换电路

247

4.8 D/A 转换电路设计

4.8.1 实验目的

（1）熟悉运算放大器的基本特性和模拟开关的使用。

（2）掌握 DA 转换电路的基本工作原理和应用电路的设计方法。

4.8.2 实验仪器

实验电路板、线性稳压电源、电压表、双通道数字示波器。

4.8.3 实验原理

D/A 转换电路如图 4.8.1 所示。

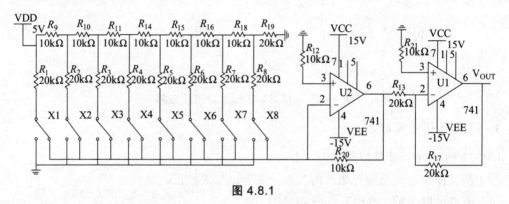

图 4.8.1

（1）推导输出电压公式：$V_{OUT} = \dfrac{D}{256} \times 5\ \text{V}$。

（2）在 $V_{DD} = 5\ \text{V}$ 时，测试 $R_1 \sim R_8$ 的电流大小，并将测试结果填入表 4.8.1。

表 4.8.1

I_{R1}	I_{R2}	I_{R3}	I_{R4}	I_{R5}	I_{R6}	I_{R7}	I_{R8}

（3）改变电路参数，使 $V_{OUT} = 2 \times \dfrac{D}{256} \times 5\ \text{V}$。

4.9 电子负载电路的研究与设计

4.9.1 实验目的

（1）熟悉运算放大器的基本特性和模拟开关的使用。

（2）掌握电子负载电路的基本工作原理和应用电路的设计方法。

4.9.2 实验仪器

实验电路板、线性稳压电源、电压表、双通道数字示波器。

4.9.3 实验原理

1. 电子负载恒流模块原理图（见图 4.9.1）

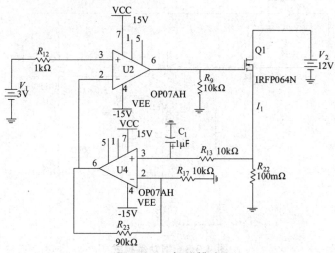

图 4.9.1　恒流模式

（1）测试在 V_1 电压变化时电流 I_1 的大小，并将测试结果记入表 4.9.1。

（2）推导输入电压与电流 I_1 的关系。

表 4.9.1　电子负载恒流模式测试数据

V_1/V	0.0	0.05	0.10	0.15	0.20	0.25	0.30	0.35	0.40
I_1									

2. 电子负载恒压模块原理图（见图 4.9.2）

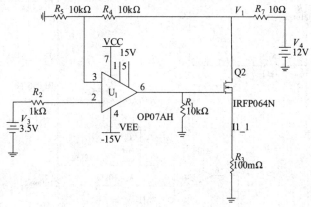

图 4.9.2

（1）测试在 V_3 电压变化时电压 V_1 的大小，并将测试数据记入表 4.9.2。

（2）推导输入电压 V_3 与 V_1 的关系。

表 4.9.2　恒压模式测试数据

V_3/V	0.0	0.1	1.0	1.5	2.0	2.5	3.0	3.5	4.0
V_1/V									

3. 电子负载恒功率模块原理图（见图 4.9.3）

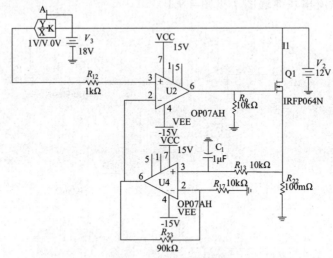

图 4.9.3　恒功率模式

（1）测试在 V_3 电压变化时 $V_2 \cdot I_1$ 的大小，并将测试数据记入表 4.9.3。

（2）推导输入电压 V_3 与 $V_2 \cdot I_1$ 的关系。

表 4.9.3　恒功率模式测试数据

V_3/V	1	2	3	4	5	6	7	8	9
$V_2 \cdot I_1$									

4. 电子负载恒阻模块原理图（见图 4.9.4）

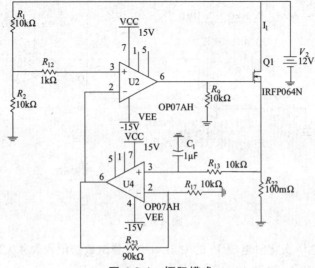

图 4.9.4　恒阻模式

（1）测试在 U4 的放大倍数变化时 V_2/I_1 的大小。将测试数据记入表 4.9.4。

（2）推导 U4 的放大倍数与 V_2/I_1 的关系式。

表 4.9.4　恒阻模式测试数据

R_{23}/R_{17}	10	15	20	25	30	35	40	45	50
V_2/I_1									

4.10　恒流源电路的研究与设计

4.10.1　实验目的

（1）熟悉运算放大器的基本特性和模拟开关的使用。

（2）掌握恒流源电路的基本工作原理和应用电路的设计方法。

4.10.2　实验仪器

实验电路板、线性稳压电源、电压表、双通道数字示波器。

4.10.3　实验原理

1. 镜像恒流源应用电路（见图 4.10.1）

（1）在 $V_{CC} = 5$ V 时，改变 R_2 的值，测试 I_1 电流大小，将测试数据记入表 4.10.1。

（2）推导输出电流 I_1 的计算公式。

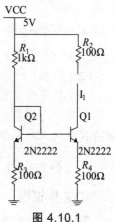

图 4.10.1

表 4.10.1

R_2/Ω	10	20	30	40	50	60	70	80	90	100
I_1										

2. 大功率恒流源应用电路（见图 4.10.2）

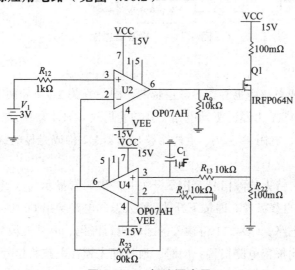

图 4.10.2　恒流源应用

（1）在 $V_{CC} = 15\,\text{V}$ 时，改变 V_1 的值，测试电阻 R_L 上的电流大小。将测试数据记入表 4.10.2。

（2）推导输出电流的计算公式。

（3）简述大功率恒流源电路的应用范围。

表 4.10.2

V_1/V	0.0	0.1	0.2	0.3	0.4	0.5	0.6	0.7	0.8	0.9
I_{RL}										

4.11　智力竞赛抢答器电路设计

4.11.1　实验任务

（1）抢答器同时供 4 名选手或 4 个代表队比赛，分别用 4 个按钮表示。

（2）设置一个系统清除和抢答控制开关，该开关由主持人控制。

（3）抢答器具有锁存与显示功能。即选手按动按钮，锁存相应的编号，扬声器发出声响提示，并在七段数码管上显示选手号码。选手抢答实行优先锁存，优先抢答的选手编号一直保持到主持人将系统清除为止。

4.11.2　参考设计

1. 总体框图

图 4.11.1 为抢答器的逻辑框图，它主要由输入电路、编码电路、译码驱动电路、优先锁存电路、光显示电路、声响报警电路等组成。

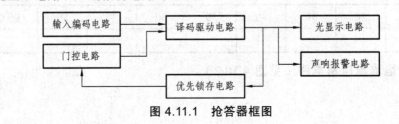

图 4.11.1　抢答器框图

2. 参考电路

图 4.11.2 为四人智力竞赛抢答器参考逻辑图，图中开关 1～4 和两个或门 U3A、U3B 构成输入编码电路，CD4511 为译码驱动电路（其功能见表 4.11.1），开关 Z、与非门 U4A 和与门 U5A 构成门控电路，电阻 $R_1 \sim R_7$、七段字符显示器 U2 构成光显电路，或非门和 U6 构成声响报警电路。

抢答开始时，由主持人清除信号，按下开关 Z，数码管显示 0。当主持人宣布"抢答开始"后，首先作出判断的参赛者立即按下开关，输入编码电路给出 0001～0100 中的一个编码，该编码输入译码驱动电路，CD4511 将输入的编码进行译码，驱动七段数码管显示 1～4 中的相应数码，并驱动声响报警电路报警；同时，通过优先锁存电路将信号送入门控电路，锁住其余三个抢答者的电路，不再接受其他信号，直到主持人再次清除信号为止。

252

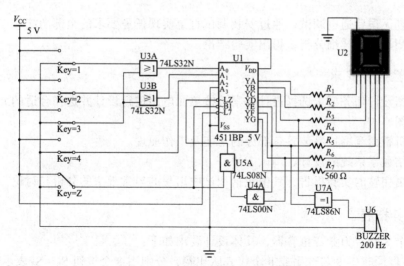

图 4.11.2　智力竞赛抢答装置原理图

表 4.11.1　CD4511 功能表

输　入							输　　出							
LE	$\overline{BI}$	$\overline{LT}$	D	C	B	A	a	b	c	d	e	f	g	显示
×	×	0	×	×	×	×	1	1	1	1	1	1	1	日
×	0	1	×	×	×	×	0	0	0	0	0	0	0	
0	1	1	0	0	0	0	1	1	1	1	1	1	0	0
0	1	1	0	0	0	1	0	1	1	0	0	0	0	1
0	1	1	0	0	1	0	1	1	0	1	1	0	1	2
0	1	1	0	0	1	1	1	1	1	1	0	0	1	3
0	1	1	0	1	0	0	0	1	1	0	0	1	1	4
0	1	1	0	1	0	1	1	0	1	1	0	1	1	5
0	1	1	0	1	1	0	0	0	1	1	1	1	1	6
0	1	1	0	1	1	1	1	1	1	0	0	0	0	7
0	1	1	1	0	0	0	1	1	1	1	1	1	1	8
0	1	1	1	0	0	1	1	1	1	0	0	1	1	9
0	1	1	1	0	1	0	0	0	0	0	0	0	0	
0	1	1	1	0	1	1	0	0	0	0	0	0	0	
0	1	1	1	1	0	0	0	0	0	0	0	0	0	
0	1	1	1	1	0	1	0	0	0	0	0	0	0	
0	1	1	1	1	1	0	0	0	0	0	0	0	0	
0	1	1	1	1	1	1	0	0	0	0	0	0	0	
1	1	1	×	×	×	×	·							·

4.11.3　实验内容

（1）按照实验要求设计电路，确定元件的型号和参数。

（2）按照电路图进行仿真实验。

（3）仿真结果正确后在实验板上搭建电路，要求电路布局合理、走线清楚、工作可靠。

（4）检查无误后通电调试，通过安装调试直至实现任务要求的全部功能。

（5）对测试结果详细分析，得出实验结论。

4.11.4 实验报告要求

（1）根据设计任务要求选择设计方案。按单元电路进行设计并选择合适的元器件，最后画出总原理图。

（2）分析智力竞赛抢答装置各部分的功能及工作原理。

（3）总结数字系统的设计、调试方法。

（4）写出完整的实验报告，其中包括调试中出现的异常现象的分析与讨论。

4.11.5 任务拓展

设计一个 8 路智力竞赛抢答器，具体设计要求如下：

① 抢答器同时供 8 名选手或 8 个代表队比赛，分别用 8 个按钮 $S_0 \sim S_7$ 表示。

② 设置一个系统清除和抢答控制开关 S，该开关由主持人控制。

③ 抢答器具有锁存与显示功能。即选手按动按钮，锁存相应的编号，并在 LED 数码管上显示，同时扬声器发出报警声响提示。选手抢答实行优先锁存，优先抢答的选手编号一直保持到主持人将系统清除为止。

④ 抢答器具有定时抢答功能，且一次抢答的时间由主持人设定（如 30 s）。当主持人启动"开始"键后，定时器进行减计时，同时扬声器发出短暂的声响，声响持续的时间为 0.5 s 左右。

⑤ 参赛选手在设定的时间内进行抢答，抢答有效，定时器停止工作，显示器上显示选手的编号和抢答的时间，并保持到主持人将系统清除为止。

⑥ 如果定时时间已到，无人抢答，本次抢答无效，系统报警并禁止抢答，定时显示器上显示 00。

4.12 电子秒表

4.12.1 实验任务

（1）数字式秒表实现简单的计时与显示，第一次按下键开始清零，第二次按键开始计时，第三次按下键计时停止。

（2）具有"分"（0~9）"秒"（00~59）"十分之一秒"（0~9）数字显示，分辨率为 0.1 秒。计时范围从 0 分 0 秒 0 到 9 分 59 秒 9。

4.12.2 参考设计

1. 总体框图

图 4.12.1 所示为电子秒表的逻辑框图，它主要由控制电路、计数电路、显示电路和脉冲电路组成。

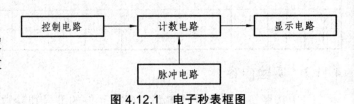

图 4.12.1 电子秒表框图

2. 参考电路

（1）计数显示电路。如图 4.12.2 所示计数部分由 4 个计数器 74LS160 构成，U1 和 U4 是

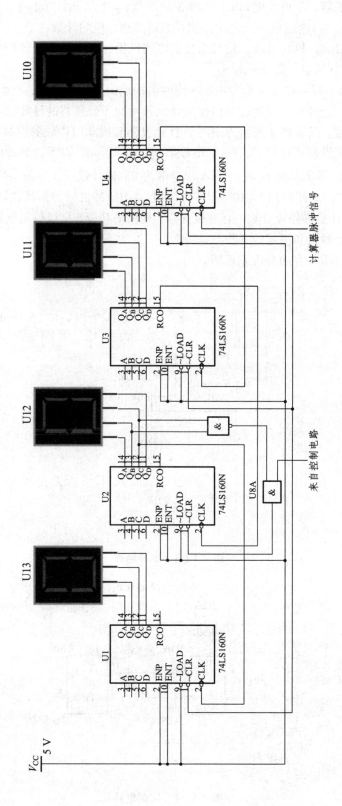

图 4.12.2 计数显示电路

两个十进制的计数器，分别实现 min、0.1 s 位的计数；U2 和一个与非门、一个与门组成一个六进制的计数器，与 U3 组成一个六十进制计数器实现 s 位的计数。

计数电路的启动、停止及清零信号由控制电路提供，时钟信号由脉冲电路提供。计数结果由 4 个 8421BCD 码显示管显示输出。

（2）脉冲电路。图 4.12.3 所示为用 555 定时器构成的多谐振荡器，产生十分之一秒脉冲。当控制信号为 1 时，脉冲信号通过与门作为计数脉冲加于计数器的计数脉冲输入端。

（3）控制电路。图 4.12.4 所示为用两个 D 触发器和或非门构成的控制电路，J$_1$ 为手动单次脉冲控制端，假设起始状态下，U5A 和 U5B 的 Q 端为 00，在手动脉冲的作用下，状态依次为 10、01、00。当状态为 10 时，U5A 的 $\overline{Q}$ 端为 0，向计数器发出清零信号。当状态为 01 时，U5B 的 Q 端为 1，使与门 U14B 打开，脉冲电路的脉冲信号加到计数器电路，开始计时。当状态为 00 时，计数器停止计数。有直接置位、复位的功能。所以控制电路在电子秒表中的职能是启动和停止秒表和清零的工作。

图 4.12.5 为电子秒表的参考原理图。

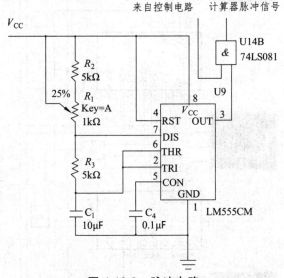

图 4.12.3 脉冲电路

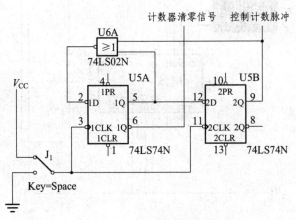

图 4.12.4 控制电路

256

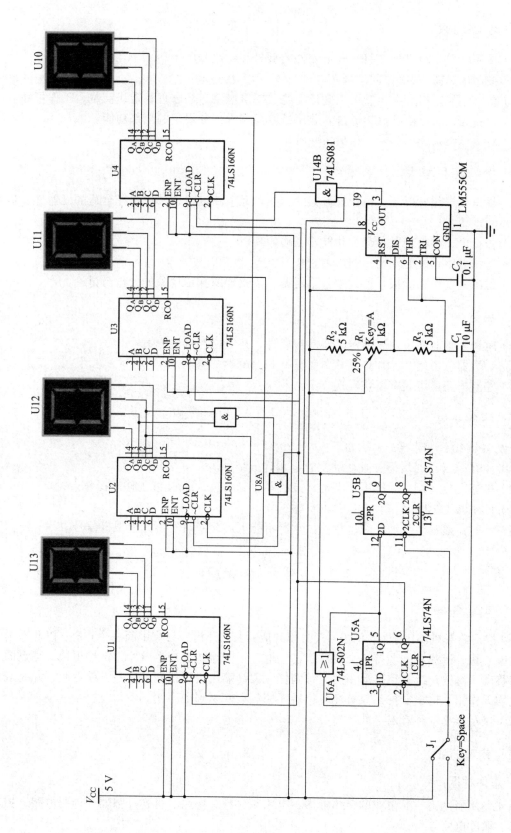

图 4.12.5　电子秒表的参考原理图

4.12.3 实验内容

（1）按照实验要求设计电路，确定元件的型号和参数。

（2）按照电路图进行仿真实验。

（3）仿真结果正确后在实验板上搭建电路，要求电路布局合理、走线清楚、工作可靠。

（4）检查无误后通电调试，通过安装调试直至实现任务要求的全部功能。

（5）对测试结果详细分析，得出实验结论。

4.12.4 实验报告要求

（1）根据设计任务要求选择设计方案。先按单元电路进行设计并选择合适的元器件，最后画出总原理图。

（2）分析电子秒表装置各部分功能及工作原理。

（3）总结数字系统的设计、调试方法。

（4）写出完整的实验报告，其中包括对调试中出现的异常现象的分析与讨论。

4.12.5 思考题

（1）时钟发生器除了用 555 定时器实现以外，还可以有哪些方案？

（2）计数器除了用 74LS160 实现外，还可以有哪些方案？

（3）控制电路还可以有哪些实现方案？

4.12.6 任务拓展

设计一个 30 s 计时器，要求如下：

（1）具有 30 s 计时功能并且能够实时显示计数结果。

（2）能够在控制开关的作用下实现直接清零、启动、暂停/连续工作等操作。

（4）计时器为 30 s 递减计时，计时间隔为 1 s。

（5）计时器递减计时到零时，数码显示器不能灭灯，同时发出光电报警信号。

4.13 拔河游戏机

4.13.1 实验任务

（1）拔河游戏机需用 15 个发光二极管排列成一行，开机后只有中间一个点亮，以此作为拔河的中心线，游戏双方各持一个按键，迅速地、不断地按动产生脉冲，谁按得快，亮点向谁方向移动，每按一次亮点移动一次。移到任一方终端二极管亮，这一方就得胜，此时双方按键均无作用，输出保持，只有经复位后才使亮点恢复到中心线。

（2）显示器显示胜者的盘数。

4.13.2 参考方案

1. 总体框图

图 4.13.1 所示为拔河游戏的总体框图，电路包含脉冲电路、可逆计数器、译码电路、控制电路、取胜电路等。

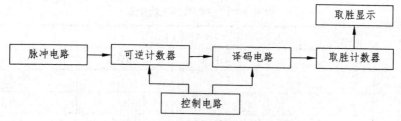

图 4.13.1　拔河游戏机线路框图

2. 参考电路

1）脉冲电路

图 4.13.2 所示为脉冲电路的逻辑电路图，当按动 A、B 两个按键时，分别产生两个脉冲信号。为了防止开关触点接触瞬间发生震颤，采用 SR 锁存器构成一个防抖动输出的开关电路，经整形后分别加到可逆计数器上。采用整形电路的原因是 74LS193 是可逆计数器，控制加减的 CP 脉冲分别加至 UP 和 DOWN，此时当电路要求进行加法计数时，减法输入端 DOWN 必须接高电平；进行减法计数时，加法输入端 UP 也必须接高电平，如果直接将 A、B 键产生的脉冲加到 UP 或 DOWN，那么在进行计数输入时另一计数输入端很有可能为低电平，使计数器不能计数，双方按键均失去作用，拔河比赛不能正常进行。加两个门后，由于门电路的传输延迟时间，使 A、B 两键出来的脉冲经整形后变为一个占空比很大的脉冲，这样就减少了进行某一计数时另一计数输入为低电平的可能性，从而使每按一次键都有可能进行有效的计数。

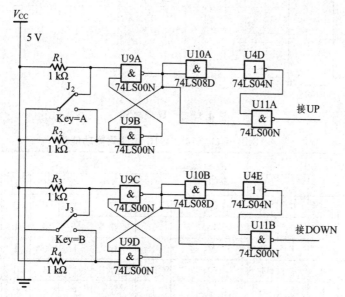

图 4.13.2　脉冲电路逻辑图

2）可逆计数器

可逆计数器采用 74LS193，74LS193 是一个四位二进制可逆计数器，其功能见表 4.13.1，它实现一个 2 输入 4 输出的编码。

表 4.13.1　74LS193 功能表

| CLR | ~ LOAD | CLK | | 工作状态 |
		UP	DOWN	
1	×	×	×	清零
0	0	×	×	预置数
0	1	↑	1	加法计数
0	1	1	↑	减法计数

3）译码电路

译码电路选用 4-16 线 CC4514 译码器，电路如图 4.13.3 所示，功能见表 4.13.2。译码器的输出 $Q_0 \sim Q_{15}$ 分别接 15 个发光二极管，当输出为高电平时发光二极管点亮。

比赛准备：译码器输入为 0000，Q_0 输出为"1"，中心处二极管首先点亮，当可逆计数器进行加法计数时，亮点向右移，进行减法计数时，亮点向左移。

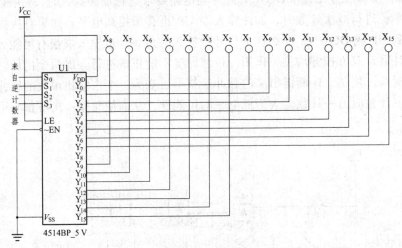

图 4.13.3　译码电路

表 4.13.2　CC4514　4-16 线译码器功能表

| 输 入 | | | | | | 高电平输出端 | 输 入 | | | | | | 高电平输出端 |
LE	~ EN	A_3	A_2	A_1	A_0		LE	~ EN	A_3	A_2	A_1	A_0	
1	0	0	0	0	0	Y_0	1	0	1	0	0	1	Y_9
1	0	0	0	0	1	Y_1	1	0	1	0	1	0	Y_{10}
1	0	0	0	1	0	Y_2	1	0	1	0	1	1	Y_{11}
1	0	0	0	1	1	Y_3	1	0	1	1	0	0	Y_{12}
1	0	0	1	0	0	Y_4	1	0	1	1	0	1	Y_{13}
1	0	0	1	0	1	Y_5	1	0	1	1	1	0	Y_{14}
1	0	0	1	1	0	Y_6	1	0	1	1	1	1	Y_{15}
1	0	0	1	1	1	Y_7	1	1	×	×	×	×	无
1	0	1	0	0	0	Y_8	0	0	×	×	×	×	注①

注①：输出状态锁定在上一个 LE ="1"时，$A_0 \sim A_3$ 的输入状态。

4）取胜电路

取胜电路由取胜计数器和取胜显示电路组成，如图4.13.4所示。将双方终端信号经非门后分别接到两个74LS160计数器的CLK端，74LS160的两组4位BCD码分别接到的两组译码显示器的A、B、C、D处。当一方取胜时，该方终端二极管发亮，产生一个上升沿，使相应的计数器进行加1计数，于是就得到了双方取胜次数的显示。

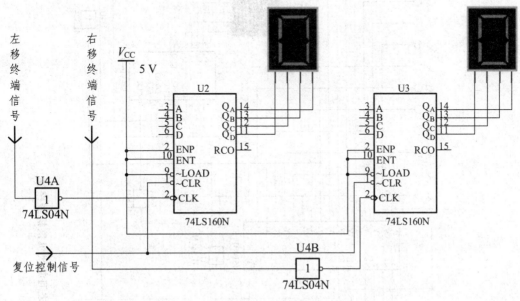

图 4.13.4　取胜电路

5）控制电路

当亮点移到任何一方的终端时，判该方为胜，此时双方的按键均宣告无效。这一结果需用一控制电路完成，此电路可用异或门74LS86和非门74LS04来实现。将双方终端二极管的正极接至异或门的两个输入端，当获胜一方为"1"时，另一方则为"0"，此时异或门输出为"1"，经非门后产生低电平"0"，再送到74LS193计数器的置数端~LOAD，于是计数器停止计数，处于预置状态，从而使计数器对输入脉冲不起作用。

为了能进行多次比赛，还需要进行复位操作，使亮点返回中心点。为此可用一个开关控制74LS193的清零端R、用一个开关控制取胜计数器的清零端R。

图4.13.5所示为拔河游戏机整机线路图。

4.13.3　实验内容

（1）按照实验要求设计电路，确定元件的型号和参数。

（2）按照电路图进行仿真实验。

（3）仿真结果正确后在实验板上搭建电路，要求电路布局合理、走线清楚、工作可靠。检查无误后通电调试，通过安装调试直至实现任务要求的全部功能。

（4）对测试结果详细分析，得出实验结论。

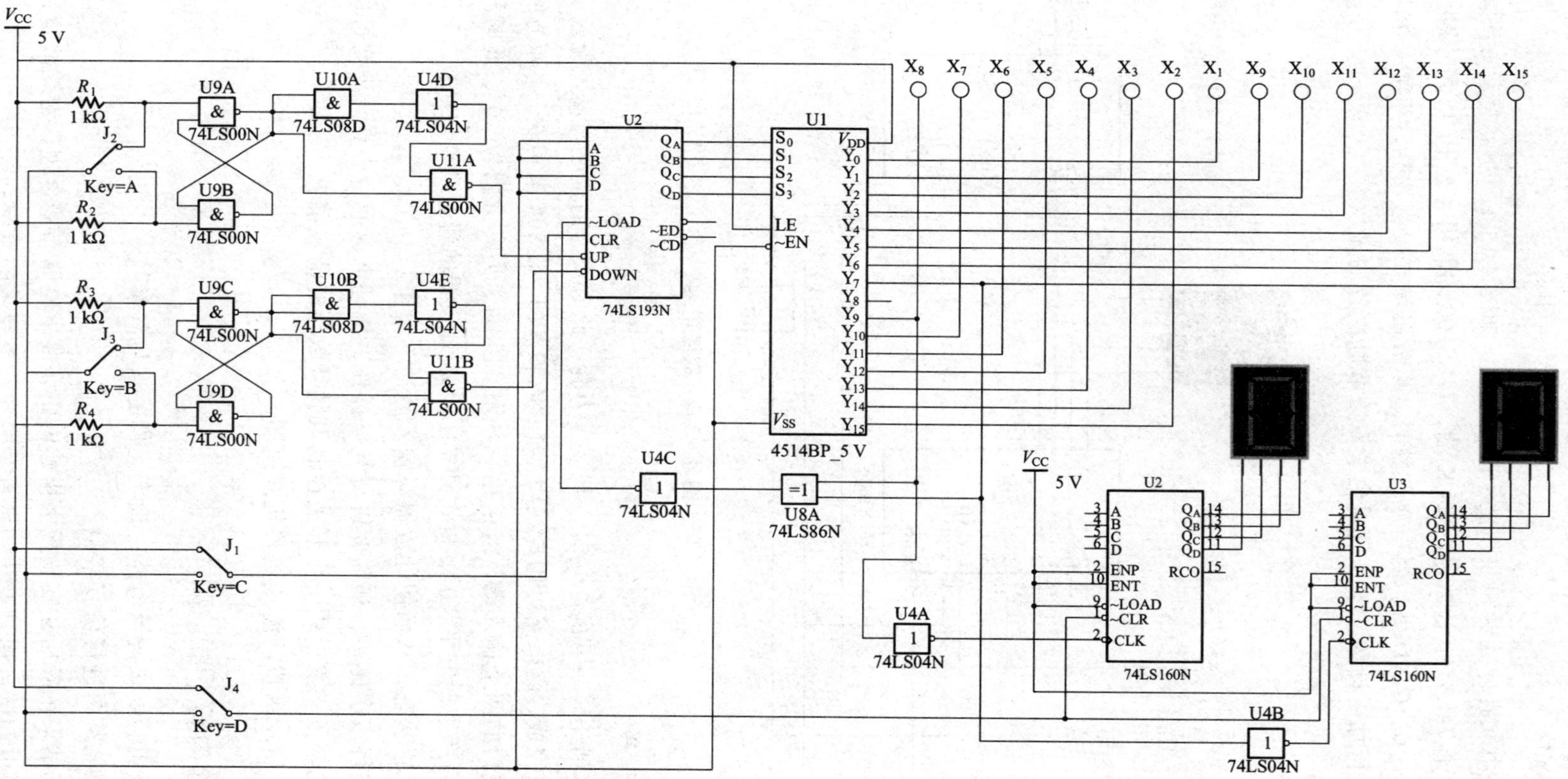

图 4.13.5 拔河游戏机整机线路图

262

4.13.4 实验报告要求

（1）根据设计任务要求选择设计方案。先按单元电路进行设计并选择合适的元器件，最后画出总原理图。

（2）分析拔河游戏装置各部分的功能及工作原理。

（3）总结数字系统的设计、调试方法。

（4）写出完整的实验报告，其中包括对调试中出现的异常现象的分析与讨论。

4.13.5 思考题

脉冲电路还可以有哪些实现方案？

4.14 汽车尾灯控制电路

4.14.1 实验任务

汽车尾灯左右两侧各有 3 个指示灯，要求：

（1）汽车正常运行时指示灯全灭。

（2）右转弯时，右侧 3 个指示灯依次向右逐个点亮并连续循环；左转弯时，左侧 3 个指示灯依次向左逐个点亮并连续循环。

（3）刹车时所有指示灯同时闪烁。

4.14.2 参考设计

1. 总体框图

为了区分汽车尾灯的 4 种不同显示模式，需要 2 个状态控制变量（设为 J_1、J_2）的控制电路。由于汽车在左、右转弯行驶时，3 个指示灯被循环顺序点亮，所以可用一个三进制计数器控制译码器电路顺序输出高（或低）电平，按要求顺序点亮 3 个指示灯。由此可构想汽车尾灯控制电路框图如图 4.14.1 所示，整个电路由控制电路、计数电路、脉冲电路、译码电路、显示电路构成。

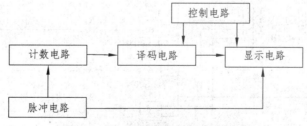

图 4.14.1 汽车尾灯控制电路框图

2. 参考电路

1）计数电路

图 4.14.2 所示为计数电路，它由两个 JK 触发器构成模 3 计数器，在脉冲信号作用下，

Q_2Q_1 状态依次为 00、01、10，Q_2Q_1 的状态作为译码器的输入。

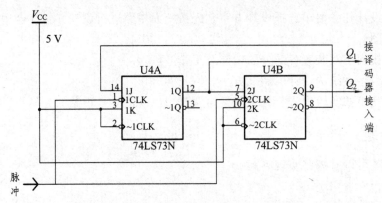

图 4.14.2　计数电路

2）译码电路和显示电路

图 4.14.3 所示为译码电路和显示电路。译码电路采用 3-8 线译码器 74LS138，译码器的三个输入端 C、B、A 分别来自 J_1、Q_2、Q_1，使能端信号 G 来自控制电路，译码器的六个输出 Y_0、Y_1、Y_2、Y_4、Y_5、Y_6 分别输入六个与非门，这六个与非门的另一个输入信号 M 来自控制电路，与非门的输出通过六个电阻接指示灯。当 $G = M = 1$ 时，若 $J_1 = 0$，对应计数器状态 Q_2Q_1 为 00、01、10，译码器输出 Y_0、Y_1、Y_2 依次为 0，使得指示灯 X_1、X_2、X_3 依次顺序点亮，示意汽车左转弯；当 $J_1 = 1$ 时，对应计数器状态 Q_2Q_1 为 00、01、10，译码器输出 Y_4、Y_5、Y_6 依次为 0，使指示灯 X_4、X_5、X_6 依次顺序点亮，示意汽车右转弯；当 $G = 0$、译码器输出全为 1、$M = 1$ 时，指示灯全部熄灭，为正向行驶状态；当 $G = 0$、$M = CP$ 时，所有指示灯随 CP 的频率闪烁，为刹车状态。

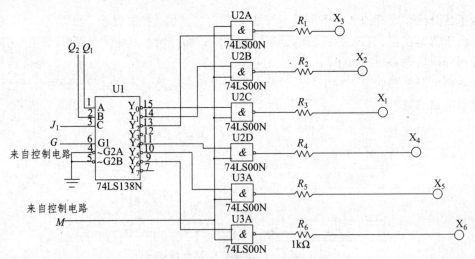

图 4.14.3　译码电路和显示电路

3）控制电路

假定用开关 J_1 和 J_2 进行显示模式控制，则其与控制信号、汽车尾灯显示状态及汽车运行状态的关系如表 4.14.1 所示。

表 4.14.1　控制开关与控制信号、汽车运行状态及尾灯状态的关系

控制开关		控制信号		汽车运行状态	左侧的 3 个指示灯 X_1　X_2　X_3	右侧的 3 个指示灯 X_4　X_5　X_6
J_2	J_1	G	M			
0	0	0	1	正向行驶	熄灭状态	熄灭状态
0	1	1	1	右转弯行驶	熄灭状态	按 $X_4X_5X_6$ 顺序循环点亮
1	0	1	1	左转弯行驶	按 $X_1X_2X_3$ 顺序循环点亮	熄灭状态
1	1	0	CP	刹　车	左右两侧的指示灯在时钟脉冲 CP 作用下同时闪烁	

根据表 4.14.1 所示的关系，可求出使能控制信号 G 和 M 的逻辑表达式为

$$G = J_1 \oplus J_2 \qquad M = \overline{J_1 J_2} + CP$$

根据 G 和 M 的逻辑表达式，可得出控制电路如图 4.14.4 所示。

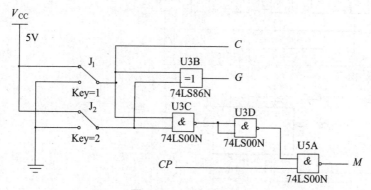

图 4.14.4　控制电路

4）脉冲电路

图 4.14.5 所示为用 555 定时器构成的多谐振荡器。输出作为计数器的触发脉冲，同时又是汽车尾灯的脉冲信号。

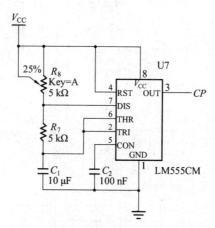

图 4.14.5　脉冲电路

汽车尾灯控制电路总体参考电路图如图 4.14.6 所示。

265

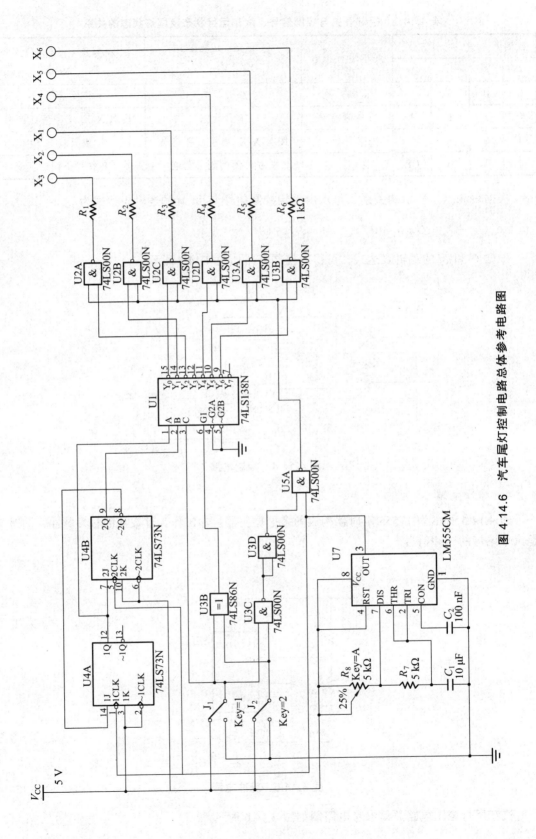

图 4.14.6 汽车尾灯控制电路总体参考电路图

4.14.3　实验内容

（1）按照实验要求设计电路，确定元件的型号和参数。

（2）按照电路图进行仿真实验。

（3）仿真结果正确后在实验板上搭建电路，要求电路布局合理、走线清楚、工作可靠。

（4）检查无误后通电调试，通过安装调试直至实现任务要求的全部功能。

（5）对测试结果详细分析，得出实验结论。

4.14.4　实验报告要求

（1）根据设计任务要求选择设计方案。先按单元电路进行设计并选择合适的元器件，最后画出总原理图。

（2）分析汽车尾灯控制电路各部分的功能及工作原理。

（3）总结数字系统的设计、调试方法。

（4）写出完整的实验报告，其中包括对调试中出现的异常现象的分析与讨论。

4.14.5　思考题

（1）时钟发生器除了用 555 定时器实现以外，还可以有哪些方案？

（2）计数器除了用 74LS73 实现外，还可以有哪些方案？

（3）控制电路还可以有哪些实现方案？

第5篇　Multisim 在电路分析中的应用

电路分析就是给定电路图和电路图中各个元器件的参数，求解电路的某种性能。Multisim 9 几乎可以仿真实验室内所有的电路实验。利用 Multisim 9 中的虚拟仪表或各种分析方法，可以对给定电路的某种性能进行定性或定量的分析观察。但 Multisim 9 中进行的电路实验通常是在不考虑元件的额定值和实验的危险性等情况下进行的，所以在确定某些电路参数（如最大电压值）时应该很好地考虑实际情况。

5.1　线性与非线性元件伏安特性的测定

测定线性电阻元件和非线性二极管元件的伏安特性，就是测量其两端的电压 U 与流过的电流 I 的关系。在 Multisim 9 中，既可以像现实实验室中使用电压表和电流表进行逐点测量电压和电流，也可以利用其 DC Sweep 分析法直接形成 U - I 关系曲线。

5.1.1　电阻元件的伏安特性

电阻伏安特性的测量根据电压表和电流表位置的不同，有两种测试电路的方法，分别如图 5.1.1 和图 5.1.2 所示。

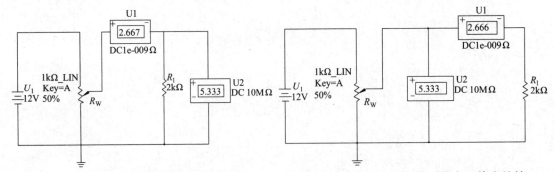

图 5.1.1　电压表内接法测量电阻伏安特性　　　图 5.1.2　电压表外接法测量电阻伏安特性

图 5.1.1 所示测量电路的方法称为电压表内接法，其中电流表的读数除了有电阻元件的电流外，还包括了流经电压表的电流。图 5.1.2 所示的测量电路的方法称为电压表外接法，其电压表的读数中包含了电流表两端的电压。

显然，无论采用哪种电路都会引起测量的误差，这种因测量方法而导致的误差称为方法误差。但若合理选择测量电路，则可使误差减小，甚至可以忽略不计。下面分别用这两种测量电路对 2 Ω 和 2 kΩ 的电阻进行测量分析。

1. 编辑原理图

首先从元件库中选出如图 5.1.1 和图 5.1.2 所示电路中的元器件及仪表，其中电位器选用虚拟元件，电阻从现实元件箱中选取。然后按电路图的形式连接起来。为了能模仿现实的实验装置，对元器件和仪表的参数进行如下设置。

（1）V_1选 12 V 直流稳压源。

（2）选用虚拟电位器 R_W 模仿 1 kΩ 的滑线变阻器，对电压源 V_1 进行分压处理。打开 R_W 的属性对话框，在"Resistance"栏内输入 1 kΩ，再在"Key"栏中选择 A。这样，按键盘上的 A 键，可改变滑线变阻器的电阻百分比值。按"A"键，电阻百分比增大；按"Shift+A"键，电阻百分比减小。

（3）实验室常用的电压表和电流表都有一定的内阻，本例中设置电流表的内阻为 1 Ω，电压表的内阻为 10 kΩ。

2. 仿真操作

（1）在图 5.1.1 电路中，将电阻 R_1 用阻值为 2 kΩ 的现实电阻替换，调节滑动电位器，将电压表与电流表的读数记入表 5.1.1 中。

表 5.1.1　电压表内接法测量 $R_1 = 2$ kΩ 时电压表与电流表的读数

U /V	2.189	3.195	4.194	5.215	6.290	7.456
I /mA	1.313	1.917	2.516	3.129	3.774	4.474
R /kΩ	1.667	1.667	1.667	1.667	1.667	1.667

（2）在图 5.1.2 电路中，将电阻 R_1 用阻值为 2 kΩ 的现实电阻替换，调节滑动电位器，将电压表与电流表的读数记入表 5.1.2 中。

表 5.1.2　电压表外接法测量 $R_1 = 2$ kΩ 时电压表与电流表的读数

U /V	2.190	3.197	4.196	5.218	6.294	7.460
I /mA	1.094	1.598	2.097	2.608	3.145	3.728
R /kΩ	2	2	2	2	2	2

（3）在图 5.1.1 电路中，将电阻 R_1 用阻值为 2 Ω 的现实电阻替换，调节滑动电位器，将电压表与电流表的读数记入表 5.1.3 中。

表 5.1.3　电压表内接法测量 $R_1 = 2$ Ω 时电压表与电流表的读数

U /V	0.029	0.034	0.039	0.047	0.059	0.079
I /A	0.015	0.017	0.020	0.024	0.030	0.039
R /Ω	1.93	2	1.95	1.96	1.96	2

（4）在图 5.1.2 电路中，将电阻 R_1 用阻值为 2 Ω 的现实电阻替换，调节滑动电位器，将电压表与电流表的读数记入表 5.1.4 中。

表 5.1.4　电压表外接法测量 $R_1 = 2$ Ω 时电压表与电流表的读数

U /V	0.044	0.051	0.059	0.071	0.089	0.118
I /A	0.015	0.017	0.020	0.024	0.030	0.039
R /Ω	2.93	3	2.95	2.96	2.96	3

3. 结　论

从上述 4 个测试表中可以看出，电压表和电流表的内阻对测试结果有影响。为了减少测量误差，应做如下选择。

（1）当电阻远小于电压表内阻时，应该选用如图 5.1.1 所示的电压表内接法。

（2）当电阻远大于电流表内阻时，应该选用如图 5.1.2 所示的电压表外接法。

5.1.2　用 DC Sweep 分析直接测量电阻元件的伏安特性

在 Multisim 9 的环境下，利用其 DC Sweep 分析功能，不仅非常容易测出线性元件的伏安特性曲线，甚至某些非线性元件的伏安特性曲线也能方便地得到。

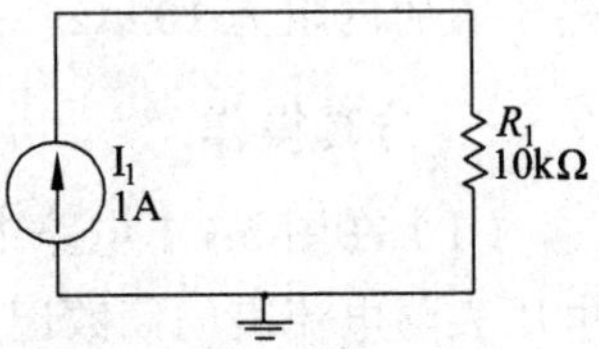

1. 线性电阻的测试

测试电路如图 5.1.3 所示。

启动"Simulate"菜单中"Analyses"下的"DC Sweep"命令，出现直流扫描分析对话框，在直流分析参数页的选项中进行如图 5.1.4 所示的设置。也可以根据需要进行相应的修改。

图 5.1.3　测试电路

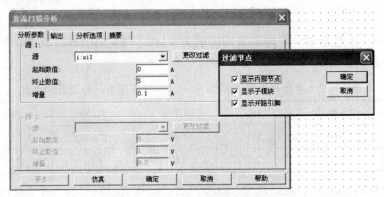

图 5.1.4　直流扫描分析对话框

在"输出"标签页，选取节点 1 为输出变量，如图 5.1.5 所示。

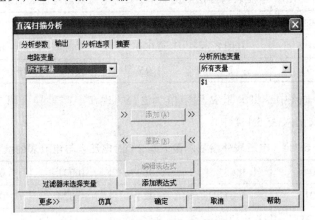

图 5.1.5　"输出"标签页

单击"仿真"按钮，测量得到的伏安特性曲线如图 5.1.6 所示。

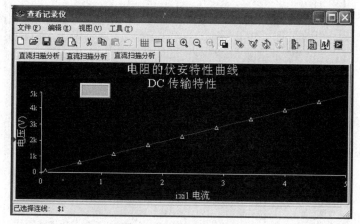

图 5.1.6 伏安特性曲线

5.2 *LC* 串联谐振回路特性的仿真测试

在 Multisim 9 中首先构建 *LC* 串联回路谐振测试电路，如图 5.2.1 所示。

图中 XSC1 为双踪示波器，直接从仪表栏中选取即可。示波器 B 通道一端接到电容端。J1 是一个手动开关，一端接直流电源，另一端接地。每按一次空格键，就产生一次动作，每次动作分别接直流电源和地。打开示波器显示面板（双击示波器图标），对示波器进行如图 5.2.2 所示的设置。

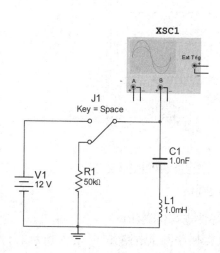

图 5.2.1 *LC* 串联回路谐振测试电路

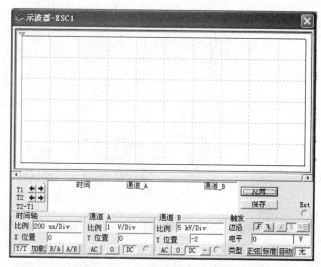

图 5.2.2 示波器显示面板

然后按下仿真开关按钮"⬚⬚"，进行仿真。反复按动空格键，可以得到仿真结果，如图 5.2.3 所示。

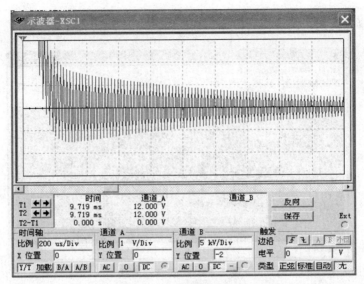

图 5.2.3 仿真测试结果

可以看出：当开关从电源打向电阻时，*LC* 串联谐振回路处于自由振荡状态，振幅由大逐渐变小。

也可以重新设置示波器的时间轴，计算出仿真的 *LC* 串联谐振回路的自由振荡频率值，如图 5.2.4 所示，可将其结果与理论计算值做一比较。

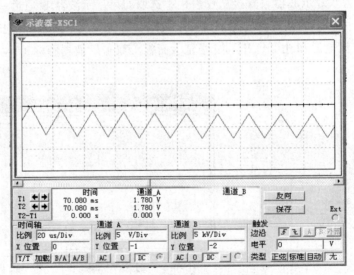

图 5.2.4 测量自由振荡频率值

进一步可以对 *LC* 串联谐振回路的幅频特性、相频特性进行仿真测试。

仪表、仪器选择方法同图 5.2.1，构建的 *LC* 串联谐振回路测试电路如图 5.2.5 所示。其中 XBP1 是波特图示仪，有关它的使用参看相关资料。然后按下仿真开关按钮，进行仿真测试。得到的 *LC* 串联谐振回路的幅频特性如图 5.2.6 所示。

拉动测试标记线，可以很方便地看到 *LC* 串联谐振回路的谐振频率，如图 5.2.7 所示。看到读数知道，*LC* 串联谐振回路的谐振频率为 153.662 kHz。

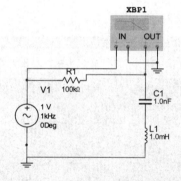

图 5.2.5　LC 串联谐振回路测试电路

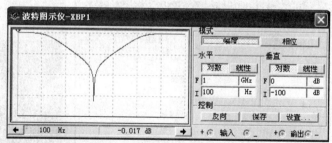

图 5.2.6　LC 串联谐振回路的幅频特性

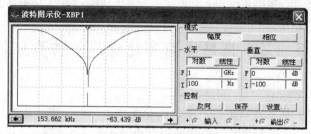

图 5.2.7　LC 串联谐振回路的谐振频率

在同一个测试电路中，只要按下"　　　相位　　　"按键，就可以很方便地得到 LC 串联谐振回路的相频特性，如图 5.2.8 所示。

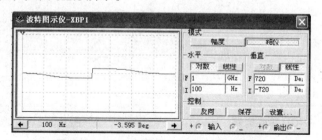

图 5.2.8　LC 串联谐振回路的相频特性

同样，拉动测试标记线，也可以很方便地看到 LC 串联谐回路的谐振频率，如图 5.2.9 所示。

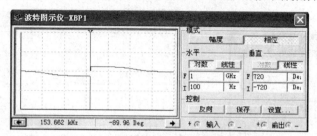

图 5.2.9　LC 串联谐振回路的谐振频率

因为肉眼的原因，两者可能略有微小误差。

也可以用另外一种方法进行分析。启动"Simulate"菜单中"Anaylsis"下的"AC Analysis"命令，在弹出的"交流小信号分析"对话框中选择节点 3 为输出变量，如图 5.2.10 所示。

单击图 5.2.10 中的"仿真"按钮，得到仿真结果如图 5.2.11 所示。

图 5.2.10　输出页

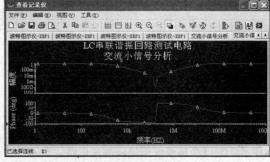

图 5.2.11　图形浏览窗口

5.3　二阶电路动态变化过程的仿真分析

5.3.1　阶跃响应

如图 5.3.1 所示的 *RCL* 并联电路，求以电容两端电压和电感上电流为输出的阶跃响应。首先求出电容两端电压的阶跃响应，构建的测试电路如图 5.3.2 所示。其中 XFG1 是函数信号发生器，其设置如图 5.3.3 所示。

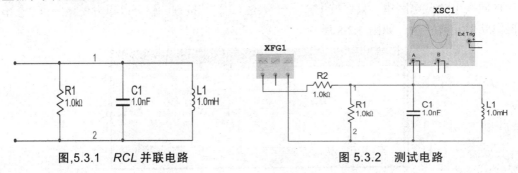

图,5.3.1　*RCL* 并联电路　　　　　　　图 5.3.2　测试电路

打开示波器（双击示波器图标），进行如下设置，按动仿真开关"![switch]"，在示波器上显示的电容两端电压的阶跃响应波形如图 5.3.4 所示。

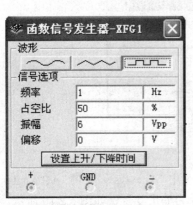

图 5.3.3　信号设置

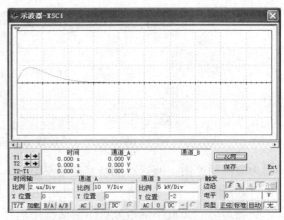

图 5.3.4　电容两端电压阶跃响应波形

274

再求电感上电流为输出时的阶跃响应。因为示波器只能显示电压波形，所以在测量电感上的电流时，需要将电流分量转换成电压分量，只要在电感上串联一个很小的电阻即可，示波器接到电阻端，此时显示的是电感上电流的波形。测试电路如图 5.3.5 所示。

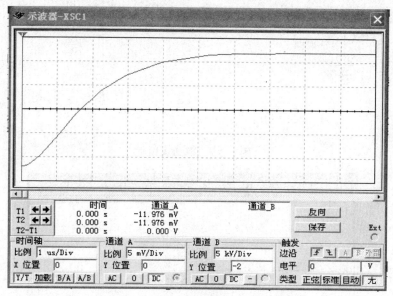

图 5.3.5　电感上电流的阶跃响应波形

5.3.2　RLC 串联电路的零输入响应和阶跃响应

如图 5.3.6 所示，当 R 变化时，分别观察过阻尼、临界阻尼、欠阻尼衰减振荡、等幅振荡时电容两端电压的零输入响应波形和阶跃响应波形。

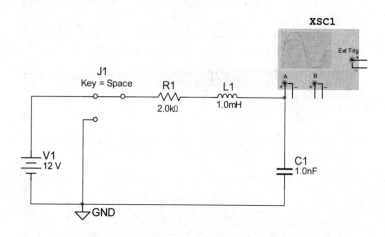

图 5.3.6　RLC 串连电路的零输入响应和阶跃响应

（1）临界阻尼，$R = 2\text{k}\Omega$ 时。开关从上拨到下，如图 5.3.7 所示，示波器上显示的零输入响应临界阻尼波形如图 5.3.8 所示；开关从下拨到上时，示波器上显示的阶跃响应临界阻尼波形如图 5.3.9 所示。

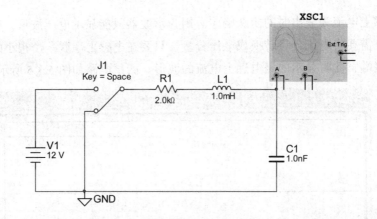

图 5.3.7　零输入响应

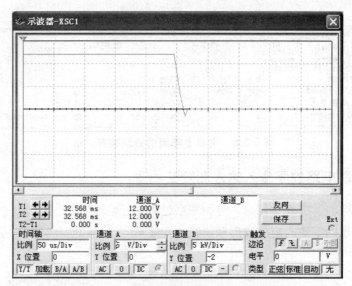

图 5.3.8　零输入响应临界阻尼波形

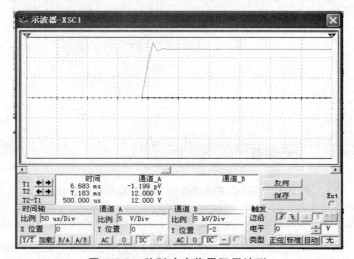

图 5.3.9　阶跃响应临界阻尼波形

276

（2）$R = 5 \text{ k}\Omega$时，零输入响应过阻尼电路如图 5.3.10 所示。

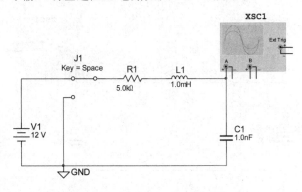

图 5.3.10　零输入响应过阻尼电路

开关从上拨到下时，示波器上显示的零输入响应过阻尼波形如图 5.3.11 所示。

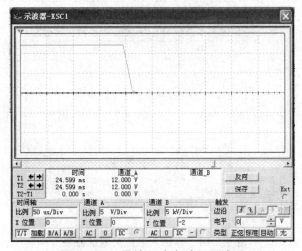

图 5.3.11　零输入响应过阻尼波形

开关从下拨到上时，示波器上显示的阶跃响应过阻尼波形如图 5.3.12 所示。

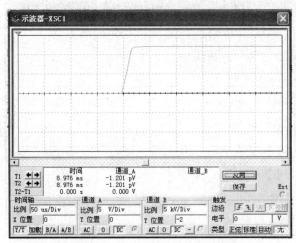

图 5.3.12　阶跃响应过阻尼波形

（3）欠阻尼，$R = 10\,\Omega$ 时。电路如图 5.3.13 所示。

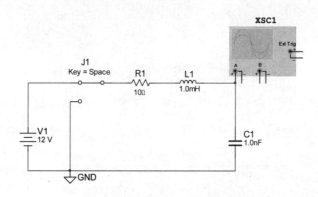

图 5.3.13　响应欠阻尼电路

开关从上拨到下时，示波器上显示的零输入响应欠阻尼波形如图 5.3.14 所示。

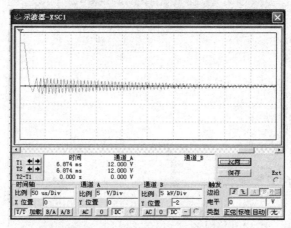

图 5.3.14　零输入响应欠阻尼波形

开关从下拨到上时，示波器上显示的阶跃响应欠阻尼波形如图 5.3.15 所示。

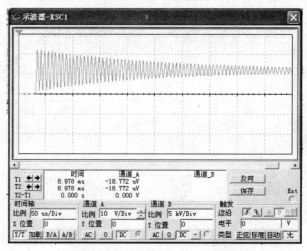

图 5.3.15　阶跃响应欠阻尼波形

278

（4）等幅振荡，$R = 0$ 时。电路如图 5.3.16 所示。

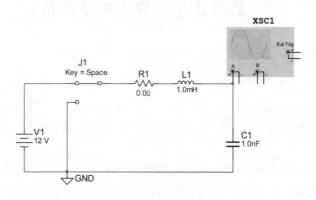

图 5.3.16　等幅振荡电路

开关从上拨到下时，示波器上显示的零输入响应等幅波形如图 5.3.17 所示。

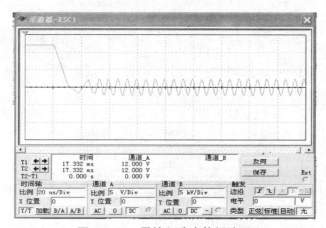

图 5.3.17　零输入响应等幅波形

开关从下拨到上时，示波器上显示的阶跃响应等幅波形如图 5.3.18 所示。

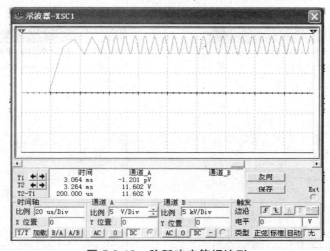

图 5.3.18　阶跃响应等幅波形

5.4 晶体管单管放大电路的仿真

5.4.1 单管放大电路的基本原理

图 5.4.1 所示电路为电阻分压式工作点稳定的单管放大器，偏置电路采用 R_2 和 R_4 组成的分压电路，发射极接有 R_1 电阻器用于稳定放大器的静态工作点。当在放大器的输入端加入信号后，放大器的输出端便可得到一个与输入信号相位相反、幅值放大了的输出信号，最终实现电压放大。

其中：R_4 为一个可变电阻，用来调节三极管的偏置电压。双踪示波器 XSCl 用来观察放大器的输入信号 V_1 和输出信号电压波形，波特仪 XBPl 用来测量放大器的特性曲线。

双击图 5.4.1 中的信号电压源 V_1 图标，便可以打开其操作面板，进行相关的设置，如图 5.4.2 所示。

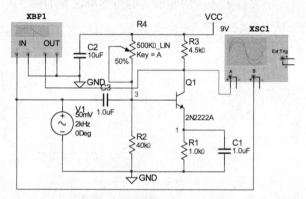

图 5.4.1 单管放大器

5.4.2 单管放大电路静态工作点的仿真分析

1. 电位器 R_4 参数设置

双击电位器 R_4，出现如图 5.4.3 所示的对话框。打开参数页，其各项设置如图 5.4.3 所示。

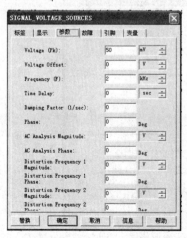

图 5.4.2 信号源设置

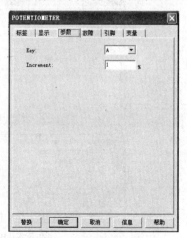

图 5.4.3 "参数"标签页

Key：设置调整电位器大小所按键盘键。

Increment：设置电位器按百分比增加或减少。

调整图 5.4.1 中的电位器 R_4 确定静态工作点。电位器 R_4 旁标注的文字 "Key = A" 表明，若按 "A" 键，电位器的阻值按 1% 的速度减少；若要增加，可按 "Shift+A" 键，阻值将以 1% 的速度增加。电位器变动的数值大小直接以百分比的形式显示在一旁。

启动仿真开关，反复按 "A" 键。双击示波器图标，观察示波器输入、输出波形，如图 5.4.4 所示。

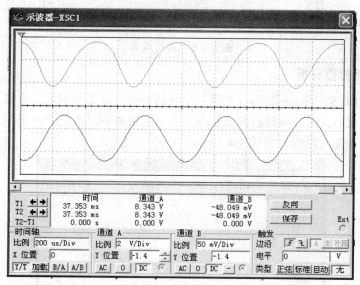

图 5.4.4　输入、输出波形

2. 直流工作点分析

在输出波形不失真的情况下，单击 "Simulate" → "Analysis" → "DC operating Point" → "输出变量"，选择仿真的变量，从左边添加到右边，如图 5.4.5 所示。

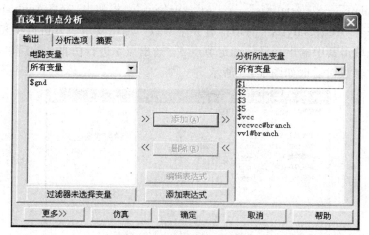

图 5.4.5　选择仿真变量

然后单击 "仿真" 按钮，系统自动显示出运行结果。如图 5.4.6 所示。

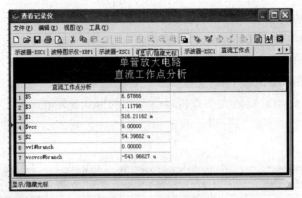

图 5.4.6 运行结果

3. 电路直流扫描分析

直流扫描（DC Sweep Analysis）利用一个或两个直流电源分析电路中某一节点上的直流工作点的数值变化的情况。直流扫描分析方法参见有关资料。本例分析了图 5.4.1 电路中节点 2 随电源电压变化的曲线，如图 5.4.7 所示。

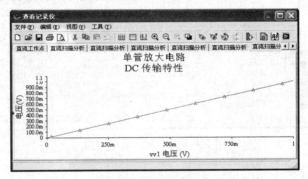

图 5.4.7 节点 2 随电源电压变化的曲线

5.4.3 单管放大电路的动态分析

单击"Simulate"→"Analysis"→"AC Analysis"，将弹出"AC Analysis"对话框，进入交流分析状态。"AC Analysis"对话框有频率参数、输出变量、分析选项和摘要共 4 个选项，本例中首先单击其中输出变量，选定节点 5（输出点）进行仿真，然后单击"频率参数"选项，弹出频率参数对话框如图 5.4.8 所示。

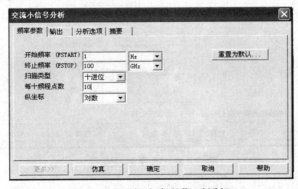

图 5.4.8 "频率参数"对话框

1. 频率参数设置

在"频率参数"对话框中，可以确定分析的开始频率、终止频率、采样点数和纵向坐标等参数。

在图 5.4.8 的"开始频率"中，设置分析的起始频率为 1 Hz；在"终止频率"中，设置扫描终止频率为 100 GHz；在"扫描类型"中，设置分析的扫描方式为十进位（十倍程扫描）；在"每十频程点数"中，设置每十倍频率的分析采样数，默认为 10；在"纵坐标"中，选择纵坐标刻度形式为对数，默认设置为对数形式。

2. 恢复默认值

在图 5.4.8 中，单击"重置为默认"按钮，即可恢复默认值。

3. 分析节点的频率特性波形

在图 5.4.8 中，按下"仿真"按钮，即可在显示图上获得被分析节点的频率特性波形。交流分析的结果，可以显示幅频特性和相频特性两个图，仿真分析结果如图 5.4.9 所示。

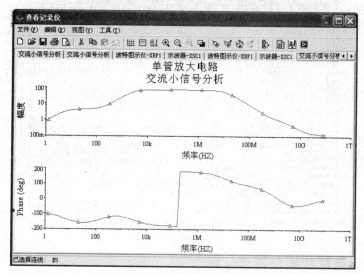

图 5.4.9　分析结果

如果用波特图仪连至电路的输入端和被测节点，双击波特图仪（波特图仪各参数设置方法参照本书前面有关章节的内容），同样也可以获得幅频特性，显示结果如图 5.4.10(a)所示。相频特性的显示结果如图 5.4.10(b)所示。

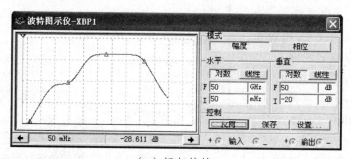

（a）幅频特性

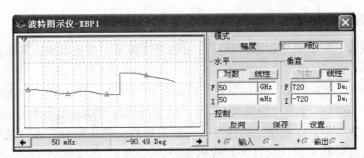

（b）相频特性

图 5.4.10　波特图仪输出的幅频特性与相频特性

4. 放大器幅值及频率测试

双击图 5.4.1 中的示波器图标，通过拖曳示波器面板中的指针，可分别测出输出电压的峰—峰值及周期。如图 5.4.11 所示。

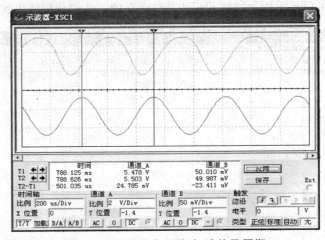

图 5.4.11　输出电压的峰-峰值及周期

5.4.4　单管放大电路的瞬态特性分析

瞬态分析（也叫暂态分析）是指对所选定的电路节点的时域响应，即观察该节点在整个显示周期中每一时刻的电压波形。在进行瞬态分析时，直流电源保持常数，交流信号源随着时间而改变，电容和电感都是能量储存模式元件。

单击"Simulate"→"Analysis"→"Transient Analysis"，将弹出"瞬态分析"对话框，如图 5.4.12 所示。"瞬态分析"对话框有"分析参数"、"输出"、"分析选项"和"摘要"

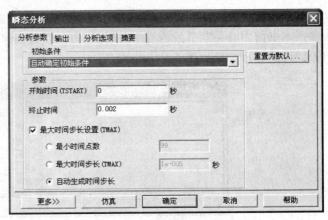

图 5.4.12　瞬态分析对话框

共 4 个选项，其中"输出"、"分析选项"和"摘要"这 3 个选项的内容设置与直流工作点分析的设置一样。

在图 5.4.12 所示的分析参数对话框里单击"仿真"按钮，仿真运行结果如图 5.4.13 所示。

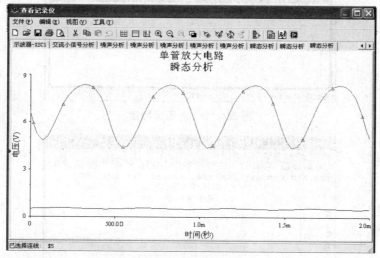

图 5.4.13　仿真运行结果

5.4.5　单管放大电路的参数扫描分析

灵敏度分析（Sensitivity Analysis）分析的是电路特性对电路中元器件参数的敏感程度。灵敏度分析包括直流灵敏度和交流灵敏度分析功能。直流灵敏度分析的仿真结果以数值的形式显示，交流灵敏度分析仿真结果以曲线的形式显示。灵敏度分析操作参考相关资料。

在图 5.4.14 分析类型一栏选择 DC 灵敏度，可进行直流灵敏度分析，分析结果将产生一个分析图。选择交流灵敏度分析后，则进行交流灵敏度分析，分析结果将产生一个分析图。选择交流灵敏度分析后，单击编辑分析，进入交流灵敏度分析对话框，参数设置与交流分析相同。

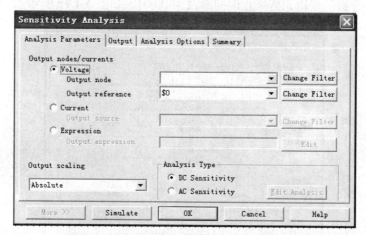

图 5.4.14　"Sensitivity Analysis"参数设置

本例选择节点 5 进行直流和交流电压灵敏度仿真，其仿真结果如图 5.4.15 及图 5.4.16 所示。

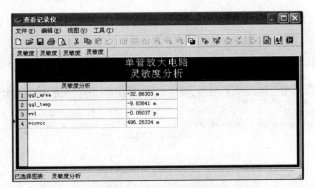

图 5.4.15　电压灵敏度

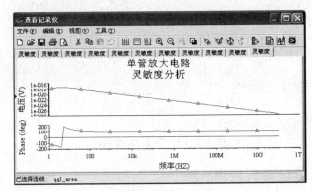

图 5.4.16　仿真结果

5.4.6　单管放大电路的参数扫描分析

用参数扫描的方法分析电路，可以较快地获得某个元件的参数在一定范围变化时对电路的影响，相当于该元件每次取不同值时进行多次仿真。参数扫描分析操作参见本书前面有关章节的内容。对于本例参数分析对话框中的各选项进行设置，选择"所有的线踪聚集在一个图"选项，同时在"输出"页中选择节点 5 作为分析变量，如图 5.4.17 所示。

单击"编辑分析"按钮，将终止时间修改为 0.001，如图 5.4.18 所示。

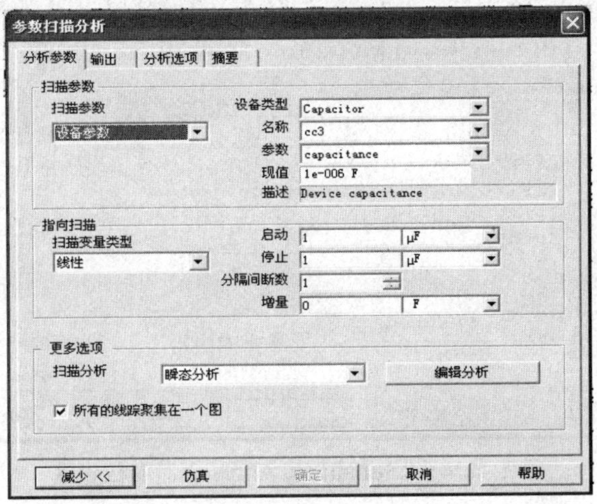

图 5.4.17　参数扫描分析页

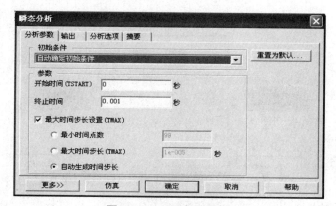

图 5.4.18　瞬态分析页

最后单击"仿真"按钮，参数扫描仿真结果如图 5.4.19 所示。

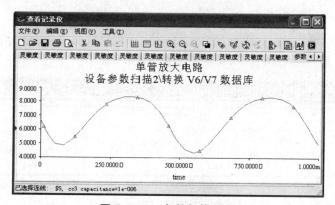

图 5.4.19　参数扫描结果

5.5　差动放大器电路

差分式放大电路就其功能来说，是用来放大两个信号之差的。由于它在电路和性能方面有许多优点，因而成为集成运放的主要组成单元。

5.5.1　差动放大器电路的结构

根据差动放大器的理论，构建的差动放大器仿真电路如图 5.5.1 所示。其中 U1、U2、XMMl 为电压表,双踪示波器分别接在两个三极管的输入端,用以观察其输入信号的波形。V_1、V_2 为差动放大器的两个输入信号。

如图 5.5.1 电路所示，当 V_1、V_2 的相位差为 180°时，即为差模输入。按下仿真开关，我们看到示波器上显示的 V_1、V_2 差动放大器的两个输入信号的波形如图 5.5.2 所示。电压表上显示的差动放大器各点输出端的电压值如图 5.5.3 所示。

如图 5.5.1 电路所示，当 V_1、V_2 的相位差为 0°时，为共模输入。按下仿真开关，我们看到示波器上显示的 V_1、V_2 差动放大器的两个输入信号的波形如图 5.5.4 所示。电压表上显示的差动放大器各点输出端的电压值如图 5.5.5 所示。

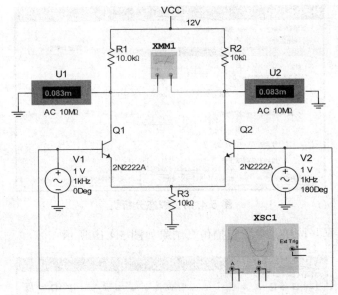

图 5.5.1 差动放大器电路

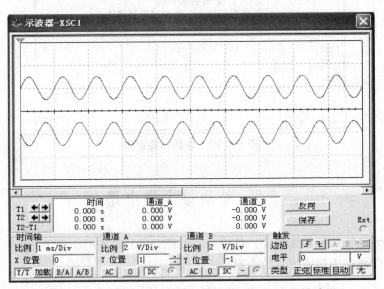

图 5.5.2 差模输入差动放大器的两个输入信号的波形

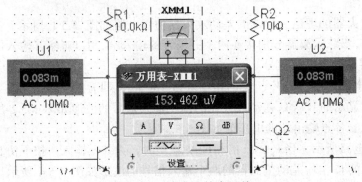

图 5.5.3 输出端的电压值

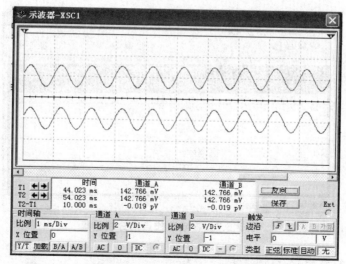

图 5.5.4　共模输入差动放大器的两个输入信号的波形

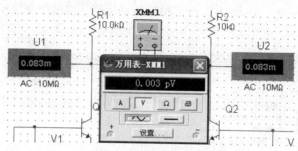

图 5.5.5　输出端的电压值

5.5.2　差动放大器电路的静态工作点分析

单击"Simulate"→"Analysis"→"DC Operating Point"选项，弹出"直流工作点分析"对话框，如图 5.5.6 所示。

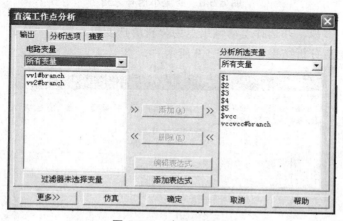

图 5.5.6　直流工作点

把需要分析的工作点从图 5.5.6 的左边添加到右边，按下"仿真"按钮，得到各点直流工作点的分析结果，如图 5.5.7 所示。

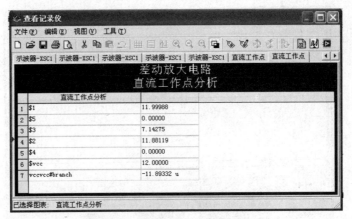

图 5.5.7　直流工作点的分析结果

5.5.3　差动放大器电路的频率响应分析

单击"Simulate"→"Analysis"→"AC Analysis",弹出"交流小信号分析"对话框,如图 5.5.8 所示。

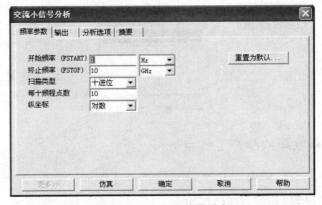

图 5.5.8　交流小信号分析

设置图 5.5.8 参数,并选择差动输出点为分析所选变量,按下"仿真"按钮,得到差动放大电路的频率响应分析结果,如图 5.5.9 所示。

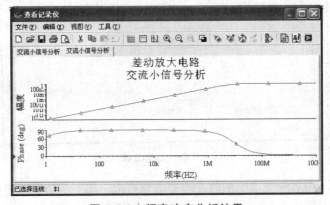

图 5.5.9　频率响应分析结果

5.5.4　差动放大器电路的差模和共模电压放大倍数

由图 5.5.3 所示的差模输入方式时的输入、输出电压数值，可以得到此电路的差模电压放大倍数为 0.000 153。由图 5.5.5 所示共模输入方式时的输入、输出电压数值，可以得到此电路的共模电压放大倍数为 0.003×10^{-12}。

5.5.5　共模抑止比 CMRR

由上面的结论我们可以算出此电路的共模抑止比为：CMRR = $0.000153 /(0.003 \times 10^{-12}) = 5.1 \times 10^7$。

5.6　比例求和、积分和微分运算电路

5.6.1　比例求和运算电路

1. 理想运算放大器的基本特性

理想运算放大器特性如下：① 开环电压增益 $A_{ud} = \infty$；② 输入阻抗 $R_i = \infty$；③ 输出阻抗 $R_o = 0$；④ 带宽度 $F_{BW} = \infty$；⑤ 失调与漂移均为零。

2. 反相加法运算电路的仿真分析

反向加法器的仿真电路如图 5.6.1 所示，图中输入电压为 U_1、U_2、U_3。在实际应用过程中，输入电压的数目可以根据实际需要设置。

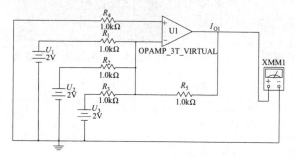

图 5.6.1　反向加法器的仿真电路

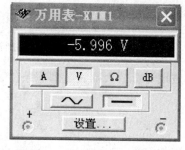

图 5.6.2　反相加法运算结果

设运算放大器满足理想状态，则

$$\frac{U_1}{R_1} + \frac{U_2}{R_2} + \frac{U_3}{R_3} = \frac{U_{O1}}{R_5} \tag{1}$$

输出电压 U_{O1} 为：

$$U_{O1} = -R_5 \left(\frac{U_1}{R_1} + \frac{U_2}{R_2} + \frac{U_3}{R_3} \right) \tag{2}$$

假设 $R_1 = R_2 = R_3 = R$，则

$$U_{O1} = -\frac{R_5}{R}(U_1 + U_2 + U_3) \tag{3}$$

从式（2）可以看出，改变某一路输入端的电阻 R_1、R_2 或者 R_3，便可以单独改变该信号由输入至输出的传输函数。

在实际设计过程中，必须注意以下问题。

（1）输出电压 U_{O1} 的幅度必须小于运算放大器的最大容许输出 U_{O1max}，以避免产生非线性失真。

（2）选择 R_1、R_2、R_3 时，必须要使流过它们的静态偏置电流产生的电压值小于 10% 的 U_i 幅度。

（3）R_4 的数值选择要满足 $R_4 = R_1 /\!/ R_2 /\!/ R_3 /\!/ R_5$，以减小运放输入失调的影响。

在图 5.6.1 所示的反相加法器的仿真电路中，$U_1 = U_2 = U_3 = 2\,\mathrm{V}$，$R_1 = R_2 = R_3 = R_4 = R_5 = 1\,\mathrm{k\Omega}$。所以按下仿真开关后，输出万用表显示的电压值为 $-5.996\,\mathrm{V}$，如图 5.6.2 所示。与理论计算的结果一致。

3. 同相加法运算电路的仿真分析

同相加法运算的仿真电路如图 5.6.3 所示，所有输入的信号均送到运算放大器的同向输入端。

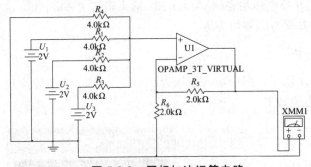

图 5.6.3　同相加法运算电路

图 5.6.4　同相加法运算结果

假设运算放大器满足理想条件，则

$$U_{O1} = \left(1 + \frac{R_5}{R_6}\right) U_+ \tag{4}$$

其中 U_+ 与三个输入信号之间的关系为：

$$U_+ = \frac{R_2 /\!/ R_3 /\!/ R_4}{R_1 + (R_2 /\!/ R_3 /\!/ R_4)} U_1 + \frac{R_1 /\!/ R_3 /\!/ R_4}{R_2 + (R_1 /\!/ R_3 /\!/ R_4)} U_2 + \frac{R_1 /\!/ R_2 /\!/ R_4}{R_3 + (R_1 /\!/ R_2 /\!/ R_4)} U_3 \tag{5}$$

当满足 $R_1 /\!/ R_2 /\!/ R_3 /\!/ R_4 = R_6 /\!/ R_5$ 时，式（4）便可以简化为

$$U_{O1} = R_5 \left(\frac{U_1}{R_1} + \frac{U_2}{R_2} + \frac{U_3}{R_3}\right) \tag{6}$$

从式（6）可以看出，该式与反相加法器的传输系数只相差一个负号。

在图 5.6.3 所示的同相加法器的仿真电路中，$U_1 = U_2 = U_3 = 2\,\mathrm{V}$，$R_1 = R_2 = R_3 = R_4 = 4\,\mathrm{k\Omega}$，$R_5 = R_6 = 2\,\mathrm{k\Omega}$。所以按下仿真开关后，输出的万用表显示的电压值为 $2.402\,\mathrm{V}$，如图 5.6.4 所示，与理论计算的结果一致。

在实际设计中，除了在反向加法器中曾经提出的注意事项外，还需要注意集成运算放大器同相输入端的电压 U_+ 的幅度必须小于集成运算放大器本身允许的最大共模输入电压。

4. 减法运算电路的仿真分析

将两个输入信号分别加到运算放大器的两个输入端，适当选择电路参数，使输出电压正比于两个输入信号之差，便可以实现信号相减，模拟减法器仿真电路如图 5.6.5 所示。

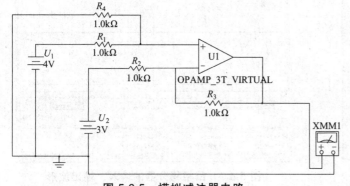

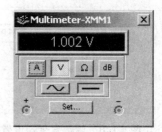

图 5.6.5　模拟减法器电路　　　　　　　　图 5.6.6　减法运算结果

图 5.6.5 所示电路为基本差动放大器，当 $R_4 = R_3 = R_2$，$R_2 = R_1 = R_3$ 时，其输出电压 U_{O1} 为

$$U_{O1} = \frac{R_2}{R_1}(U_2 - U_1) \tag{7}$$

其中：$U_1 = 4\,\text{V}$，$U_2 = 3\,\text{V}$，$R_2 = R_1 = R_3 = R_4 = 1\,\text{k}\Omega$。

必须指出的是，由于反相输入和同相输入具有不同的输入电阻，所以设计相减电路时应该考虑信号源内阻的影响，否则按照式（7）计算将会出现较大的误差。

按下仿真开关后，输出的万用表显示的电压值为 1.002 V，如图 5.6.6。与理论计算结果一致。

5.6.2　积分与微分运算电路

1. 积分运算电路的仿真分析

图 5.6.7 为基本反相积分器电路，输入信号加到集成运放的反向输入端，将基本反向放大器中的反馈电阻 R_3 并联接入一个电容器 C_1。

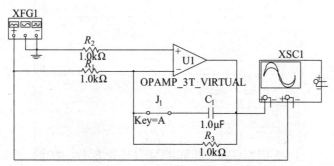

图 5.6.7　基本反相积分器电路

假设图 5.6.7 中 U1 为理想运放和开关 J1 合上。输入端接一个函数发生器，输出端接一个示波器，用以观察输出信号的波形。其中，函数发生器的设置如图 5.6.8 所示，为 100 Hz 的方波信号。按下仿真开关，示波器显示的波形如图 5.6.9 所示，为反相积分器的输入、输出波形图。

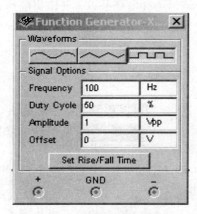

图 5.6.8　函数发生器设置

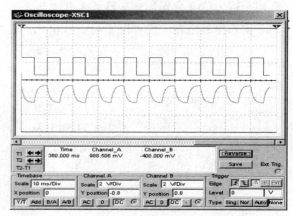

图 5.6.9　反相积分器的输入、输出波形

当开关打开时，即为一反相放大器，如图 5.6.10 所示。图 5.6.11 显示的是它的输入、输出波形图。可以看出输入、输出的波形是反相的。

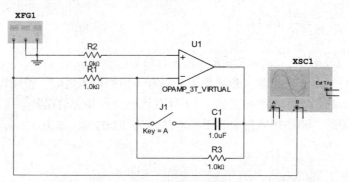

图 5.6.10　反相放大器电路

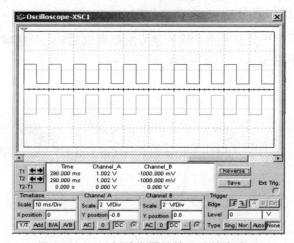

图 5.6.11　反相放大器的输入、输出波形

294

测量积分运算电路的频率特性的电路如图 5.6.12 所示，所用仪表为波特仪。

双击波特仪图标，进行相应的设置，按下仿真开关，即可看到积分运算电路的幅频特性曲线，如图 5.6.13 所示。按下相位按钮，积分运算电路的相频特性曲线如图 5.6.14 所示。

注意：有关波特仪的使用参看有关资料。

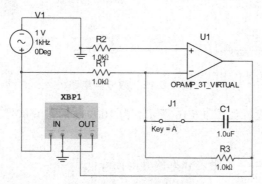

图 5.6.12　积分运算电路

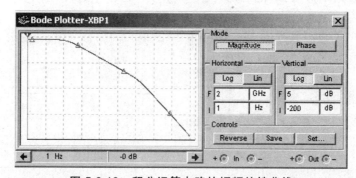

图 5.6.13　积分运算电路的幅频特性曲线

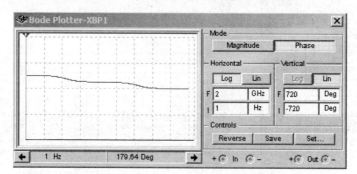

图 5.6.14　积分运算电路的相频特性曲线

2. 微分运算电路的仿真分析

微分运算电路及其仿真测试电路如图 5.6.15 所示。

假设图中的集成运放为满足理想化条件，那么可以推出其输出电压与输入电压之间的关系式为：

$$u_O = i_2 R_3 = -C_1 R_3 \frac{\mathrm{d}u_i}{\mathrm{d}t}$$

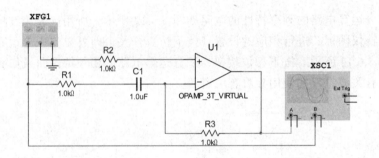

图 5.6.15 微分器电路

其中函数发生器的设置如图 5.6.16 所示，为 100 Hz 的方波信号；输入、输出端的信号波形如图 5.6.17 所示。

（1）输入阻抗 $R_i = \dfrac{1}{j\omega C_1}$，随着频率的升高而降低。

（2）闭环增益频率特性 $K_F(j\omega)$ 为：

$$K_F(j\omega) = \frac{U_o(j\omega)}{U_i(j\omega)} = -j\omega R_3 C_1$$

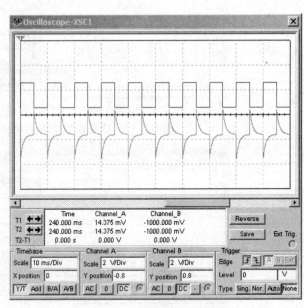

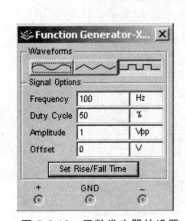

图 5.6.16　函数发生器的设置　　　　图 5.6.17　输出端的信号波形

微分运算电路的频率特性仿真测试电路如图 5.6.18 所示，其中 XBP1 为一波特仪。该基本微分电路的幅频特性为

$$K_F(j\omega) = \omega R_3 C_1 = \frac{\omega}{\omega_F} \quad 或 \quad 20\lg K_F(\omega) = 20\lg \omega - 20\lg \omega_F$$

其中 $\omega_F = \dfrac{1}{R_3 C_1}$，称为单位闭环增益角频率。在双对数坐标系中，上式是一条直线。按下仿

真开关，得到其幅频特性波特图如图 5.6.19 所示。转换相位开关，得到其相频特性波特图如图 5.6.20 所示。

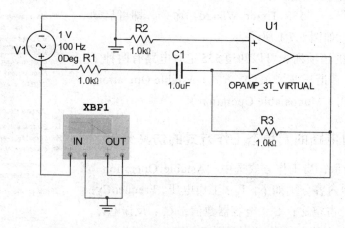

图 5.6.18　微分运算电路的频率特性测试电路

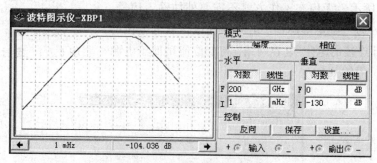

图 5.6.19　幅频特性波特图

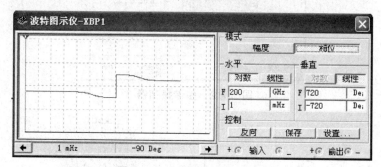

图 5.6.20　相频特性波特图

5.7　555 集成定时电路的仿真分析

5.7.1　555 定时电路的工作原理

集成定时电路又称时基电路。目前国内外生产的集成定时电路都有 555 字样，如 LM555、CA555 等，所以统称为 555 定时电路。该集成电路能够巧妙地将模拟功能和逻辑功能结合在同一硅片上，所以能有效地应用于模拟和数字这两大类型的电路设计中，用途非常广泛。

555 定时电路的供电电源电压为 5 ~ 16 V,使用 5 V 电源时,输出电压可与数字逻辑电路相配合。

单击"Tools"→"555 Timer Wizard"命令,即可启动定时器使用向导,如图 5.7.1 所示。

从 Type 栏中的选项列表可以知道 555 定时电路有两种工作方式:无稳态(多谐振荡器)工作方式(Astable Operation)和单稳态工作方式(Monostable Operation)。

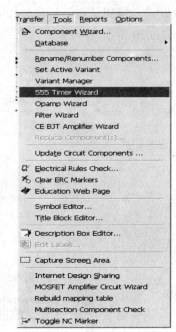

5.7.2　555 定时电路的无稳态工作方式的仿真分析

如图 5.7.2 所示,当工作方式选中"Astable Operation"时,其参数设置项内容分别如下。V_S:工作电压;FrequenCy:工作频率;Duty:占空比;C:电容器数值;C_f:反馈电容;R_1、R_2 均为电阻器,其中 R_1、R_2 不可更改。

如图 5.7.3 所示,无稳态工作方式不需要外加输入信号,而其输出电压 u_o 为一串矩形脉冲。u_o 处于高电位或低电位的时间取决于外部连接的电阻-电容网络。高电位值稍低于电源电压 V_S,低电位值约 0.1 V。

图 5.7.1　定时器使用向导

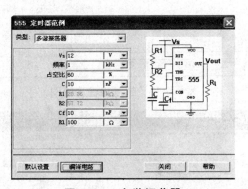

图 5.7.2　多谐振荡器

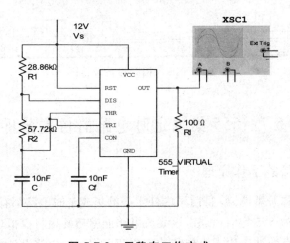

图 5.7.3　无稳态工作方式

各项参数设置完毕后，单击编译电路按钮，即可生成无稳态定时电路，然后在电路设计窗口选定位置单击左键，即可完成电路放置。电路输出信号波形如图5.7.4所示。

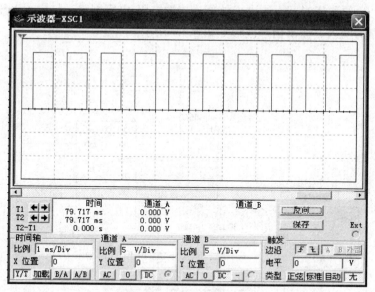

图 5.7.4　输出信号波形

5.7.3　555 定时电路单稳态工作方式的仿真分析

当选择单稳态工作方式时，其参数设置栏的各项内容如下。V_S：电压源；V_{in}：输入信号高电平电压；C：电容值；R：电阻器值，不可更改；C_f：电容值；R_1：电阻器。如图5.7.5所示。

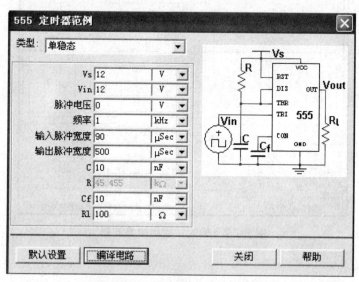

图 5.7.5　单稳态工作方式设置

各项参数设置完毕后，单击"编译电路"按钮，即可生成单稳态定时电路，然后在电路设计窗口选定地方单击左键，即可放置电路。

单稳态工作方式电路如图 5.7.6 所示。在外加负脉冲出现之前，输出电压 u_o 一直处于低电位。在 $t = N$ 时刻，u_i 的负脉冲加入后，输出电压 u_o 突跳到高电位。输出电压 u_o 处于高电位的时间间隔 t_H（暂稳态时间）取决于外部连接的电阻-电容网络，与输入电压 u_i 无关。单稳态工作方式电路的输入、输出信号波形如图 5.7.7 所示。

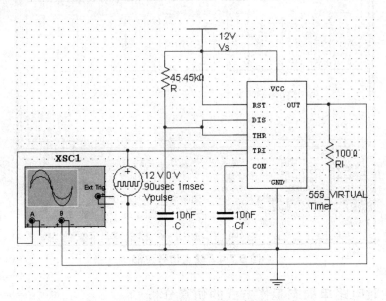

图 5.7.6　单稳态工作方式电路

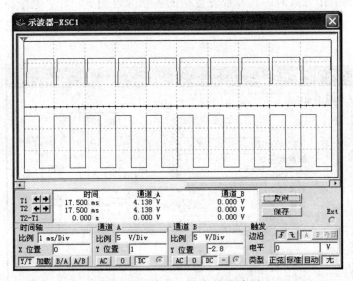

图 5.7.7　输入、输出信号波形

附录 1 常用电阻器

1.1 电阻器和电位器的型号命名法

电阻器及电位器的型号命名一般由四部分组成，其表示方法及意义见附表 1.1。

附表 1.1 电阻器、电位器的命名法

第一部分		第二部分		第三部分		第四部分
用字母表示主称		用字母表示材料		用数字或字母表示类别		用数字表示序号
符　号	意　义	符　号	意　义	符　号	意　义	
R	电阻器	T	碳膜	1	普通	
RP	电位器	P	硼碳膜	2	普通	
		U	硅碳膜	3	超高频	
		H	合成膜	4	高阻	
		I	玻璃釉膜	5	高温	
		J	金属膜（箔）	6	精密	
		Y	氧化膜	7	*高压或特殊函数	
		S	有机实芯	8	特殊	
		N	无机实芯	9	高功率	
		X	线绕	G	可调	
		R	热敏	T	小型	
		G	光敏	L	测量用	
		M	压敏	W	微调	
				D	多圈	

*第三部分数字"7"，对于电阻器来说表示"高压"，对于电位器来说表示"特殊函数"。

1.2 电阻种类及几种常用电阻的结构和特点

常用电阻有碳膜电阻、碳质电阻、金属膜电阻、线绕电阻和电位器等，现把几种常用电阻的结构和特点列表说明（见附表 1.2）。

附表 1.2 几种常见电阻的特点

电阻种类	电阻结构和特点
碳膜电阻	气态碳氢化合物在高温和真空中分解，碳沉积在瓷棒或瓷管上，形成一层结晶碳膜。改变碳膜的厚度和用刻槽的方法变更碳膜的长度，可以得到不同的阻值，碳膜电阻成本较低，性能一般
金属膜电阻	在真空中加热合金：合金蒸发，使瓷棒表面形成一层导电金属膜。刻槽和改变金属膜厚度可以控制阻值；与碳膜电阻相比，体积小，噪声低，稳定性好，但成本较高

电阻种类	电阻结构和特点
碳质电阻	把碳黑、树脂、黏土等混合物压制后经热处理制成、在电阻上用色环表示它的阻值。这种电阻成本低，阻值范围宽，但性能差，采用极少
线绕电阻	用康铜或者镍铬合金电阻丝，在陶瓷骨架上绕制而成，这种电阻分固定和可变两种。它的特点是工作稳定，耐热性能好，误差范围小，适用于大功率的场合，额定功率一般在 1 W 以上
碳膜电位器	它的电阻体是在马蹄形的纸胶板上涂一层碳膜制成，它的阻值变化和中间触头位置的关系有直线式、对数式和指数式三种。碳膜电位器有大型、小型、微型几种，有的和开关一起组成带开关电位器。还有一种直滑式碳膜电位器，它是靠滑动杆在碳膜上滑动来改变阻值的，这种电位器调节方便
线绕电位器	用电位器在环状骨架上绕制而成，它的特点是阻值变化范围小，功率较大

1.3 电阻器的主要性能指标

表征电阻器的主要技术参数有电阻值、额定功率、准确度等。

1. 电阻器的标称阻值

标准化了的电阻值称为标称阻值。标称阻值组成的系列称为标准系列。附表 1.3 为常用固定电阻器的标称系列表，附表 1.4 为常用可变电阻器的标称系列表。

任何固定式电阻器的标称值应符合附表 1.3 数值或表列数值乘以 10^n，其中 n 为正整数或负整数。

附表 1.3　常用固定电阻器的标称系列

允许误差	系列代号	系列值
±5%	E_{24}	1.0，1.1，1.2，1.3，1.5，1.6，1.8，2.0，2.2，2.4，2.7，3.0，3.3，3.6，3.9，4.3，4.7，5.1，5.6，6.2，6.8，7.5，8.2，9.1
±10%	E_{12}	1.0，1.2，1.5，1.8，2.2，2.7，3.3，3.9，4.7，5.6，6.8，8.2
±20%	E_8	1.0，1.5，2.2，3.3，4.7，6.8

附表 1.4　常用可变电阻器的标称系列

名　称	允许误差	系列值
线绕电位器	±10%，±5%，5 20%，±1%	E_{12} 或 E_8
薄膜电位器	±20%，±10%，1 5%	E_{12} 或 E_8

2. 电阻器的准确度

电阻器的准确度指电阻器的实际阻值与规定阻值之间的偏差范围。以允许偏差的百分数表示。常用的电阻器有以下几个等级（见附表 1.5）。

附表 1.5　电阻器允许误差等级

允许误差	±0.5%	±1%	±5%	±10%	±20%
级别	0.05	0.1	I	II	III

3. 电阻器的额定功率

电阻器的额定功率指在标准大气压和一定环境温度下，电阻器能长期连续负荷而不改变性能的允许功率。

额定功率共分 19 个等级，其中常用的有 0.05 W、0.125 W、0.25 W、0.5 W、1 W、2 W、4 W、5 W、…、500 W 等。电阻器额定功率的选取要比实际耗散功率大一倍左右。

1.4 电路图中电阻器符号及参数标记规则

1. 电路图中电阻器符号图如附图 1.1 所示

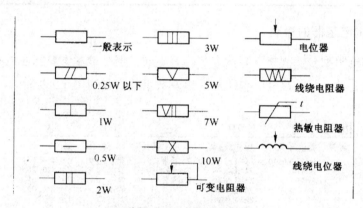

附图 1.1 电阻符号图

2. 通孔元件电阻器的命名（见附表 1.6）

附表 1.6 电阻器的命名

第一部分		第二部分		第三部分		第四部分
用 R 表示电阻		用字母表示材料和种类		用数字或字母表示类型		用数字表示产品序号
R	电阻器	T	炭膜	0		常用个位数或无数字表示
		H	合成膜	1	普通型	
				2	普通型	
		S	有机实芯	3	超高频	
				4	高阻	
		N	无机实芯	5	高阻	
		J	金属膜	6		
				7	精密型	
		Y	金属氧化膜	8	高压型	

第一部分		第二部分		第三部分		第四部分
用 R 表示电阻		用字母表示材料和种类		用数字或字母表示类型		用数字表示产品序号
R	电阻器	C	化学沉积膜	9	特殊型	常用个位数或无数字表示
				G	高功率	
		I	玻璃釉膜	W	微调	
				T	可调	
		X	线绕	D	多圈	

3. 表面贴装电阻器的命名

不同厂家的电阻型号、规格、表示方法均有不同，但是最基本要标注的有：标称阻值、额定功率、阻值公差、封装尺寸、包装形式以及数量等，如附图 1.2 所示。

RM73	B	2B	TE	102	J
种类	温度系数	尺寸/功率	包装	标称值	偏差
	B=200/400 H=100 E=25	1J=1/16W 2A=1/10W 2B=1/8W 2E=1/4W 2H=1/2W 3A=1W	T=纸带式 TE=塑料带式 B=散装	第1、2为 有效数字， 第三为0' 的个数。 单位Ω (欧姆)	B=±0.1% C=±0.25% D=±0.5% F=±1.0% J=±5%

附图 1.2　表面贴装电阻器的命名示例

1.5　电阻器的色标

电阻器的阻值和误差，一般都用数字标印在电阻器上，但一些体积很小的合成电阻器，其阻值和误差常以色环来表示。这就是电阻器的色标，如附图 1.3 所示。

这种色标包括电阻器上的色带或点。颜色和数值见附表 1.7。

有效数字　有效数字　零的个数　　　　公差
紫　　　　绿　　　　橙　　　　　　　红

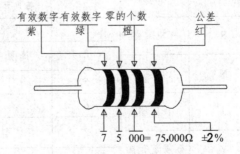

7　5　000= 75.000Ω　±2%

附图 1.3　色环电阻器符号图

附表 1.7　电阻颜色和数值表

颜　色	代表的有效数字	电阻，EIA 及 MIL	
		代表倍数	代表误差/%
黑	0	1	—
棕	1	10	—
红	2	100	—
橙	3	1 000	—
黄	4	10 000	—
绿	5	100 000	—
蓝	6	10^6	—
紫	7	10^7	—
灰	8	10^8	—
白	9	10^9	—
金	—	0.1	5
银	—	0.01	10
无色	—	—	20

在附图 1.3 中，第一条色带的颜色表示电阻值的第一位有效数字，第二条色带的颜色表示第二位有效数字，第三条色带的颜色代表倍率值（乘上 10 的 n 次方），第四条色带表示电阻值的误差范围，若没有第四条色带就表示电阻有 20% 的误差。

例如：一个电阻其色标第一圈是绿色，第二圈是棕色，第三圈是橙色，第四圈是无色。则表示 $51 \times 1\,000 = 51\,\text{k}\Omega \pm 20\%$。又如：一个电阻其色标第一圈是红色，第二圈是红色，第三圈是黑色，第四圈是金色，对照附表 1.6 可知其阻值是 $22 \times 1 = 22\,\Omega$，误差是 5%。

附录 2 常用电容器

2.1 电容器的型号命名法

电容器的型号命名由四部分组成，其表示方法及意义见附表 2.1。

附表 2.1 电容器型号命名法

第一部分		第二部分		第三部分		第四部分
主 称		材 料		特 征		序 号
符号	意义	符号	意义	符号	意义	用字母和数字表示
C	电容器	C	高频瓷	T	铁电	
		T	低频瓷	W	微调	
		I	玻璃釉	J	金属化	
		Y	云母	X	小型	
		V	云母纸	D	低压	
		Z	纸介	M	密封	
		J	金属化纸	Y	高压	
		B	聚苯乙烯等非极性有机薄膜	C	穿心式	
		L	涤纶等极性有机薄膜	S	独石	
		Q	漆膜			
		H	纸膜复合			
		D	铝电解			
		A	钽电解			
		G	金属电解			
		N	铌电解			
		E	其他材料电解			
		O	玻璃膜			

2.2 电容器种类及几种常用电容的结构和特点

常用电容按介质区分有纸介电容、油浸纸介电容、金属化纸介电容、云母电容、薄膜电容、电解电容等。附表 2.2 列出了几种常用电容的结构和特点。

附表 2.2 几种常用电容的结构和特点

电容种类	电容结构和特点
纸介电容	用两片金属箔做电极，夹在极薄的电容纸中，卷成圆柱形或者扁柱形芯子，然后密封在金属壳或者绝缘材料壳中制成。它的特点是体积较小，容量可以做得较大，但是固有电感和损耗都比较大，适用于低频电路

电容种类	电容结构和特点
云母电容	用金属箔或在云母片上喷涂银层做电极板，极板和云母一层一层叠合后，再压铸在胶木粉或固封在环氧树脂中制成。其特点是介质损耗小，绝缘电阻大，温度系数小，适用于高频电路
陶瓷电容	用陶瓷做介质，在陶瓷基体两面喷涂银层，然后烧成银质薄膜作极板制成。其特点是体积小，耐热性好，损耗小，绝缘电阻高，但容量小，适用于高频电路
薄膜电容	结构相同于纸介电容，介质是涤纶或聚苯乙烯：涤纶薄膜电容，介质常数较高，体积小，容量大，稳定性好，适宜做旁路电容；聚苯乙烯薄膜电容，介质损耗小，绝缘电阻高，但温度系数大，可用于高频电路
金属化纸介电容	结构基本相同于纸介电容，它是在电容器纸上覆盖上一层金属膜来代替金属箔，体积小，容量较大，一般用于低频电路
油浸纸介电容	它是把纸介电容浸在经过特别处理的油里，能增强其耐压性。其特点是电容量大，耐压高，但体积较大
铝电解电容	它是由铝圆筒做负极、里面装有液体电解质，插入一片弯曲的铝带做正极制成。还需经直流电压处理，使正极片上形成一层氧化膜做介质。其特点是容量大，但是漏电大，稳定性差，有正负极性，适用于电源滤波或低频电路中，使用时，正负极不要接反
钽铌电解电容	它用金属钽或者铌做正极，用稀硫酸等配液做负极，用钽或铌表面生成的氧化膜做介质制成。其特点是体积小、容量大、性能稳定，寿命长、绝缘电阻大、温度特性好，用在要求较高的设备中

2.3 电容器的主要特性指标

表征电容器的主要技术参数有电容量、准确度、工作电压和绝缘电阻等。

1. 电容器的标称容量

电容器上标有的电容数值是电容器的标称容量。常用固定电容的标称容量系列见附表 2.3。任何固定电容器的标称值应符合附表 2.3 数值或表列数值乘以 10^n，其中，n 为正整数或负整数。

附表 2.3 常用固定电容的标称容量系列

电容类别	允许误差	容量范围	标称容量系列
纸介电容、金属化纸介电容、纸膜复合介质电容、低频（有极性）有机薄膜介质电容	±5% ±10% ±20%	100 pF ~ 1 μF	1.（ ），1.5，2.2，3.3，4.7.6.8
		1 μF ~ 1 001 μF	1，2，4，6，8，10，15，20，30，50，60，80，100
高频（无极性）有机薄膜介质电容、瓷介电容、玻璃釉电容、云母电容	±5%		1.0，1.1，1.2，1.3，1.5，1.6，1.8，2.0，2.2，2.4，2.7，3.0，3.3，3.6，3.9，4.3，4.7，5.1，5.6，6.2，6.8，7.5，8.2，9.1
	±10%		1.0，1.2，1，5，1.8，2.2，2.7，3.3，3.9，4.7，5.6，6.8，8.2
	±20%		1.0，1.5，2.2，3.3，4.7，6.8
铝、钽、铌、钛电解电容	±10% ±20% ±50%		1.0，1.5，2.2，3.3，4.7，6.8 （容量单位 μF）

2. 电容器的允许误差

电容器的准确度的允许偏差直接以允许偏差的百分数表示。常用固定电容允许误差的等级见附表 2.4。

附表 2.4 常用固定电容允许误差的等级

允许误差	±2%	±5%	±10%	±20%	+20% −30%	+50% −20%	+100% −10%
级 别	02	I	II	III	IV	V	VI

3. 电容器的耐压

电容器长期可靠地工作所能承受的最大直流电压，就是电容器的耐压，也叫电容的直流工作电压。如果在交流电路中，要注意所加的交流电压最大值不能超过电容的直流工作电压值。附表 2.5 列出了常用固定电容的直流工作电压系列。

附表 2.5 常用固定电容的直流电压系列

1.6	4	6.3	10	16	25	32*	40	50	63
1 100	125*	160	250	300*	400	450*	500	630	1000

注：有 "*" 的数值，只限电解电容用。

4. 电容的绝缘电阻

由于电容两极板之间的介质不是绝对的绝缘体，它的电阻不是无穷大，而是一个有限大的数值，一般在 100 0 MΩ 以上，电容两极之间的电阻叫绝缘电阻或漏电电阻。漏电电阻越小，漏电越严重。电容漏电会引起能量损耗，这不仅影响电容的寿命，而且会影响电路的正常工作，因此，漏电电阻越大越好。

2.4 电路图中电容器符号及参数标记规则

电路图中电容器符号如幅表 2.6 所示。

附表 2.6 电容器常用符号

新国标	旧国标	新国标	旧国标
固定电容器	固定电容器	可调电容器	可调电容器
电解电容器	电解电容器	微调电容器	半可调电容器

电容值标记示例如下。

名称： 电容器	纸介质	低压	额定工作电压	标称电容量 0.47 μF	允许误差 ±10%
C	Z	D	250	0.47	±10%

通常在容量小于 10 000 pF 的时候用 pF 做单位。为了方便起见，大于 100 pF 而小于 1 μF 的电容常常不注明单位。没有小数点的，它的单位是 pF，有小数点的，其单位是 μF。例如：3 300 就是 3 300 pF，0.1 就是 0.1 μF 等。

2.5　电容器的色标

现在使用的电容器，一般都在电容器上刻上该电容器的电容值。但是仍存在一些用色环（或色点）表示电容器参数的方法。

简要介绍如下，附表 2.7 列出了模制电容器的色码。

附表 2.7　模制电容器的色码

颜　色	有效数字	模制纸质圆筒型电容器		
		十进倍率	允许误差/±%	电压/V
黑	0	1	20	—
棕	1	10	—	100
红	2	100	—	200
橙	3	1 000	30	300
黄	4	10 000	40	400
绿	5	10^5	5	500
蓝	6	10^6	—	600
紫	7	—	—	700
灰	8	—	—	800
白	9	—	10	900
金	—	0.1	—	—
银	—	—	10	—
无色	—	—	—	—

例如附图 2.2 所示的圆筒型模制纸质电容器，根据附表 2.6 可知：$C = 75\,000$ pF，允许误差 $= \pm2\%$（如果后面还有两道色环表示额定电压大于 900 V，应在该两位数字后面加上两个 0）。第一、二位为电容容量有效数字，第三位为倍率，第四位为误差，第五、六位为有效电压数字，表示耐压。

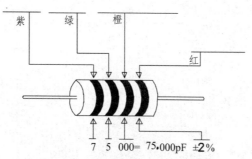

附图 2.2　模制纸质圆筒形电容器

2.6　电容器的检测

使用电容器之前，必须对电容器进行测量。对电容器进行测量应用专用仪器，如电容测量仪，但在大多数情况下，我们采用万用表进行检测。电容器常见的性能不良现象有：开路失效、短路击穿、漏电、电容量变小等。

1. 电解电容器的检测

测量时先将电解电容器两个电极短路一下，以放掉电容器储存的电荷，然后将万用表红表笔接电解电容器的负极，黑表笔接电解电容器的正极，在刚接触的瞬间，万用表指针即向右偏转较大角度，接着逐渐向左回转，直到停在某一位置。此时的万用表指示阻值便是电解电容的正向漏电阻，此值略大于反向漏电阻。实际使用表明，电解电容的漏电阻一般应在几百千欧姆以上。漏电电阻越大越好，如果始终停在无穷大或 0 的位置，说明电容器已开路或短路。

对于正、负极标志不明的电解电容器，可利用上述测量漏电阻的方法加以判别。即先任意测一下漏电阻，记住其大小，然后交换表笔再测出一个阻值。两次测量中阻值大的那一次便是正向接法，即与黑表笔相接的是电容器正极，与红表笔相接的是电容器负极。

2. 其他电容器的质量判别技巧

瓷介质电容器、聚脂薄膜介质电容器、涤纶电容器均称为无极性电容，它的容量比电解电容器小，一般在 2 μF 以下，测量时应选用 R × 10 kΩ档。应该注意的是，对于 5 000 pF 以下的电容器，测量时表针偏转得很小，容量再小的电容器万用表就测不出来了，此时，可以用电容测量仪进行测量。若测得的阻值为无穷大或零，说明电容器内部已开路或短路。

附录 3　半导体器件

导电能力介于导体与绝缘体之间的物质称为半导体，如锗、硅、硒及大多数金属氧化物。PN 结是由两种不同类型半导体材料组成的，它具有单向导电性。半导体都是利用半导体材料和 PN 结的特殊性组成的，它包括半导体二极管和三极管以及特殊半导体和集成电路，是组成电子电路的核心器件。

3.1　半导体二极管

半导体二极管也称晶体二极管，简称二极管。二极管具有单向导电性，可用于整流、检波、稳压及混频电路中。

1. 分类简介

（1）按材料分。二极管按材料分可分为锗管和硅管两大类。两者性能区别在于：锗管正向压降比硅管小（锗管为 0.2 V，硅管为 0.5 ~ 0.8 V）；锗管的反向漏电流比硅管大（锗管约为几百微安，硅管小于 1 μA）；锗管的 PN 结可承受的温度比硅管低（锗管约为 100 ℃，硅管约为 200 ℃）。

（2）按用途不同分。二极管按用途不同可分为普通二极管和特殊二极管。普通二极管包括检波二极管、整流二极管、开关二极管、稳压二极管。特殊二极管包括变容二极管、光电二极管、发光二极管等。

常用二极管的特性及用途见附表 3.1，符号如附图 3.1 所示。

附表 3.1　常用二极管特性表

名　称	原理特性	用　途
整流二极管	多用硅半导体制成,利用 PN 结单向导电性	把交流电变成脉动直流，即整流
检波二极管	常用点接触式，高频特性好	把调制在高频电磁波上的低频信号检出来
稳压二极管	利用二极管反向击穿时，两端电压不变原理	稳压限幅，过载保护，广泛用于稳压电源装置中
开关二极管	利用正偏压时二极管电阻很小，反偏压时电阻很大的单向导电性	在电路中对电流进行控制，起到接通或关断的开关作用
变容二极管	利用 PN 结电容随加到管子上的反向电压大小而变化的特性	在调谐等电路中取代可变电容器
发光二极管	正向电压为 1.5 V—3 V 时，只要正向电流通过，可发光	用于指示，可组成数字或符号的 LED 数码管
光电二极管	将光信号转换成电信号,有光照时其反向电流随光照强度的增加而成正比上升	用于光的测量或作为能源即光电池

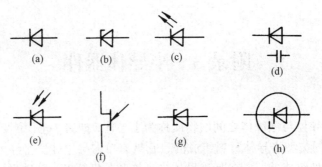

附图 3.1　部分二极管符号示例

2. 半导体管的型号命名

1）国产半导体分立器件命名

国产半导体分立器件由 5 个部分组成，前 3 个部分的符号意义见附表 3.2。第 4 部分用数字表示器件序号，第 5 部分用汉语拼音字母表示规格号。

附表 3.2　我国半导体分立器件型号命名法第一、二、三部分的意义

第一部分	第二部分		第三部分			
用数字表示器件的电极数目	用字母表示器件的材料和极性		用汉语拼音字母表示器件的类型			
符号	意义	符号	意义	符号	意义	符号	意义
		符号	意义	符号	意义	符号	意义

第一部分		第二部分		第三部分			
符号	意义	符号	意义	符号	意义	符号	意义
2	二极管	A	N 型，锗材料	P	普通管	S	隧道管
		B	P 型，锗材料	Z	整流管	U	光电管
		C	N 型，硅材料	L	整流堆	N	阻尼管
		D	P 型，硅材料	W	稳压管	Y	体效应管
		E	化合物	K	开关管	EF	发光管
3	三极管	A	PNP 型，锗材料	X	低频小功率管	T	晶闸管
		B	NPN 型，锗材料	D	低频大功率管	V	微波管
		C	PNP 型，硅材料	G	高频小功率管	B	雪崩管
		D	NPN 型，硅材料	A	高频大功率管	J	阶跃恢复管
		E	化合物	K	开关管	U	光电管
				CS	场效应管	BT	特殊器件
				FH	复合管	JG	光电器件

例如，2AP9："2"表示二极管，"A"表示 N 型锗材料，"P"表示普通管，"9"表示序号再如，3DG8："3"表示三极管，"D"表示 NPN 硅材料，"G"表示高频小功率管，"8"表示序号。

2）日本半导体分立器件型号命名方法

日本晶体管型号均按日本工业标准 JIS-C-7012 规定的日本半导体分立器件型号命名方法命名。日本半导体分立器件型号由 5 个部分组成，其符号及意义见附表 3.3。

第一部分		第二部分		第三部分		第四部分		第五部分	
用数字表示器件的电极数目		日本电子工业协会（JEIA）注册标志		用字母表示器件的材料、极性和类型		器件在日本电子工业协会（JEIA）登记号		同一型号的改进型产品标志	
符号	意义	符号	意义	符号	意义	符号	意义	符号	意义
0	光电二极管或三极管及其组合管	S	已在日本电子工业协会（JEIA）注册的半导体器件	A	PNP 高频晶体管	多位数字	该器件在日本电子工业协会（JEIA）登记号，性能相同而厂家不同，生产的器件使用同一个登记号	A B C D …	表示这个器件是原型号的改进型产品
				B	NPN 低频晶体管				
1	二极管			C	PNP 高频晶体管				
2	三极管			D	NPN 低频晶体管				
				F	P 控制可控硅				
3	具有 4 个有效电极器件			G	N 基极单结晶体管				
				J	P 沟道场效应管				
n-1	具有 n 个有效电极器件			K	N 沟道场效应管				
				M	双向可控硅				

例如，2SD342："2"表示三极管，"S"表示 JEIA 注册产品，"D"表示 NPN 低频晶体管，"342"表示 JEIA 登记号。2SC302A："2"表示三极管，"S"表示 JEIA 注册产品，"C"表示 PNP 高频晶体管，"302"表示 JEIA 登记号，"A"表示是改进产品。

3）美国半导体分立器件型号命名方法

美国电子工业协会（EIA）的半导体分立器件型号命名方法规定，半导体分立器件型号由 5 部分组成，第一部分为前缀，第五部分为后缀，中间三部分为型号的基本部分。这 5 部分的符号及意义见附表 3.4。

附表 3.4　美国半导体分立器件型号命名方法

第一部分		第二部分		第三部分	第四部分	第五部分	
用符号表示器件的类别		用数字表示 PN 结数目		美国电子工业协会（EIA）注册标志	美国电子工业协会（EIA）登记号	用字母表示器件分档	
符号	意义	符号	意义	意义	意义	符号	意义
JAN 或 J	军用品	1	二极管	该器件已在美国电子工业协会（EIA）注册登记	该器件在美国电子工业协会（EIA）登记号	A B C D	同一型号器件的不同档别
		2	三极管				
无	非军用品	3	3 个 PN 节器件	N	多位数字		
		n	N 个 PN 节器件				

例如，JAN2N3553："JAN"表示军用品，"2"表示三极管，"N"表示 EIA 注册标志，"3553"表示 EIA 登记号。2N1050C："2"表示三极管，"N"表示 EIA 注册标志，"1050"表示 EIA 登记号，"C"表示为改进型。

4）欧洲半导体分立器件型号命名方法

欧洲国家大都使用国际电子联合会的标准半导体分立器件型号命名方法对晶体管型号命名，其命名法由 4 个基本部分组成，见附表 3.5。

附表 3.5　欧洲半导体分立器件型号命名方法

第一部分		第二部分				第三部分		第四部分	
用字母表示器件使用的材料		用字母表示器件的类型和主要特性				用数字或字母表示登记号		用字母表示同一器件分档	
符号	意义	符号	意义	符号	意义	符号	意义	符号	意义
A	锗材料	A	检波二极管、开关二极管、混频二极管	M	封闭磁路的霍尔元件	三位数字	代表通用半导体器件的登记序号	A B C D E …	表示同一型号的半导体器件按某一参数进行分档的标志
		B	变容二极管	P	光敏器件				
B	硅材料	C	低频小功率三极管（$R_{tj} > 15\ ℃/W$）	Q	发光器件				
		D	低频大功率三极管（$R_{tj} ≤ 15\ ℃/W$）	R	小功率可控硅（$R_{tj} > 15\ ℃/W$）				
C	砷化镓材料	E	隧道二极管	S	小功率开关管（$R_{tj} > 15\ ℃/W$）	一个字母两个数字	代表专用半导体器件的登记号		
		F	高频小功率三极管（$R_{tj} > 15\ ℃/W$）	T	大功率可控硅（$R_{tj} > 15\ ℃/W$）				
D	锑化铟材料	G	复合器件及其他器件	U	大功率开关管（$R_{tj} > 15\ ℃/W$）				
		H	磁敏二极管	X	倍增二极管				
R	复合材料	K	开放磁路中的霍尔元件	Y	整流二极管				
		L	高频大功率三极管（$R_{tj} ≤ 15\ ℃/W$）	Z	稳压二极管				

例如，BZY88C："B"表示硅材料，"Z"表示稳压二极管，"Y88"表示专用器件登记号，"C"表示容许误差 ±5%。BU406D："B"表示硅材料，"U"表示大功率三极管，"406"通用器件登记号，"D" BU406 器件的 D 档。

另外，市场除以上几种常见的晶体管之外，出现了许多韩国三星电子公司的 90×× 系列的小型晶体管，应用在各个领域，而它的命名并没有一定的规律，主要是以 4 位数字来表示型号和作用，具体如附表 3.6 所示。

附表 3.6　三星电子公司产品型号

型号	极性	功率/mW	f_T/MHz	用途	型号	极性	功率/mW	f_T/MHz	用途
9011	NPN	400	150	高放	9016	NPN	400	500	高频
9012	PNP	625	150	功放	9018	NPN	400	500	高频
9013	NPN	625	140	功放	8050	NPN	1000	100	功放
9014	NPN	450	80	低放	8550	PNP	1000	100	功放
9015	PNP	450	80	低放					

3. 主要技术参数

一般常用二极管的主要参数包括以下 4 个。

（1）最大整流电流 I_F。是指二极管长期工作时所允许通过的最大正向直流电流。该电流的大小是由 PN 结的面积和散热条件决定的，不同种类的二极管差别较大，小的十几毫安，大的几千安培。

（2）最大反向电压 U_{RM}。是指不致引起二极管击穿的最高反向电压。超过该值二极管可能被击穿，一般二极管的反向电压为击穿电压的 1/2。

（3）最大反向电流 I_{RM}。在规定的反向偏压下，二极管的直流电流为 I_S，该电流越小，二极管的单向导电性越好。一般硅管的 I_S 为 1μA 或者更小，锗管为几十微安至几百微安。二极管在最大反向电压 U_{RM} 时，二极管中的反向电流就是最大反向电流 I_{RM}。

（4）最高工作频率 f_M。指二极管工作频率的最大值，主要由 PN 结结电容的大小决定。有的二极管可以工作在高频电路中，如 2AP、2AK 系列；有的只能工作在低频电路，如 2CP、2CZ 系列。

4. 半导体二极管的测试

常用二极管的外壳上均印有型号和标记。标记箭头所指的方向为阴极。有的二极管只有一个色点，有色点的一端为阴极，通常可用万用表来检测其好坏。当使用指针式万用表测量二极管时，万用表的红表笔接二极管的阴极，黑表笔接二极管的阳极，测量的是二极管的正向电阻。将红、黑表笔对调测得的是反向电阻。如附图 3.2 所示。

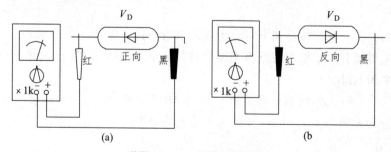

附图 3.2　二极管极性判别

二极管是非线性元件，使用不同万用表或同一万用表的不同档测量结果都不同，用 R×100Ω 档测量时，通常小功率锗管正向电阻在 200~600Ω 之间，硅管在 900Ω~2 kΩ 之间，利用这一特性可以区别出硅、锗两种二极管。锗管反向电阻大于 20 kΩ 即可符合一般要求，而硅管反向电阻都要求在 500 kΩ以上，小于 500 kΩ都视为漏电较严重，正常硅管测其反向电阻时，万用表指针都指向无穷大。

总的来说，二极管正、反向电阻相差越大越好，阻值相同或相近都视为坏管。测量二极管正、反向电阻时宜用万用表 R×100 Ω或 R×1 kΩ档，硅管也可以用 R×10 kΩ档来测量。

代换二极管时，并不需要每个参数都与原来的完全相同或优胜，只要某些重要参数与原来的相同或优胜即可代换。如检波二极管代换时，重点注意它的截止频率和导通压降即可；而普通整流二极管则要重点注意它的最高反压及最大正向工作电流；开关管则要重点注意它的导通时间和压降以及反向恢复时间。该方法也适用于其他元件的代换，如电阻、电容、三极管等。

另外值得注意的是，当使用数字式万用表时，万用表的红表笔接二极管的阳极，黑表笔接二极管的阴极，测得的是二极管的正向电阻。将红、黑表笔对调测得的是反向电阻。

5. 二极管的选用

（1）根据具体电路要求选用不同类型及特性的二极管，如检波电路中选用检波二极管，稳压电路中选用稳压二极管，开关电路中选用开关二极管；并要注意不同型号管子的参数和特性差异，如整流二极管不但要注意其功率大小，还要注意工作频率和工作电压。

（2）根据二极管的参数确定其类型。例如选用整流管，要特别注意最大工作电流不能超过管子的额定电流；选用开关二极管时，开关时间主要应考虑反向恢复时间。

（3）注意二极管的形状、封装形式、散热情况等。

3.2　半导体三极管

半导体三极管又称晶体三极管，通常简称晶体管，或称双极型晶体管，它是一种控制电流的半导体器件，可用来对微弱信号进行放大和作无触点开关。它具有结构牢固、寿命长、体积小、耗电省等一系列优点，在各个领域得到广泛应用。

1. 分类简介

（1）按材料分，三极管按材料分可分为硅三极管、锗三极管。

（2）按导电类型分，三极管按导电类型分可分为 PNP 型和 NPN 型。锗三极管多为 PNP 型，硅三极管多为 NPN 型。

（3）按用途分，按工作频率分为高频（ $f_r > 3$ MHz）、低频（ $f_r < 3$ MHz）和开关三极管。按工作功率又分为大功率（ $P_c > 1$ W）、中功率（ P_c 为 0.5 ~ 1 W）。

2. 型号命名

三极管型号由五部分组成，详见附表 3.2 ~ 附表 3.6。

3. 主要参数

双极型三极管有直流参数（三极管在正常工作时需要的直流偏置，亦称直流工作点）、交

流参数 β（放大系数）、集电极最大电流 I_{CM}、最大反向电压 U_{CEO} 和最大允许功耗 P_{CM} 等。

（1）电流放大系数 β。通常三极管的外壳上会有不同的色标来表明该三极管放大倍数所处的范围。附表 3.7 为硅、锗开关管，高低频小功率管，硅低频大功率管 D 系列、DD 系列、3CD 系列三极管放大倍数的色度表示的颜色标记。附表 3.8 是 3AD 系列的表示法。

附表 3.7　D 系列、DD 系列、3CD 系列三极管的放大倍数色标法

0～15	15～25	25～40	40～55	55～80	80～120	120～180	180～270	270～400	400～600
棕	红	橙	黄	绿	蓝	紫	灰	白	黑

附表 3.8　3AD 系列三极管的放大倍数色标法

20～30	30～40	40～60	60～90	90～140
棕	红	橙	黄	绿

（2）集电极最大电流 I_{CM}，指三极管集电极允许通过的最大电流。但应注意的是当三极管电流 I_C 大于 I_{CM} 时不一定会烧坏，但 β 等参数将明显变化，会影响管子正常的工作。

（3）反向击穿电压 U_{CEO}，是指三极管基极开路时，允许加在集电极和发射极之间的最高电压。通常情况下 c、e 间电压不能超过 U_{CEO}，否则会引起管子击穿或性能变差。

（4）集电极最大允许功耗 P_{CM}，指三极管参数变化不超过规定允许值时的最大集电极耗散功率。使用三极管时，实际功耗不允许超过 P_{CM}，通常还应留有余量，因为功耗过大往往是三极管烧坏的主要原因。

4. 判别与选用

1）放大倍数与极性的识别方法

一般情况下可以根据命名规则从三极管管壳上的符号辨别出它的型号和类型，同时还可以从管壳上的色点的颜色来判断管子的放大系数 β 值的大致范围，如附表 3.9 所示。

附表 3.9　色标表示 β 范围

色 标	棕	红	橙	黄	绿	蓝	紫	灰	白	黑
β	0～15	12～25	25～40	40～55	55～80	80～120	12～180	180～270	270～400	400 以上

例如，色标为橙色表明该管的 β 值在 25～40 之间。但有的厂家并非按此规定，使用时要注意。当从管壳上知道它们的类型和型号以及 β 值后，还应进一步判别它们的三个极。

对于小功率三极管来说，有金属外壳和塑料外壳封装两种。金属外壳封装的如果管壳上带有定位销，那么，将管底朝上，从定位销起，按顺时针方向，三根电极依次为 e、b、c；如果管壳上无定位销，且三根电极在半圆内，我们将有三根电极的半圆置于上方，按顺时针方向，三极电极依次为 e、b、c，如附图 3.3（a）所示。

塑料外壳封装的，我们面对平面，三根电极置于下方，从左到右，三根电极依次为 e、b、c，如附图 3.3（b）所示。

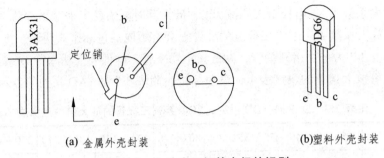

(a) 金属外壳封装   (b)塑料外壳封装

附图 3.3   小功率三极管电极的识别

对于大功率三极管，外形一般分为 F 型和 G 型两种，如附图 3.4 所示。F 型管，从外形上只能看到两根电极。将管底面对自己，两根电极置于左侧，则上为 e，下为 b，底座为 c。G 型管有三个电极，将管底面对自己，三根电极中单独一根的置于左方，从最下电极起，顺时针方向，依次为 e、b、c。

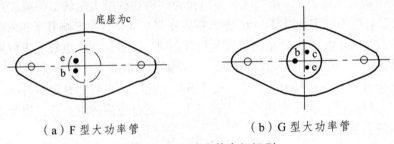

（a）F 型大功率管   （b）G 型大功率管

附图 3.4   大功率管电极识别

三极管的管脚必须正确确认，否则接入电路中不但不能正常工作，还可能烧坏管子。

2）三极管的检测方法

（1）应用万用表判别三极管管脚。

先判别基极 b 和三极管的类型。将万用表欧姆档置于 $R \times 100$ 或 $R \times 1k$ 档，先假设三极管的某极为基极，并将黑表笔接在假设的基极上，再将红表笔先后接到其余两个电极上，如果两次测得的电阻值都很大（或都很小），而对换表笔后测得两个电阻值都很小（或都很大），则可以确定假设的基极是正确的。如果两次测得的电阻值是一大一小，则可肯定假设的基极是错误的，这时就必须重新假设另一电极为基极，再重复上述的测试。

当基极确定以后，将黑表笔接基极，红表笔分别接其他两极。此时，若测得的电阻都很小，则该三极管为 NPN 型管；反之，则为 PNP 型管。

再判别集电极 c 和发射极 e。以 NPN 型管为例，把黑表笔接到假设的集电极 c 上，红表笔接到假设的 e 上，并且用手握住 b 和 c 极（b 和 C 极不能直接接触），通过人体，相当于在 b、c 之间接入偏置电阻。读出表所示 c、e 间的电阻值，然后将红、黑两表笔对换重测，若第一次电阻值比第二次小，说明原假设成立，即黑表笔接的是集电极 c，红表笔接的是发射极 e。因为 c、e 间电阻值小正说明通过万用表的电流大，偏值正常，如附图 3.5 所示。

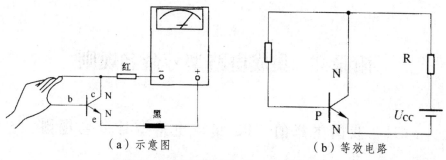

（a）示意图　　　　　（b）等效电路

附图 3.5　判别三极管 c、e 电极的原理图

（2）三极管性能简单测试。

① 检查穿透电流 I_{CEO} 的大小。以 NPN 型为例，将基极 b 开路，测量 c、e 极间的电阻。万用表红笔接发射极，黑笔接集电极，若阻值较高（几十千欧以上），则说明穿透电流较小，管子能正常工作。若 c、e 极间电阻小，则穿透电流大，受温度影响大，工作不稳定。若测得阻值接近 0，表明管子已被击穿，若阻值为无穷大，则说明管子内部已断路。

② 检查直流放大系数 β 的大小。

在集电极 c 与基极 b 之间接入 100 kΩ 的电阻 R_b，测量 R_b 接入前后发射极和集电极之间的电阻。万用表红表笔接发射极，黑表笔接集电极，电阻值相差越大，则说明 β 越高。

一般的数字万用表具备测 β 值的功能，将晶体管插入测试孔中，即可从表头刻度盘上直接读出 β 值。若依此法来判别发射极和集电极也很容易，只要将 e、c 脚对调一下，看表针偏转较大的那一次插脚正确，从数字万用表插孔旁标记即可辨别出发射极和集电极。

（3）三极管的选用原则。

① 类型选择。按用途选择三极管的类型。如按电路的工作频率，可分低频放大三极管和高频放大三极管，应选用相应的低频管或高频管；若要求管子工作在开关状态，应选用开关管。根据集电极电流和耗散功率的大小，可分别选用小功率管或大功率管，一般集电极电流在 0.5 A 以上、集电极耗散功率在 1 W 以上的，选用大功率三极管，否则，选用小功率三极管，习惯上也有把集电极电流 0.5~1 A 的称为中功率管，而 0.1 A 以下的称为小功率管。还有按电路要求，选用 NPN 型或 PNP 型管等。

② 参数选择。对放大管，通常必须考虑四个参数 β、$U_{(BR)CEO}$、I_{CM} 和 P_{CM}。一般希望 β 值偏大，但并不是越大越好，需根据电路要求选择 β 值，β 值太高，易引起自激振荡，工作稳定性差，受温度影响也大。通常选 β 在 40~100 之间。$U_{(BR)CEO}$、I_{CM} 和 P_{CM} 是三极管的极限参数，电路的估算值不得超过这些极限参数。

附录 4   集成电路型号命名规则

4.1   我国生产的 TTL 集成电路型号命名规则

自 1997 年以后，我国生产的 TTL 集成电路型号与国际 54/74 系列 TTL 电路系列完全一致，并采用了统一型号，即 CT0000 系列。

例：$\underset{①}{\underline{CT}}$ $\underset{②}{\underline{4}}$ $\underset{③}{\underline{020}}$ $\underset{④}{\underline{C}}$ $\underset{⑤}{\underline{J}}$

说明：

① 表示中国 TTL 集成电路。

② 表示系列品种代号，其中：

"1" 标准系列，同国际 54/74 系列；

"2" 调整系列，同国际 54/74 系列；

"3" 肖特基系列，同国际 54S/74S 系列；

"4" 低功耗肖特基系列，同国际 54S/74S 系列。

③ 表示品种代号，同国际一致。

④ 表示工作温度范围。

C：$0 \sim +70\,℃$，同国际 74 系列电路的工作温度范围。

M：$-55 \sim +125\,℃$，同国际 54 系列电路的工作温度范围。

⑤ 表示封装形式。

B：塑料扁平；

D：陶瓷双列直插；

F：全密封扁平；

J：黑陶瓷双列直插；

P：塑料双列直插；

W：陶瓷扁平。

4.2   主要外国公司生产的 TTL 集成电路型号命名规则

1. （美国）德克萨斯公司（TEXAS）

例：$\underset{①}{\underline{SN}}$ $\underset{②}{\underline{74}}$ $\underset{③}{\underline{LS}}$ $\underset{④}{\underline{74}}$ $\underset{⑤}{\underline{J}}$

说明：

① 表示德克萨斯公司标准电路。

② 表示工作温度范围：54 系列的工作温度范围为 − 55 ~ +125 ℃，74 系列为 0 ~ +70 ℃。

③ 表示系列。

ALS：先进的低功耗肖特基系列；

AS：先进的肖特基系列；

<空白>：标准系列；

H：调整系列；

L：低功耗系列；

LS：低功耗肖特基系列；

S：肖特基系列。

④ 表示品种代号。

⑤ 表示封装形式。

J：陶瓷双列直插；

N：塑料双列直插；

T：金属扁平；

W：陶瓷扁平。

2.（美国）摩托罗拉公司（MOTOROLA）

例：$\underset{①}{\underline{MC}}$ $\underset{②}{\underline{74}}$ $\underset{③}{\underline{194}}$ $\underset{④}{\underline{P}}$

说明：

① 表示摩托罗拉公司封装的集成电路。

② 表示工作温度范围。

4，20，30，40，72，74，83：0 ~ +75 ℃；

5，21，31，43，82，54，93：− 55 ~ +125 ℃。

③ 表示品种代号。

④ 表示封装形式。

F：陶瓷扁平；

L：陶瓷双列直插；

P：塑料双列直插。

（注：LS − TTL 的型号同德克萨斯公司一致，如：SN74LS194J）

3.（美国）半导体公司单片数字电路（NATIONL SEMICONDUCTOR）

例：$\underset{①}{\underline{DM}}$ $\underset{②}{\underline{74}}$ $\underset{③}{\underline{LS}}$ $\underset{④}{\underline{161}}$ $\underset{⑤}{\underline{N}}$

说明：

① 表示美国国家半导体公司单片数字电路。

② 表示工作温度范围。

74，80，81，82，85，87，88：0 ~ +70 ℃；

54，70，71，72，75，77，78，93，96：+ 55 ~ +125 ℃。

③ 表示系列。

<空白>：标准系列；

H：高速系列；

L：低功耗系列；

LS：低功耗肖特基系列；

S：肖特基系列。

④ 表示品种代号。

⑤ 表示封装形式。

D：玻璃-金属双列直插；

F：玻璃-金属扁平；

J：低温陶瓷双列直插；

N：塑料双列直插；

W：低温陶瓷扁平。

4. （日本）日立公司（HITACHI）

例： $\underset{①}{\underline{HD}}$ $\underset{②}{\underline{74}}$ $\underset{③}{\underline{LS}}$ $\underset{④}{\underline{191}}$ $\underset{⑤}{\underline{P}}$

说明：

① 表示日立公司数字集成电路。

② 表示工作温度范围。74系列的工作温度范围为 $-20 \sim +75\ ℃$。

③ 表示系列。

<空白>：标准系列；

LS：低功耗肖特基系列；

S：肖特基系列。

④ 表示品种代号。

⑤表示封装形式。

<空白>：玻璃-陶瓷双列直插；

P：塑料双列直插。

附录 5　部分 TTL 集成电路管脚排列图

1. 逻辑门

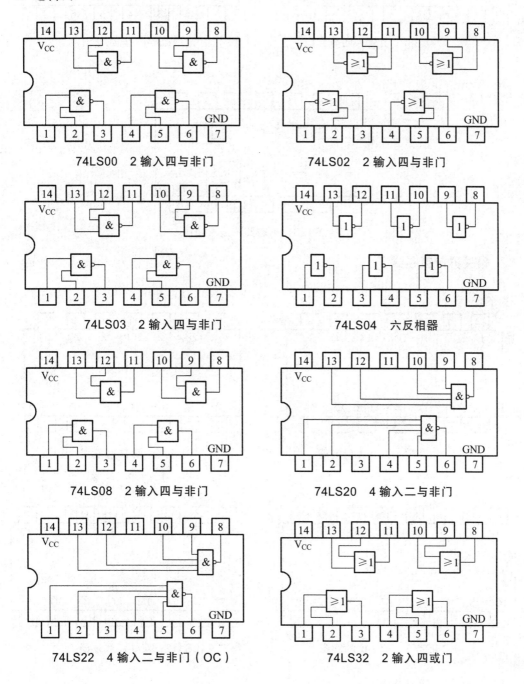

74LS00　2 输入四与非门　　　　74LS02　2 输入四与非门

74LS03　2 输入四与非门　　　　74LS04　六反相器

74LS08　2 输入四与非门　　　　74LS20　4 输入二与非门

74LS22　4 输入二与非门（OC）　　74LS32　2 输入四或门

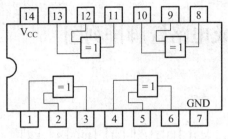

74LS86　2 输入四异或门

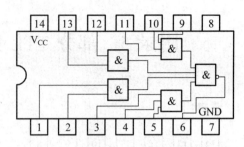

74LS54　与或非门

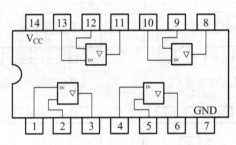

74LS126　三态四总线缓冲器

2. 触发器与锁存器

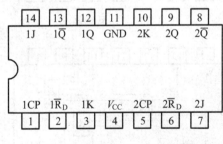

74LS73　双 J-K 触发器

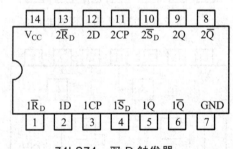

74LS74　双 D 触发器

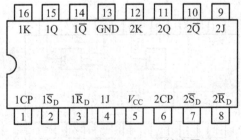

74LS76　双 J-K 触发器

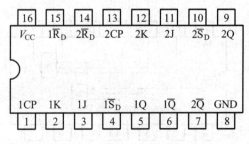

74LS112　双 J-K 触发器

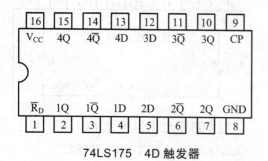

74LS175　4D 触发器

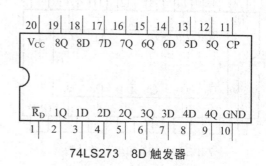

74LS273　8D 触发器

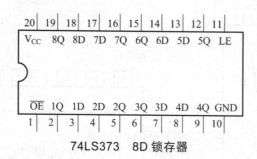

74LS373　8D 锁存器

3. 计数器、译码器、数据选择器

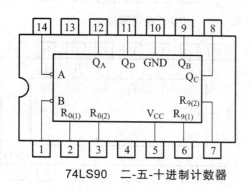

74LS90　二-五-十进制计数器

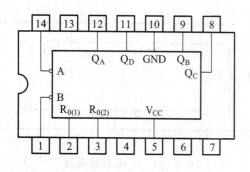

74LS92　12 分频计数器

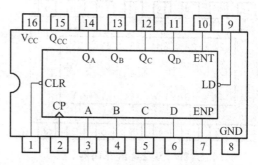

74LS93　4 位二进制计数器

74LS160/163　4 位同步计数器

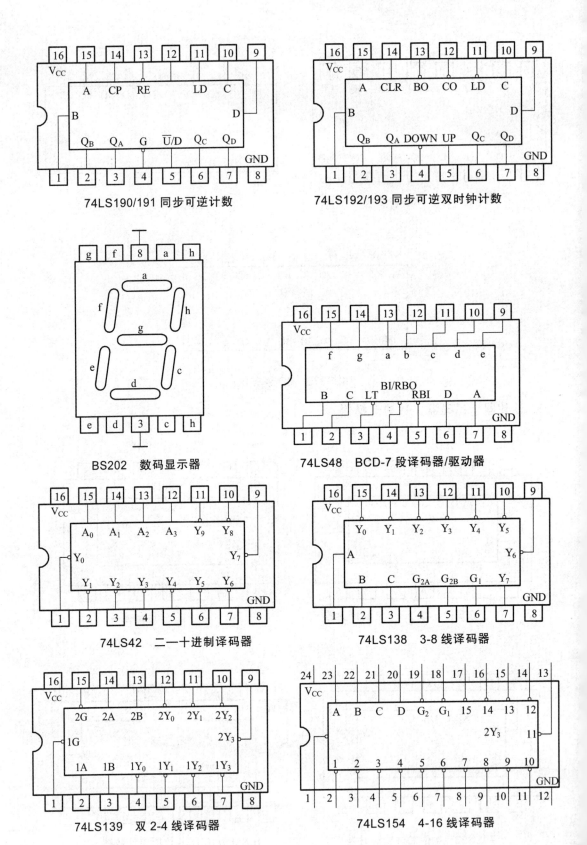

74LS190/191 同步可逆计数

74LS192/193 同步可逆双时钟计数

BS202 数码显示器

74LS48 BCD-7 段译码器/驱动器

74LS42 二—十进制译码器

74LS138 3-8 线译码器

74LS139 双 2-4 线译码器

74LS154 4-16 线译码器

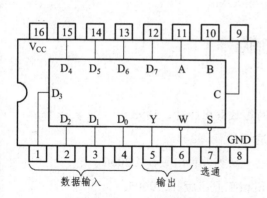

74LS151   8选1数据选择器

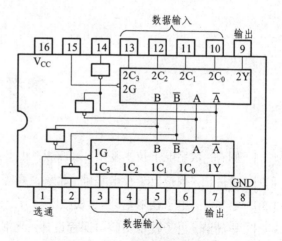

74LS153   双4选1数据选择器

参考文献

[1] 阎石. 数字电子技术基础. 第四版. 北京：高等教育出版社，1998.

[2] 童诗白. 模拟电子技术基础. 北京：高等教育出版社，2005.

[3] 康华光. 电子技术基础 （ 模拟部分 ）. 北京：高等教育出版社，2006.

[4] 毕满清. 电子技术实验与课程设计. 北京：机械工业出版社，2005.

[5] 谢自美. 电子线路设计·实验·测试. 第二版. 武汉：华中理工大学出版社，2000.

[6] 陈大钦. 电子技术基础实验——电子电路实验·设计·仿真. 北京：高等教育出版社，2000.

[7] 王连英. 基于 Multisim 10 的电子仿真实验与设计. 北京：北京邮电大学出版社，2009.

[8] 徐小冰. 电工与电子技术实验. 北京：机械工业出版社，2003.

[9] 罗会昌，高国琴. 电子技术 （ 电工学 ）. 北京：机械工业出版社，1999.